普通高等教育"十二五"规划教材

机械设计基础课程设计

主　编　侯长来
副主编　韩颖烨　李瑞洋

北京
冶金工业出版社
2019

内容提要

本书分2篇共13章，第1篇是机械设计基础课程设计指导书(含第1～10章)，第2篇是减速器设计手册(含第11～13章)。课程设计指导书是按课程设计步骤编写的，主要以二级圆柱齿轮减速器为例详细说明了其机械设计的过程。在有关章节中编入了设计计算实例、装配图常见错误示例、答辩参考题等，以便学生更好地掌握学习内容。减速器设计手册囊括了减速器设计的必备规范、标准和常用数据，并配备了内容丰富的减速器参考图例。

本书可作为高等工科院校本/专科机械类、近机类的“机械设计课程设计”或“机械设计基础课程设计”课程教材，也可供有关工程技术人员参考。

图书在版编目(CIP)数据

机械设计基础课程设计/侯长来主编.—北京：冶金工业出版社，2010.12（2019.1重印）

普通高等教育“十二五”规划教材

ISBN 978-7-5024-5431-9

Ⅰ.①机… Ⅱ.①侯… Ⅲ.①机械设计—课程设计—高等学校—教材 Ⅳ.①TH122-41

中国版本图书馆CIP数据核字(2010)第242062号

出 版 人 谭学余
地　　址 北京市东城区嵩祝院北巷39号 邮编 100009 电话 (010)64027926
网　　址 www.cnmip.com.cn 电子信箱 yjcbs@cnmip.com.cn
责任编辑 陈慰萍 美术编辑 彭子赫 版式设计 孙跃红
责任校对 卿文春 责任印制 牛晓波
ISBN 978-7-5024-5431-9
冶金工业出版社出版发行；各地新华书店经销；三河市双峰印刷装订有限公司印刷
2010年12月第1版，2019年1月第4次印刷
787mm×1092mm 1/16；14.5印张；350千字；223页
30.00元

冶金工业出版社 投稿电话 (010)64027932 投稿信箱 tougao@cnmip.com.cn
冶金工业出版社营销中心 电话 (010)64044283 传真 (010)64027893
冶金工业出版社天猫旗舰店 yjgycbs.tmall.com
（本书如有印装质量问题，本社营销中心负责退换）

前　言

本书是普通高等教育“十二五”规划教材。随着科学技术的飞速发展和教学改革的不断深入，加强基础、拓宽专业，培养适合21世纪科学技术发展的应用型人才，是高等院校建设的重要任务。

本书在加强基本理论、基本方法和基本技能培养的基础上，以应用设计为主线，注重基本设计能力的培养，根据应用型人才培养的教学特点，并根据现行国家标准和最新的技术规范、数据及资料对机械设计基础课程设计内容进行了重新规划、整合。全书分2篇共13章，第1篇是机械设计基础课程设计指导书（含第1~10章），第2篇是减速器设计手册（含第11~13章）。全书包括：传动方案设计、传动零件的设计计算、减速器轴系零部件的设计、减速器箱体及其附件的设计、减速器装配工作图的设计、零件工作图的设计、编写设计计算说明书、课程设计答辩及计算机辅助设计等内容，另外为满足学生课程设计需要，本书还给出了常用标准和数据、常用零部件、减速器参考图例等内容。

本书可作为高等院校本/专科机械类、近机类“机械设计课程设计”或“机械设计基础课程设计”教学用书，参考学时数为2~4周。

参加本书编写工作的有：侯长来（第1、2、10、13章），韩颖烨（第12章），李瑞洋（第11章），张威（第6、7、8、9章），马艳萍（第3、4、5章），黄志东（各章相关资料收集）。全书由辽宁科技学院侯长来教授担任主编，并负责全书统稿，韩颖烨、李瑞洋担任副主编。

辽宁科技学院机械基础教研室的全体教师为本书的编写付出了极大的努力，在此表示感谢。

由于编者水平所限，书中不足之处，敬请广大读者批评指正。

编　者

2010年9月

目　录

第1篇　机械设计基础课程设计指导书

第1篇　机械设计基础课程设计指导书

1　绪　论

1.1　课程设计的目的

机械设计基础是培养学生机械设计能力的技术基础课。课程设计是高等工科院校大多数专业学生第一次较为全面的设计训练,是机械基础课程的最后一个重要的教学环节。因此,在教学过程中,除了系统地讲授必要的设计与计算理论、进行作业及实验外,还应安排较为全面的设计技能训练,即课程设计。其主要目的是:

(1) 通过课程设计使学生综合运用机械设计基础课程及有关先修课程的知识,起到巩固、深化、融会贯通及扩展有关机械设计方面知识的作用,树立正确的设计思想;

(2) 通过课程设计的实践,培养学生分析和解决工程实际问题的能力,使学生掌握机械零件、机械传动装置或简单机械的一般设计方法和步骤;

(3) 通过课程设计,学习运用标准、规范、手册、图册和查阅有关技术资料等,培养学生机械设计的基本技能。

1.2　课程设计的内容和任务

1.2.1　课程设计的内容

课程设计通常选择一般用途的机械传动装置或简单机械作为设计课题(较为常见的题目是以齿轮减速器为主的机械传动装置设计)。设计的主要内容包括以下几个方面:

(1) 拟定、分析传动装置的设计方案;

(2) 选择电动机、计算传动装置的运动和动力参数;

(3) 传动件的设计计算,包括带传动、齿轮传动、蜗轮蜗杆传动等;

(4) 绘制减速器装配图;

(5) 校核轴、轴承、联轴器、键的强度;

(6) 绘制零件工作图;

(7) 编写设计计算说明书。

1.2.2　课程设计的任务

课程设计通常要求学生在3周(或4周)时间内完成以下任务:

(1) 绘制减速器装配图(用0号图纸绘制草图及正式装配图各一张);

(2) 绘制零件工作图若干张(传动零件、轴、机体等);

(3) 设计计算说明书一份,约8000字。

1.3 课程设计的步骤

课程设计大体按下列顺序进行:设计准备工作→传动方案设计→传动零件设计计算→装配草图的绘制(校核轴、轴承、键等)→装配图的绘制→零件工作图的绘制→编写设计计算说明书→答辩。每一设计步骤所包括的具体设计内容如表1-1所示。

表1-1 课程设计步骤

步 骤	主要内容	学时比例
1. 设计准备工作	(1) 熟悉任务书,明确设计的内容和要求; (2) 熟悉设计指导书、有关资料、图纸等; (3) 观看录像、实物、模型,进行减速器拆装实验,了解减速器的结构特点及其制造过程	5%
2. 传动方案设计	(1) 确定传动类型; (2) 选择电动机; (3) 计算传动装置的总传动比; (4) 计算各轴的转速、功率和扭矩	5%
3. 传动零件设计计算	(1) 计算齿轮传动(或蜗杆传动)、带传动、链传动的主要参数和几何尺寸; (2) 计算各传动零件上的作用力	5%
4. 装配草图的绘制	(1) 确定减速器的结构方案; (2) 绘制装配草图,进行轴、轴上零件和轴承组合结构设计; (3) 校核轴的强度、滚动轴承的寿命、键的连接强度、联轴器的强度; (4) 绘制减速器箱体结构; (5) 绘制减速器附件	40%
5. 装配图的绘制	(1) 画底线图,画剖面线; (2) 选择配合,标注尺寸; (3) 编写零件序号,列出明细栏; (4) 加深线条,整理图面; (5) 书写技术条件、减速器特性等	25%
6. 零件工作图的绘制	(1) 绘制齿轮类零件工作图; (2) 绘制轴类零件工作图; (3) 绘制其他零件工作图(由指导教师确定)	8%
7. 编写设计计算说明书	(1) 编写设计计算说明书,内容包括所有的计算,并附有必要的简图; (2) 说明书中最后一段内容应写出设计总结,总结设计课题的完成情况,设计收获、设计体会或设计中存在的不足	10%
8. 答辩	(1) 做答辩准备; (2) 参加答辩	2%

以上设计步骤常规下要交叉进行,以确保设计质量。但在现场,往往不按上述设计步骤进行,而是按如下两种步骤进行设计:

(1) 根据使用条件与设计要求,应用类比法选定类比对象进行减速器的结构设计,基本上不进行结构计算。如有必要可进行关键零部件进行强度校核,修改结构,最后绘出正式的装配图、零件工作图,编写设计计算说明书。

(2) 根据使用条件与设计要求,首先按轴的扭转强度计算出 d_{min},选定传动零件尺寸,作结构设计,给出装配图草图,进行强度校核,修改结构,最后绘出正式的装配图、零件工作图,编写设计计算说明书。

1.4 课程设计中应注意的问题

课程设计是学生第一次接受较为全面的设计训练,一开始,学生往往不知所措。因此,指导教师应给予适当的指导,引导学生的设计思路,启发学生独立思考,解答学生的疑难问题,并掌握学生的进度,对设计进行阶段性的检查。另一方面,作为设计的主体,学生应在教师的指导下发挥主观能动性,积极思考问题,认真阅读指导书,查阅有关设计资料,按教师的布置循序渐进地进行设计,按时保质的完成设计任务。在设计中提倡独立思考,严肃认真,精益求精的学习态度,反对照抄照搬和容忍错误的态度。

在课程设计中应注意以下几个问题:

(1) 用"三边设计法"加快设计速度,提高设计质量。在设计过程中,边画图,边计算,边修改,即为"三边设计法"。为完善设计,提高设计质量,必须耐心、认真地对待"三边设计法"。

(2) 设计过程必须将参考已有的资料与创新相结合。一方面,任何设计都不可能是设计者凭空设想而不依靠任何资料所能实现的。设计是一项以现实为出发点复杂细致的工作,设计质量是由长期经验积累而逐渐提高的,所以,熟悉和利用已有资料,既可以减少重复工作、加快设计进度,也是继承和发展这些经验和成果、提高设计质量的重要保证。另一方面,任何新的设计任务是根据特定设计要求和具体工作条件提出的,因此,必须具体分析,创造性地进行设计,而不能盲目地、机械地抄袭资料。所以,参考已有资料与创新二者不可偏废,而要很好地结合起来,这样才能不断地提高设计质量。

(3) 设计中应正确运用标准和规范。无论是国家标准还是本部门的规范,都要严格地遵守和执行。在设计中是否遵守标准和规范,是评价设计质量的一项指标。在设计中要注意,一些尺寸需要圆整为标准数列或优先数列。

(4) 设计时要有整体观念。考虑问题要周全,要有整体观念,降低出错率,提高设计质量。

1.5 课程设计题目

A 类:一级圆柱齿轮减速器组成的带式运输机传动装置

【设计任务】试设计一带式运输机用一级圆柱齿轮减速器,传动装置如图 1-1 所示,电动机驱动带传动,带传动与一级圆柱齿轮减速器的输入轴连接,减速器带动滚筒回转,带式运输机技术数据见表 1-2。

(1) 传动方案。传动方案如图 1-1 所示。

(2) 工作条件。三相交流电 220/380V;三班制,连续单向运转,载荷有微冲击,室外工作，有粉尘，工作寿命 10 年；小批量生产；运输带速度允差 ±5%。

（3）技术数据。带式运输机传动装置技术数据如表 1-2 所示。

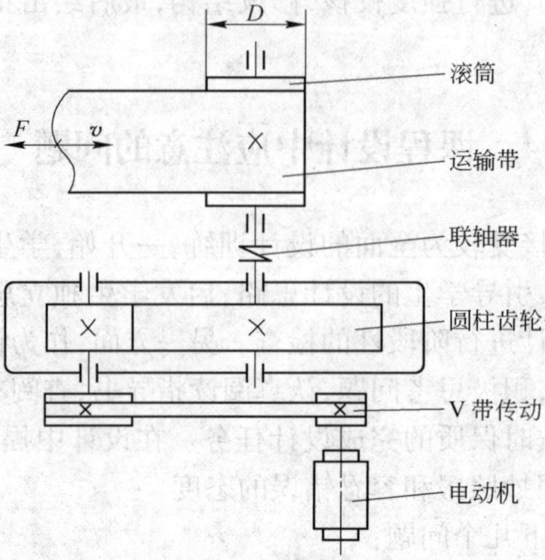

图 1-1 一级圆柱齿轮减速器组成的带式运输机

表 1-2 带式运输机传动装置技术数据

姓 名	题 号	运输带工作拉力 F/N	运输带工作速度 v/m·s^{-1}	滚筒直径 D/mm
	A-1	1800	2.5	400
	A-2	2000	2.0	250
	A-3	2200	2.0	250
	A-4	2400	2.5	320
	A-5	2500	2.5	320
	A-6	2600	2.3	320
	A-7	2700	2.2	320
	A-8	2800	2.1	250
	A-9	2900	2.0	250
	A-10	3000	1.8	250

（4）设计内容。

1）设计计算说明书，包括以下几项内容：

① 选择电动机；

② V 带传动计算；

③ 齿轮传动计算；

④ 联轴器、滚动轴承类型选择；

⑤ 轴的强度计算；

⑥ 滚动轴承计算；

⑦ 键连接计算。

2）减速器装配图 1 张（A0 或 A1）。

3）零件工作图 1 ~3 张(A2 或 A3)。

B 类:二级圆柱齿轮减速器组成的提升卷扬机传动装置

【设计任务】试设计提升卷扬机传动装置中使用的二级圆柱齿轮减速器,传动装置如图 1-2 所示,电动机直接驱动二级圆柱齿轮减速器,减速器带动滚筒回转,提升卷扬机传动装置技术数据见表 1-3。

(1) 传动方案。传动方案如图 1-2 所示。

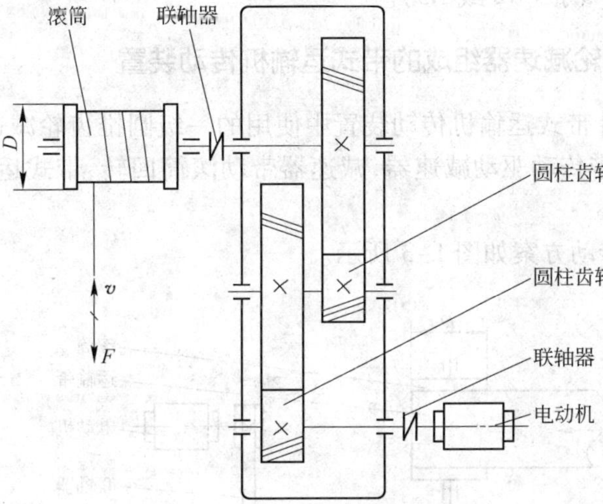

图 1-2 二级圆柱齿轮减速器组成的提升卷扬机

(2) 工作条件。三相交流电 220/380V;两班制,经常正、反转运转,室内工作,工作寿命 10 年;小批量生产;大修期 3 年;钢绳速度允差 ±5%。

(3) 技术数据。提升卷扬机传动装置技术数据如表 1-3 所示。

表 1-3 提升卷扬机传动装置技术数据

姓 名	题 号	运输带工作拉力 F/N	运输带工作速度 v/m · s^{-1}	滚筒直径 D/mm
	B-1	2000	2.0	250
	B-2	2400	1.1	250
	B-3	2700	1.2	250
	B-4	3000	1.1	320
	B-5	3200	1.3	320
	B-6	3500	1.3	320
	B-7	3800	1.0	320
	B-8	4000	1.1	320
	B-9	4200	1.2	250
	B-10	4500	1.1	250

(4) 设计内容。

1) 设计计算说明书,包括以下几项内容:

① 选择电动机；
② 齿轮传动计算；
③ 联轴器、滚动轴承类型选择；
④ 轴的强度计算；
⑤ 滚动轴承计算；
⑥ 键连接计算。

2）减速器装配图1张（A0或A1）。

3）零件工作图1~3张（A2或A3）。

C类：一级圆锥齿轮减速器组成的带式运输机传动装置

【设计任务】试设计带式运输机传动装置中使用的一级圆锥齿轮减速器，传动装置如图1-3所示，电动机通过带传动驱动减速器，减速器带动滚筒回转，带式运输机传动装置技术数据见表1-4。

（1）传动方案。传动方案如图1-3所示。

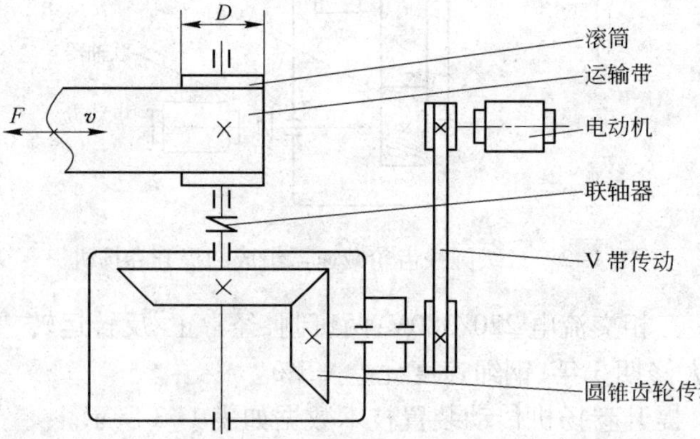

图1-3 一级圆锥齿轮减速器组成的带式运输机

（2）工作条件。三相交流电220/380V；两班制，连续单向运转，载荷有微冲击，室外工作，有粉尘，工作寿命10年；小批量生产；运输带速度允差±5%。

（3）技术数据。带式运输机传动装置技术数据如表1-4所示。

表1-4 带式运输机传动装置技术数据

姓 名	题 号	运输带工作拉力 F/N	运输带工作速度 v/m·s^{-1}	滚筒直径 D/mm
	C-1	1800	2.0	250
	C-2	2000	1.9	250
	C-3	2200	1.8	250
	C-4	2400	1.7	320
	C-5	2500	1.6	320
	C-6	2600	1.5	320
	C-7	2700	1.4	320

续表 1-4

姓　名	题　号	运输带工作拉力 F/N	运输带工作速度 v/m·s^{-1}	滚筒直径 D/mm
	C-8	2800	1.3	250
	C-9	2900	1.2	250
	C-10	3000	1.1	250

（4）设计内容。

1）设计计算说明书，包括以下几项内容：

① 选择电动机；

② V 带传动计算；

③ 齿轮传动计算；

④ 联轴器、滚动轴承类型选择；

⑤ 轴的强度计算；

⑥ 滚动轴承计算；

⑦ 键连接计算。

2）减速器装配图 1 张（A0 或 A1）。

3）零件工作图 1～3 张（A2 或 A3）。

D 类：圆锥－圆柱二级齿轮减速器组成的带式运输机传动装置

【设计任务】试设计带式运输机传动装置中使用的圆锥－圆柱二级齿轮减速器，传动装置如图 1-4 所示，电动机直接驱动圆锥－圆柱二级齿轮减速器，减速器带动滚筒回转，带式运输机传动装置技术数据见表 1-5。

（1）传动方案。传动方案如图 1-4 所示。

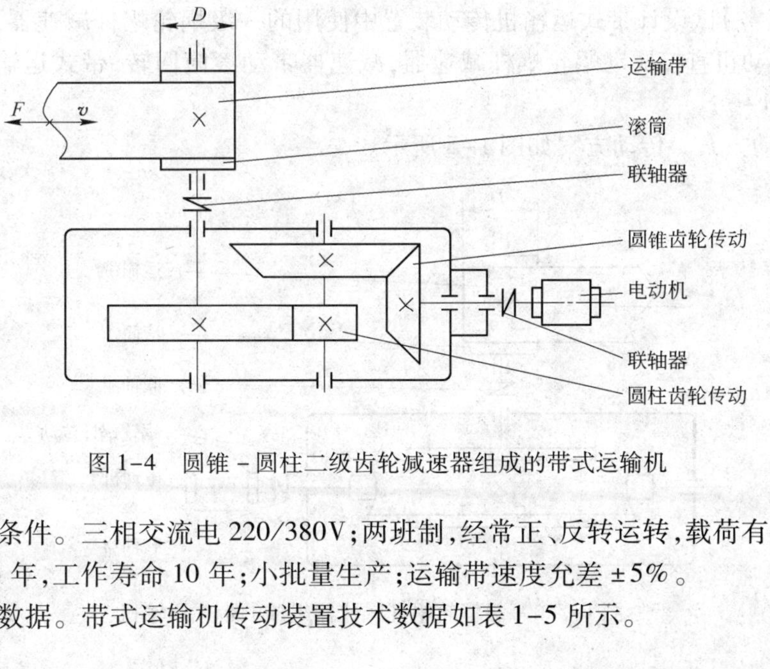

图 1-4　圆锥－圆柱二级齿轮减速器组成的带式运输机

（2）工作条件。三相交流电 220/380V；两班制，经常正、反转运转，载荷有微冲击，室内工作；大修期 3 年，工作寿命 10 年；小批量生产；运输带速度允差 ±5%。

（3）技术数据。带式运输机传动装置技术数据如表 1-5 所示。

表1-5 带式运输机传动装置技术数据

姓名	题号	运输带工作拉力 F/N	运输带工作速度 $v/\mathrm{m\cdot s^{-1}}$	滚筒直径 D/mm
	D-1	1800	1.2	250
	D-2	2200	1.4	280
	D-3	2300	1.2	300
	D-4	2500	1.1	320
	D-5	2600	1.2	350
	D-6	2800	1.3	330
	D-7	3000	1.4	280
	D-8	3100	1.3	300
	D-9	3200	1.2	260
	D-10	3300	1.1	260

(4) 设计内容

1) 设计计算说明书,包括以下几项内容:

① 选择电动机;

② 齿轮传动计算;

③ 联轴器、滚动轴承类型选择;

④ 轴的强度计算;

⑤ 滚动轴承计算;

⑥ 键连接计算。

2) 减速器装配图1张(A0或A1)。

3) 零件工作图1~3张(A2或A3)。

E类:一级蜗轮蜗杆减速器组成的带式运输机传动装置

【设计任务】试设计带式运输机传动装置中使用的一级蜗轮蜗杆减速器,传动装置如图1-5所示,电动机直接驱动蜗轮蜗杆减速器,减速器带动滚筒回转,带式运输机传动装置技术数据见表1-6。

(1) 传动方案。传动方案如图1-5所示。

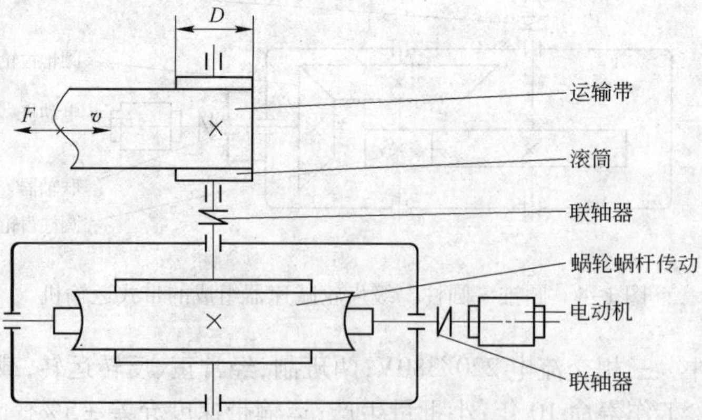

图1-5 一级蜗轮蜗杆减速器组成的带式运输机

(2) 工作条件。三相交流电220/380V;两班制,连续单向运转,载荷有微冲击,室内工作,大修期3年,工作寿命10年;小批量生产;运输带速度允差±5%。

(3) 技术数据。带式运输机传动装置技术数据如表1-6所示。

表1-6 带式运输机传动装置技术数据

姓 名	题 号	运输带工作拉力 F/N	运输带工作速度 v/m · s^{-1}	滚筒直径 D/mm
	E-1	4000	0.5	300
	E-2	3800	0.6	360
	E-3	5000	0.7	360
	E-4	6000	0.5	360
	E-5	2000	0.8	360
	E-6	3000	0.7	350
	E-7	3200	0.7	350
	E-8	2800	0.8	300
	E-9	3000	0.6	310
	E-10	2500	0.7	320

(4) 设计内容。

1) 设计计算说明书

① 选择电动机;

② 蜗轮蜗杆传动计算;

③ 联轴器、滚动轴承类型选择;

④ 轴的强度计算;

⑤ 滚动轴承计算;

⑥ 键连接计算。

2) 减速器装配图1张(A0或A1)。

3) 零件工作图1~3张(A2或A3)。

2　传动方案设计

确定传动方案是设计传动装置的第一步，是设计各级传动件和装配图的依据，因此在拟定时，必须全面周密地考虑，使所拟的方案在技术上合理、先进，且经济效益高。

传动装置方案设计的内容包括：确定传动类型（也就是传动简图的拟定），选定电动机的型号，计算总传动比和合理分配各级传动比，计算传动装置的运动和动力参数。

在拟定传动方案时，学生应复习"机械设计基础"的有关内容，应用其理论来解决目前所拟定传动方案的实际问题。

若设计任务中已给定了传动方案，此时应论述采用该方案的合理性（说明其优缺点），或提出改进意见并对传动方案作适当修改。

2.1　确定传动方案

传动类型一般是用传动简图形式表示。传动简图是用一些简单的机构、构件及运动副的代表符号表示机器的运动特征及传动链的图形。它能准确地反映运动、动力传递路线和各部件的组成及连接关系。带式运输机传动装置及传动简图如图 2-1 所示。

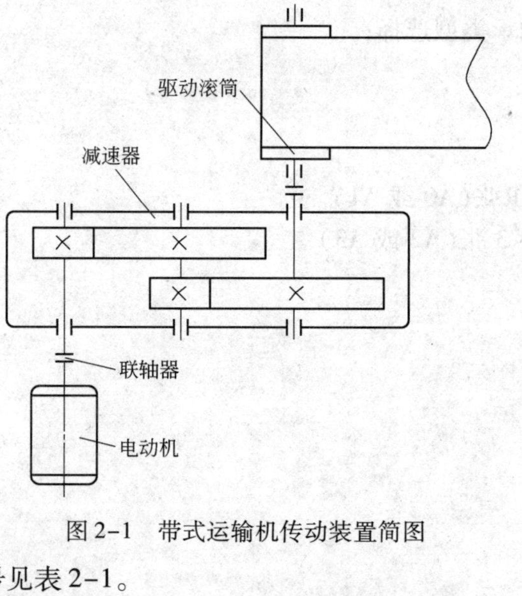

图 2-1　带式运输机传动装置简图

机构传动简图及符号见表 2-1。

表 2-1　机构运动简图及符号(GB 4460—84)

名　称	基本符号	可用符号	名　称	基本符号	可用符号
机　架	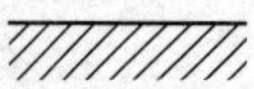		锥齿轮	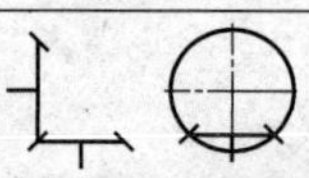	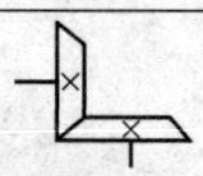

续表 2-1

名　称	基本符号	可用符号	名　称	基本符号	可用符号
轴、杆			圆柱蜗杆传动	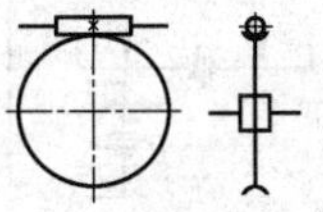	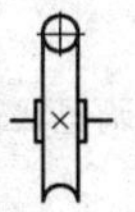
组成部分与轴（杆）的固定连接	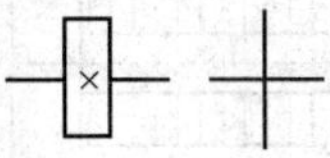	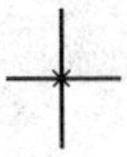	齿条传动一般表示	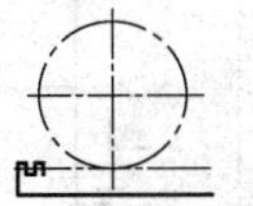	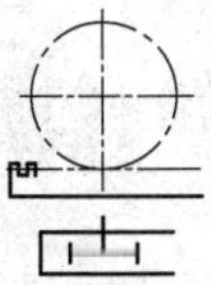
连杆平面机构	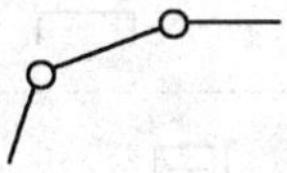		扇形齿轮传动	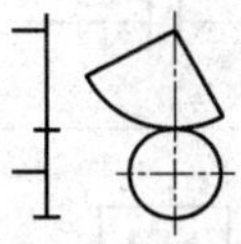	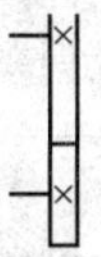
曲柄（或摇杆）	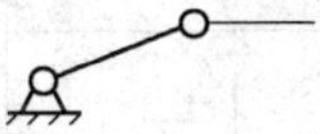		盘形凸轮	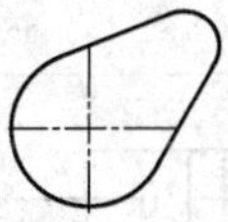	
偏心轮	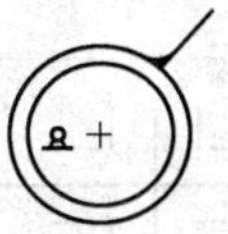		圆柱凸轮	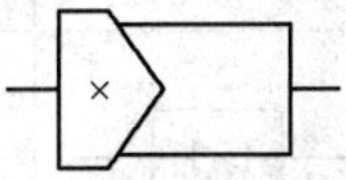	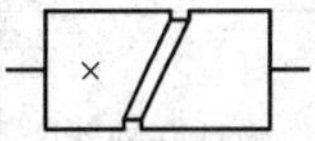
导　杆	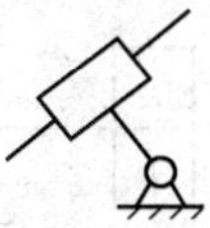	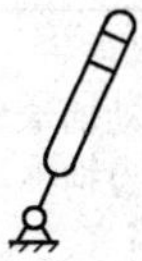	凸轮从动杆尖顶	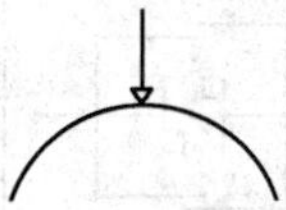	
滑　块	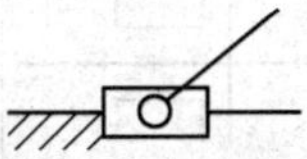		凸轮从动杆曲面	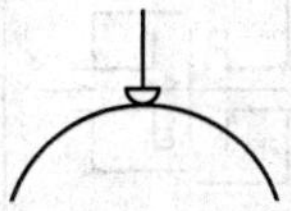	
摩擦传动圆柱轮	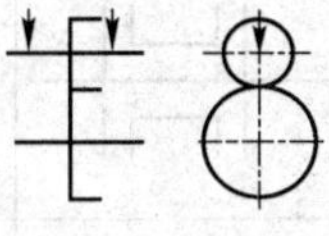	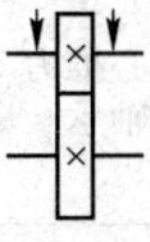	凸轮从动杆滚子	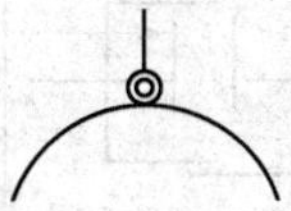	
圆锥轮	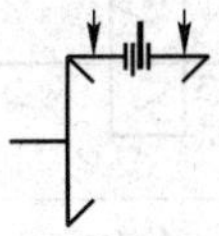	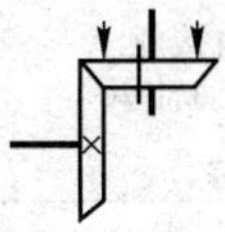	槽轮机构一般符号	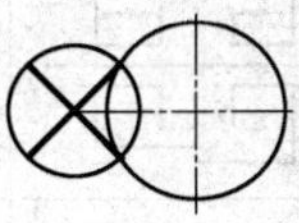	
可调圆锥轮	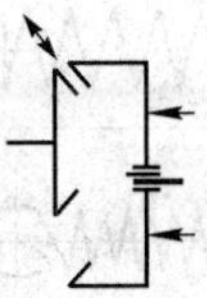	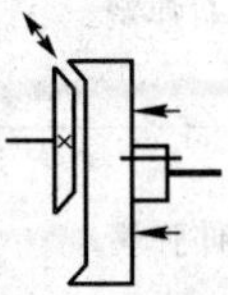	棘轮机构外啮合		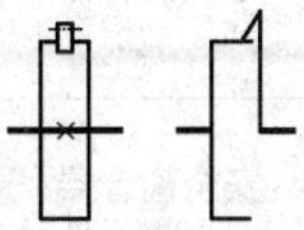

续表 2-1

名　称	基本符号	可用符号	名　称	基本符号	可用符号
可调冕状轮	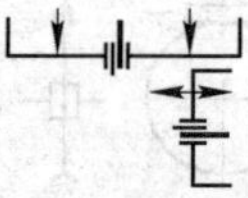	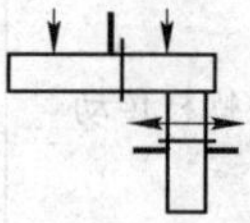	棘轮机构内啮合		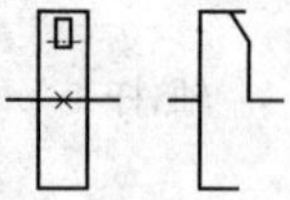
齿轮传动(不指明齿线)圆柱齿轮	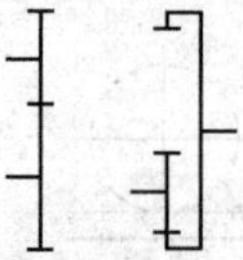	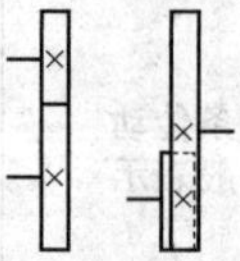	轴上飞轮	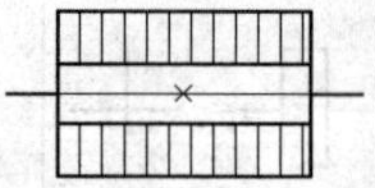	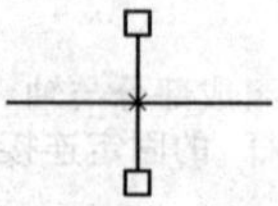
联轴器一般符号(不指明类型)	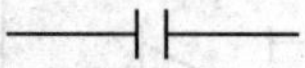		向心轴承普通轴承	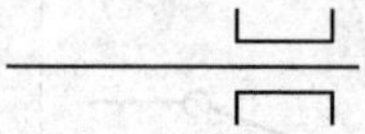	
固定式联轴器	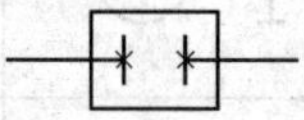		滚动轴承	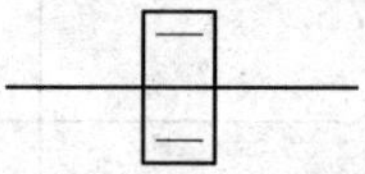	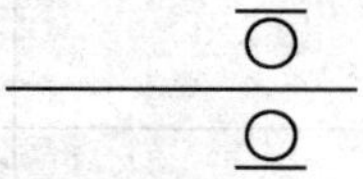
可移式联轴器	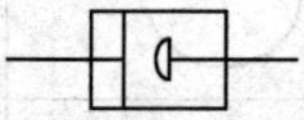		单向推力普通轴承	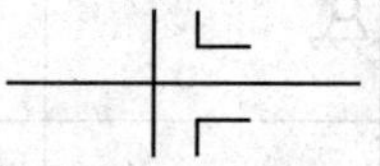	
弹性联轴器	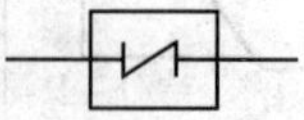		双向推力普通轴承	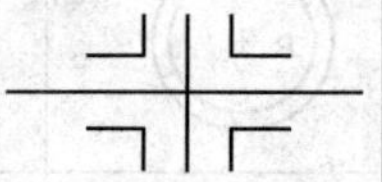	
啮合式离合器单向式	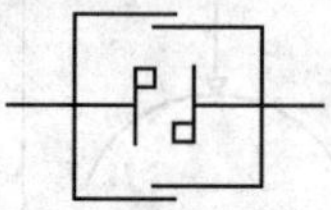	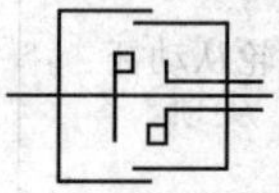	推力滚动轴承向心推力轴承	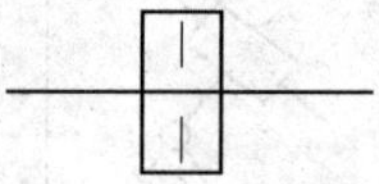	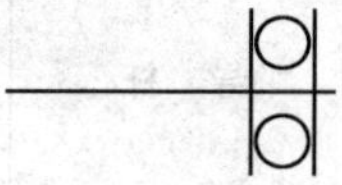
啮合式离合器双向式	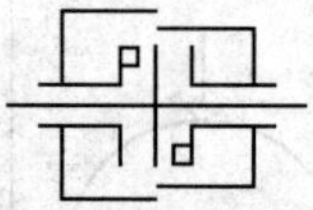		单向向心推力普通轴承	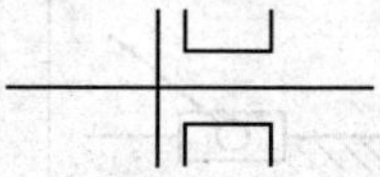	
摩擦离合器单向式	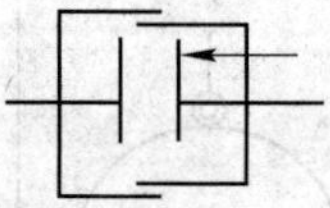	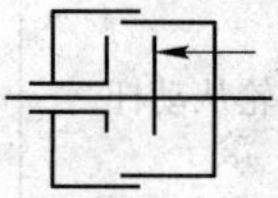	双向向心推力普通轴承	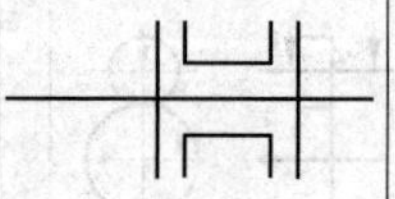	
摩擦离合器双向式	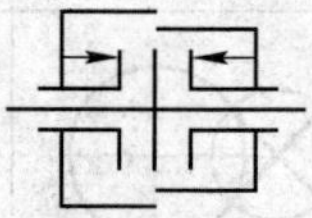	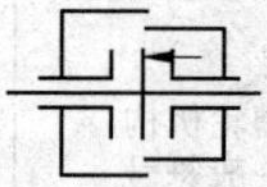	角接触滚动轴承	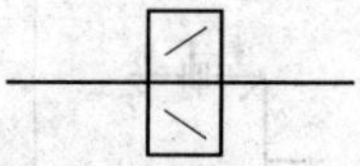	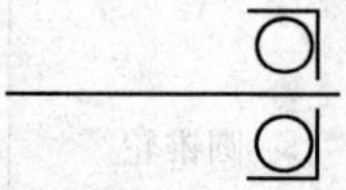
电磁离合器	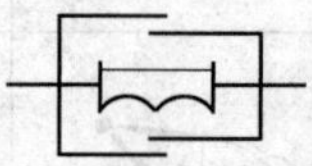		压缩弹簧	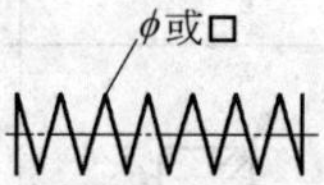	
安全离合器有易损元件	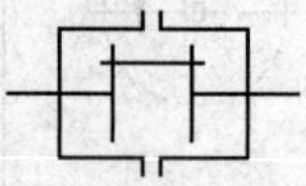		拉伸弹簧	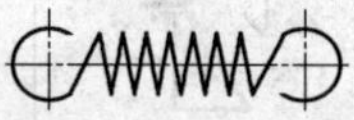	

续表 2-1

名　称	基本符号	可用符号	名　称	基本符号	可用符号
无易损元件制动器	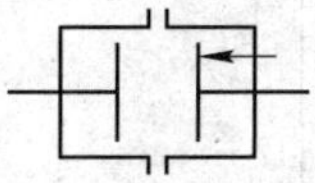		扭转弹簧	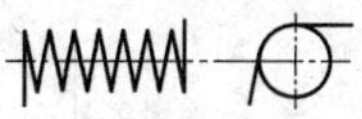	
带传动一般符号（不指明类型）	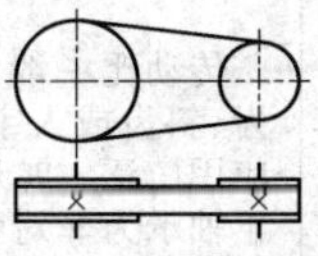	若需指明类型可采用下列符号：V 带传动 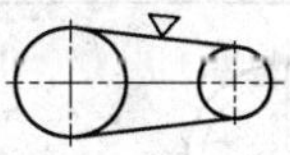	涡卷弹簧		
链传动一般符号（不指明类型）	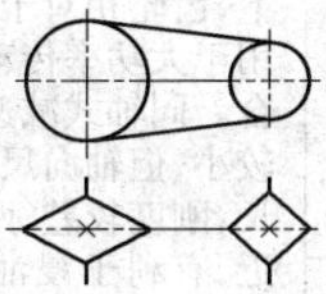	滚子链传动 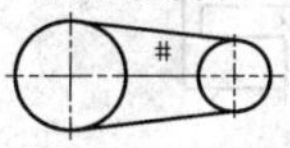	电动机一般符号	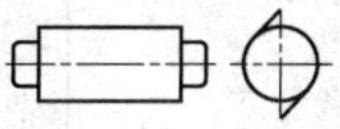	
螺杆传动整体螺母	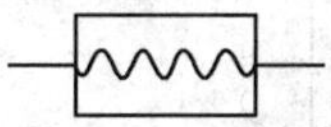	整体螺母 	安装支架的电动机	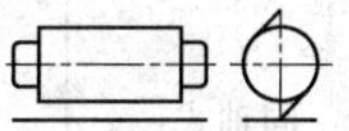	

在选择传动类型时，首先要熟悉常用机构及其特性。在此基础上，根据运动形式和运动特点选择几个不同的方案进行多方面的分析与比较，最后选择较为合理的传动类型。

常用减速器的类型和特点见表 2-2。常用传动机构的性能及其适用范围见表 2-3。

在拟定传动简图时，往往一个传动方案需要分成数级传动。各级由于速度不同又有高速级和低速级等之分。哪些机构宜放在高速级，而哪些机构宜放在低速级，应按下列原则处理。

表 2-2　减速器主要类型和特点

类　型		简　图	特　点
一级圆柱齿轮减速器	水平轴	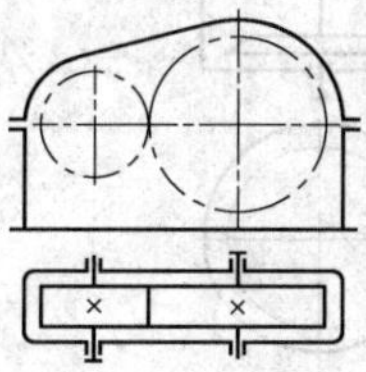 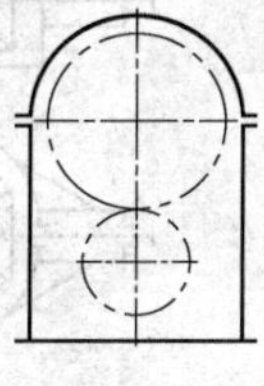 	传动比一般小于 5，使用直齿、斜齿或人字齿轮，传递功率可达数万千瓦，效率较高。工艺简单，精度易于保证，一般工厂均能制造，应用广泛。轴线可作水平布置、上下布置或铅垂布置
	立　轴	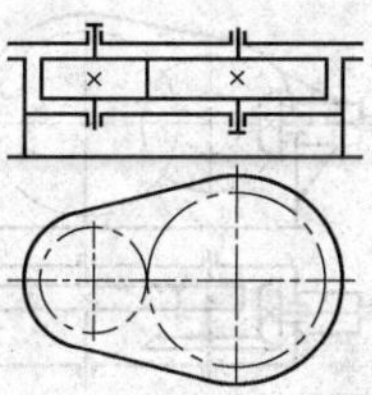	

续表 2-2

类　型		简　图	特　点
二级圆柱齿轮减速器	展开式	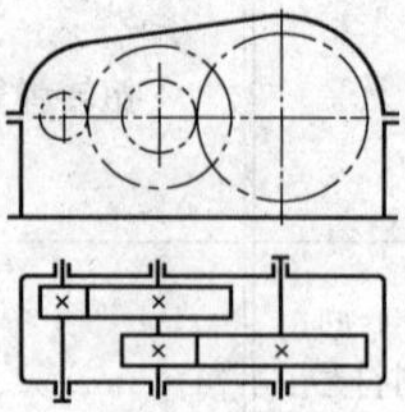	传动比一般为 8 ~ 40，使用直齿、斜齿或人字齿轮，结构简单，应用广泛。展开式由于齿轮相对于轴承为非对称布置，因而齿向载荷分布不均匀，要求轴有较大的刚度和强度。分流式传动形式下，齿轮相对于轴承对称布置，常用于大功率传动或变载荷传动场合。同轴式减速器长度方向尺寸较小，但轴向尺寸较大，中间轴较长，刚度较差，两级大齿轮直径接近，有利于浸油润滑。轴线可以水平、上下或铅垂布置
	分流式	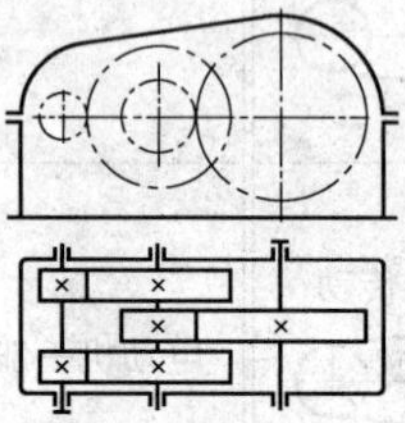	
	同轴式	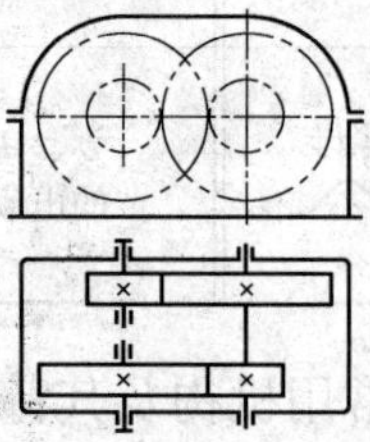	
一级圆锥齿轮减速器	水平轴	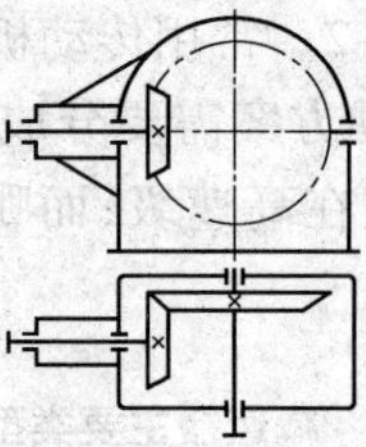	传动比一般小于 3，用直齿、斜齿或弧形齿齿轮
	立　轴	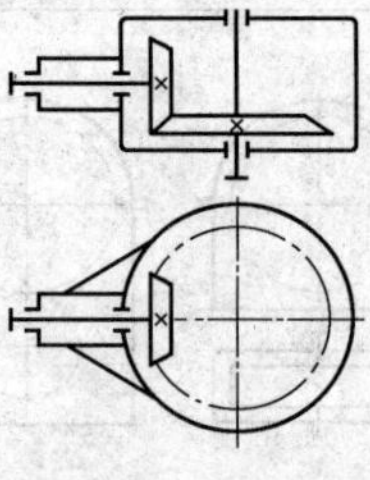	
二级圆锥 - 圆柱齿轮减速器	水平轴	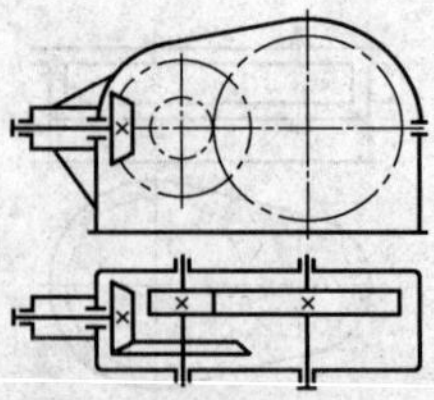	锥齿轮应布置在高速级，使其直径不致过大，便于加工

续表 2-2

类　型		简　图	特　点
二级圆锥－圆柱齿轮减速器	立　轴	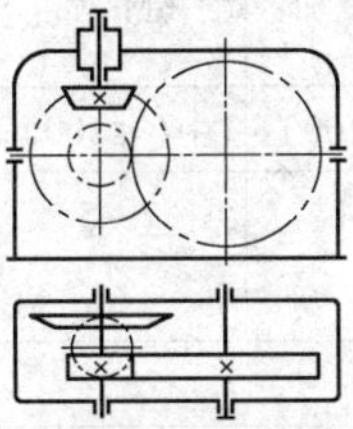	锥齿轮应布置在高速级，使其直径不致过大，便于加工
一级蜗杆减速器	蜗杆下置式	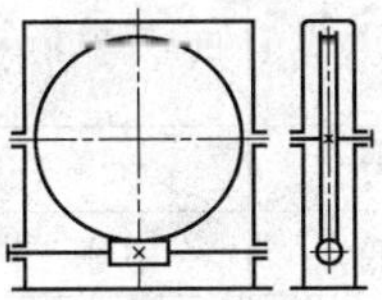	结构简单，尺寸紧凑，但效率较低，适用于载荷较小，间歇工作的场合。蜗杆圆周速度 $v \leqslant 5$ m/s 时用下置蜗杆，$v > 5$ m/s 时用上置式。采用立轴布置时密封要求较高
	蜗杆上置式	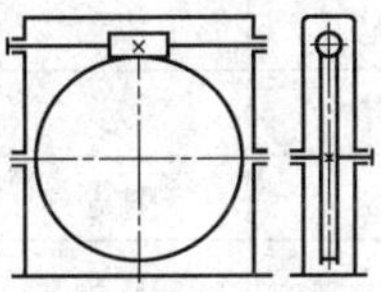	
	立　轴	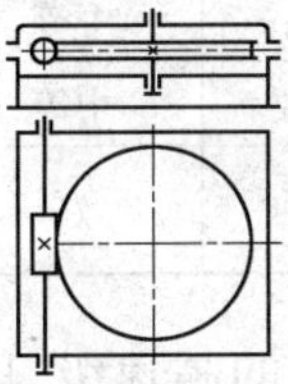	
齿轮－蜗杆减速器	共面水平轴	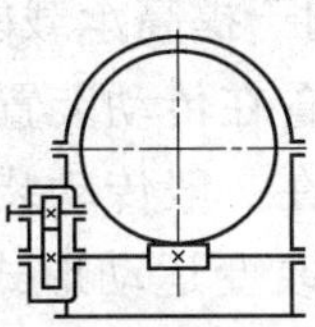	传动比一般为 60 ~ 90，齿轮传动在高速级时结构比较紧凑，蜗杆传动在高速级时传动效率较高
	空间正交水平轴	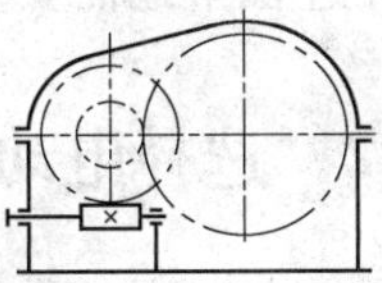	

（1）带传动承载能力较低，传递同一转矩时带传动的尺寸比其他机构的尺寸大，故应将其放在传动装置的高速级处，以便获得较为紧凑的结构尺寸。

（2）圆锥齿轮传动应尽可能布置在传动装置的高速级，以减小圆锥齿轮的尺寸。因为大规模的圆锥齿轮需要用大型机床切齿，这对一般制造工厂难以实现。另外，若圆锥齿轮的速度过高，其精度也要相应提高，此时还需要考虑能否制造及经济性等问题。

（3）蜗杆传动多用于传动比很大、传递功率不太大的情况。蜗杆传动的承载能力比齿

表 2-3 常用传动机构的性能及使用范围

选用指标 \ 传动机构		平带传动	V 带传动	链传动	齿轮传动		蜗杆传动
功率(常用值)/kW		小(≤20)	中(≤100)	中(≤100)	大(最大达 50000)		小(≤50)
单级传动比	常用值	2~4	2~4	2~5	圆柱 3~5	圆锥 2~3	10~40
	最大值	5	7	6	8	5	80
传动效率		查表 2-4					
许用线速度/m·s^{-1}		≤25	≤25~30	≤20	6 级精度直齿 v≤18； 非直齿 v≤36； 5 级精度达 100		≤15~35
外廓尺寸		大	大	大	小		小
传动精度		低	低	中等	高		高
工作平稳性		好	好	较差	一般		好
自锁能力		无	无	无	无		可有
过载保护作用		有	有	无	无		无
使用寿命		短	短	中等	长		中等
缓冲吸振能力		好	好	中等	差		差
要求制造及安装精度		低	低	中等	高		高
要求润滑条件		不需要	不需要	中等	高		高
环境适应性		不能接触酸、碱、油类、爆炸性气体		好	一般		一般

轮传动低，因此应将其布置在传动装置的高速级，以获得较小的结构尺寸。同时速度高一些，啮合齿面之间易于形成油膜，也有利于提高承载能力和效率。

（4）链传动不适于高速传动，应布置在传动装置的低速级。

（5）摩擦轮传动的传动比不稳定，在一般传动装置中比较少用。

（6）为简化传动装置，一般总是将改变运动形式的机构（如连杆机构、凸轮机构等）布置在传动装置的最后一级。

初步选定传动方案类型后，在设计过程中还需要反复修改和完善。

2.2 选择电动机

电动机已标准化、系列化。选用时应按工作要求，先确定电动机的类型，再确定电动机的功率和转速，并在产品目录中查出其型号和尺寸。

2.2.1 电动机类型和结构形式的选择

电动机有交流和直流电动机之分，一般工厂都采用三相交流电，因而多采用交流电动机。交流电动机有异步和同步电动机两类，异步电动机又分为笼型和绕线型两种，其中以普通笼型异步电动机应用最多。目前应用最多的是 Y 系列自扇冷式笼型三相异步电动机。该电动机结构简单，启动性能好，工作可靠，价格低廉，维护方便，适用于不易燃、不易爆、无腐蚀性气体、无特殊要求的场合，如运输机、机床、风机、农机、轻工机械等。在经常需要启动、制动和正反转的场合（如起重机），要求电动机转动惯量小，过载能力大，因此应选用起重及冶金用三相异步电动机 YZ 型（笼型）或 YZR 型（绕线型）。

在连续运转的条件下，电动机发热不超过许可温升的最大功率称为额定功率。负荷达到额定功率时的电动机转速称为满载转速。三相交流异步电动机的铭牌上都标有额定功率和满载转速。为满足不同的输出轴要求和安装需要，同一类型的电动机可制成几种安装结构形式，并以不同的机座号来区别。各种型号电动机的技术数据，如额定功率、满载转速、启动转矩与额定转矩之比、最大转矩与额定转矩之比、外形及安装尺寸等，可查阅有关机械设计手册或电动机产品目录。

2.2.2 确定电动机的功率

电动机功率的选择直接影响到电动机的工作性能和经济性能的好坏。如果所选电动机的功率小于工作要求，则不能保证工作机构正常工作，使电动机经常过载而提早损坏；如果所选电动机的功率过大，则电动机经常不能满载运行，功率因数和效率较低，从而增加电能消耗，造成浪费。因此，在设计中一定要选择合适的电动机功率。

电动机的工作情况一般可分为长期连续运转、载荷不变或很少变化和重复短时工作或载荷不稳定两种。

2.2.2.1 用于长期连续运转、载荷不变或很少变化的电动机

选择这类电动机时，只要使电动机的额定功率 P_e 稍大于电动机的工作功率 P_d，即 $P_e \geqslant P_d$，这样，电动机在工作时就不会过热，然后在手册中选取相应的电动机型号即可。一般情况下，可以不校验电动机的启动转矩和散热。

如图 2-2 所示的带式运输机，其工作机构所需要的电动机输出功率为：

$$P_d = \frac{P_W}{\eta} \tag{2-1}$$

式中 P_W——工作机构所需输入功率，即运输带主动端所需功率，kW；

η——电动机至工作机构主动端之间的总效率。

工作机构所需功率 P_W 由机器的工作阻力和运动参数（线速度和转速）求得，可由设计任务书给定的工作机构参数（F、v 或 T、n）按式（2-2）或式（2-3）计算。

$$P_W = \frac{Fv}{1000\eta_W} \tag{2-2}$$

或

$$P_W = \frac{Tn}{9550\eta_W} \tag{2-3}$$

式中 F——工作机构的工作阻力，N；

v——工作机构卷筒的线速度，m/s；

T——工作机构的阻力矩，N · m；

n——工作机构卷筒的转速，r/min；

η_W——工作机构的效率。

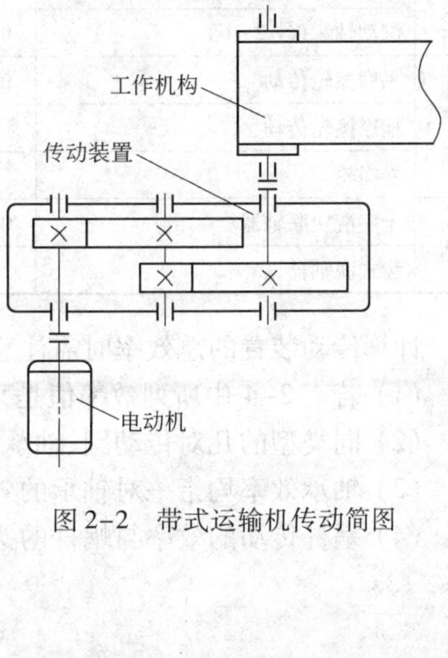

图 2-2 带式运输机传动简图

由电动机至工作机构的传动装置总效率η为

$$\eta=\eta_1\eta_2\eta_3\cdots\eta_n \tag{2-4}$$

式中，η_1、η_2、η_3、…、η_n分别为传动装置中各传动副（齿轮、蜗杆、带或链）、轴承、联轴器的效率，其概略值可按表2-4选取。由此可知，应初选联轴器、轴承类型及齿轮精度等级，以便确定各部分的效率。

表2-4 机械传动和摩擦副的效率概略值

种类		效率η	种类		效率η
圆柱齿轮传动	很好跑合的6级精度和7级精度齿轮传动（油润滑）	0.98~0.99	锥齿轮传动	很好跑合的6级精度和7级精度齿轮传动（油润滑）	0.97~0.98
	8级精度的一般齿轮传动（油润滑）	0.97		8级精度的一般齿轮传动（油润滑）	0.94~0.97
	9级精度齿轮传动（油润滑）	0.96		切削齿的开式齿轮传动（脂润滑）	0.92~0.95
	切削齿的开式齿轮传动（脂润滑）	0.94~0.96		铸造齿的开式齿轮传动	0.88~0.92
	铸造齿的开式齿轮传动	0.90~0.93	联轴器	弹性联轴器	0.99~0.995
蜗杆传动	自锁蜗杆（油润滑）	0.40~0.45		万向联轴器（$\alpha\leq3°$）	0.97~0.98
	单头蜗杆（油润滑）	0.70~0.75		万向联轴器（$\alpha>3°$）	0.95~0.97
	双头蜗杆（油润滑）	0.75~0.82	滑动轴承	润滑不良	0.94（一对）
	三头和四头蜗杆（油润滑）	0.80~0.92		润滑正常	0.97（一对）
	环面蜗杆传动（油润滑）	0.85~0.95		压力润滑	0.98（一对）
带传动	平带无压紧轮的开式传动	0.98		液体摩擦	0.99（一对）
	平带有压紧轮的开式传动	0.97	滚动轴承	球轴承（稀油润滑）	0.99（一对）
	平带交叉传动	0.90		滚子轴承（稀油润滑）	0.98（一对）
	V带传动	0.96	卷筒	挠性缠绕	0.96
链传动	焊接链	0.93	减速器	单级圆柱齿轮减速器	0.97~0.98
	片式关节链	0.95		双级圆柱齿轮减速器	0.95~0.96
	滚子链	0.96		行星圆柱齿轮减速器	0.95~0.98
	齿形链	0.97		单级锥齿轮减速器	0.95~0.96
复滑轮组	滑动轴承（$i=2\sim6$）	0.90~0.98		双级圆锥-圆柱齿轮减速器	0.94~0.95
	滚动轴承（$i=2\sim6$）	0.95~0.99		无级变速器	0.92~0.95
摩擦传动	平摩擦轮传动	0.85~0.92		摆线-针轮减速器	0.90~0.97
	槽摩擦轮传动	0.88~0.90	丝杠传动	滑动丝杠	0.30~0.60
	卷绳轮	0.95			
联轴器	十字滑块联轴器	0.97~0.99		滚动丝杠	0.85~0.95
	齿式联轴器	0.99			

计算传动装置的总效率时需注意以下几点：

（1）若表2-4中所列效率值是某一范围时，一般可取中间值；

（2）同类型的几对传动副、轴承或联轴器，均应单独计入总效率；

（3）轴承效率均指一对轴承的效率；

（4）蜗杆传动的效率与蜗杆的头数及材料有关，设计时应初选头数并估计效率，待设计出蜗杆的传动参数后，再最后确定效率，并核验电动机的所需功率。

2.2.2.2 用于重复短时工作或载荷不稳定的电动机

对于重复短时工作或载荷不稳定的情况，电动机的功率应根据等效功率的方法来计算，并作发热等核算。

2.2.3 确定电动机的转速

同一类型、相同功率的电动机也有不同的几种转速。低转速的电动机级数较多、外廓尺寸及质量较大、价格较高，但可使传动装置的总传动比及尺寸减小，高转速电动机则与其相反。设计时应综合考虑各方面因素选取适当的电动机转速。三相电动机有四种常用的同步转速，即 3000 r/min、1500 r/min、1000 r/min、750 r/min，一般多选用同步转速 1500 r/min 或 1000 r/min 的电动机，若无特殊要求，不选用低于 750 r/min 的电动机。

由工作机构的转速要求和传动机构的合理传动比范围，可推算出电动机转速的可选范围，即

$$n_d = (i_1 i_2 \cdots i_n) n_W \tag{2-5}$$

式中 n_d——电动机可选转速范围，r/min；

$i_1, i_2, \cdots, i_n$——各级传动机构的合理传动比范围；

n_W——工作机构滚筒的转速，r/min。

由选定的电动机类型、结构、容量和转速查出电动机型号，并记录其型号、额定功率、满载转速、中心高、轴伸尺寸、键连接尺寸等数据。

设计传动装置时，一般按实际需要电动机的输出功率 P_d 计算，转速则取满载转速 n_m。

【例 2-1】 如图 2-3 所示为带式运输机的传动方案。已知卷筒直径 $D = 500$ mm，运输带的有效拉力 $F = 1500$ N，运输带的速度 $v = 2$ m/s，卷筒效率为 0.96，长期连续工作。试选择合适的电动机。

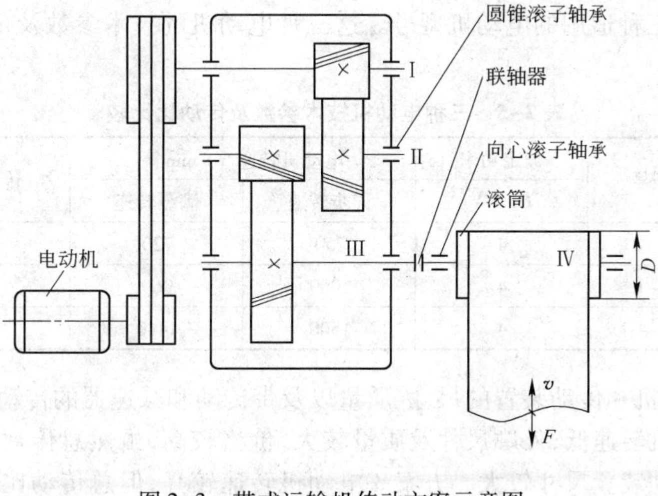

图 2-3 带式运输机传动方案示意图

解：

(1) 选择电动机的类型。按已知的工作要求和条件，选用 Y 型全封闭笼型三相异步电

动机。

（2）选择电动机的功率。工作机构所需要的电动机输出功率为：

$$P_d = \frac{P_W}{\eta}$$

$$P_W = \frac{Fv}{1000\eta_W}$$

所以

$$P_d = \frac{Fv}{1000\eta_W \eta}$$

电动机至工作机构之间的总效率（包括工作机构效率）为：

$$\eta\eta_W = \eta_1\eta_2\eta_3\eta_4\eta_5\eta_6$$

式中，η_1、η_2、η_3、η_4、η_5、η_6分别为带传动、齿轮传动的轴承、齿轮传动、联轴器、卷筒轴的轴承及卷筒的效率。取 $\eta_1 = 0.96$、$\eta_2 = 0.99$、$\eta_3 = 0.97$、$\eta_4 = 0.97$、$\eta_5 = 0.98$、$\eta_6 = 0.96$，则 $\eta\eta_W = 0.96 \times 0.99^3 \times 0.97^2 \times 0.97 \times 0.98 \times 0.96 = 0.80$。

所以

$$P_d = \frac{Fv}{1000\eta_W\eta} = \frac{1500 \times 2}{1000 \times 0.80} = 3.75\ \mathrm{kW}$$

（3）确定电动机转速。卷筒轴的工作转速为：

$$\eta_W = \frac{60 \times 1000v}{\pi D} = \frac{60 \times 1000 \times 2}{\pi \times 500} = 76.4\ \mathrm{r/min}$$

按推荐的合理传动比范围，取V带传动的传动比 $i'_1 = 2 \sim 4$，单级齿轮传动比 $i'_2 = 3 \sim 5$，则合理总传动比的范围 $i' = 6 \sim 20$，故电动机转速的可选范围为：

$$n'_d = i'\ n_W = (6 \sim 20) \times 76.4\ \mathrm{r/min}$$

$$n'_d = 458 \sim 1528\ \mathrm{r/min}$$

符合这一范围的同步转速有750 r/min、1000 r/min、1500 r/min。再根据计算出的功率，由表12-1查出有三种适用的电动机型号。这三种电动机的技术参数及传动比的比较情况见表2-5。

表2-5　三种电动机技术参数及传动比比较

方　案	电动机型号	额定功率	电动机转速/r·min^{-1}		传动装置的总传动比
		P_e/kW	同步转速	满载转速	
1	Y160M1-8	4	750	720	9.42
2	Y132M1-6	4	1000	960	12.57
3	Y112M-4	4	1500	1440	18.85

综合考虑电动机和传动装置的尺寸、质量以及带传动和减速器的传动比，比较三个方案可知：方案1电动机转速低，外廓尺寸及质量较大，价格较高，虽然总传动比不大，但因电动机转速低，导致传动装置尺寸较大。方案3电动机转速较高，但总传动比大，传动装置尺寸较大。方案2适中，比较合适。因此，选定电动机型号为Y132M1-6，所选电动机的额定功率 $P_e = 4\ \mathrm{kW}$，满载转速 $n_m = 960\ \mathrm{r/min}$，总传动比适中，传动装置结构紧凑。所选电动机的主要外形尺寸和安装尺寸如表2-6所示。

表 2-6 所选电动机的主要外形尺寸和安装尺寸 mm

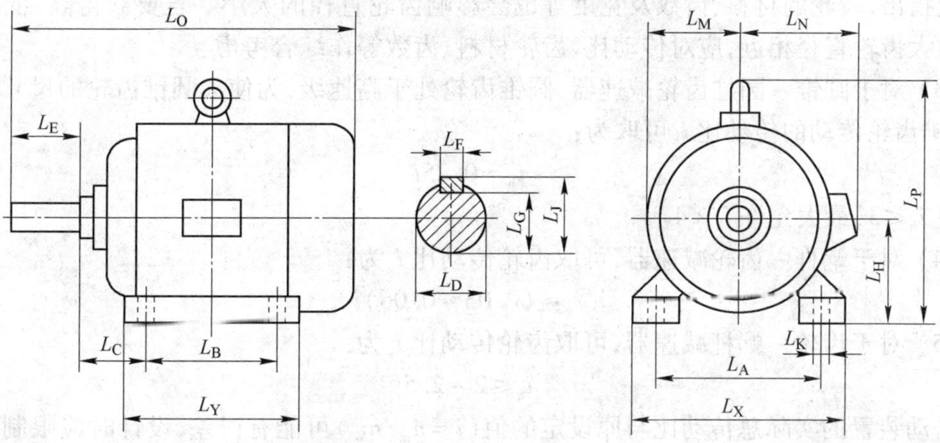

中心高 L_H	外形尺寸 $L_O(L_M+L_N)L_P$	底角安装尺寸 $L_A\times L_B$	地脚螺栓孔直径 L_K	轴伸尺寸 $L_D\times L_E$	装键部位尺寸 $L_F\times L_J$
132	515×345×315	216×178	12	38×80	10×41

2.3 计算总传动比并分配传动比

电动机选定后,根据电动机的满载转速 n_m和工作机构主动轴的转速 n_W,即可求得传动装置的总传动比:

$$i_0=\frac{n_m}{n_W} \tag{2-6}$$

在多级传动中,传动装置的总传动比 i_0又是各级串联传动机构传动比的连乘积,即为:

$$i_0=i_1i_2i_3\cdots i_n \tag{2-7}$$

计算出总传动比后,合理选择和分配各级传动比是一个重要问题,它将直接影响传动装置的外廓尺寸、质量、润滑、成本等方面,因此必须认真对待。

具体分配传动比时,主要应考虑以下几点:

(1) 各级传动比不应超过其最大值,应尽量在推荐范围内选取,可参见表 2-3。

(2) 使减速器中各级大齿轮的浸油深度大致相等,以利实现浸油润滑。

(3) 使所设计的传动装置具有最小的外廓尺寸。

(4) 设计标准系列的减速器时,还应使各级圆柱齿轮传动的中心距保持一定比例。

因此,传动装置中各级传动机构的传动比分配应注意以下几点:

(1) 对于带传动-单级齿轮传动装置,设带传动的传动比为 i_b,齿轮传动的传动比为 i_g,应使 $i_b<i_g$以使整个传动装置的外形尺寸较小,结构紧凑。

(2) 对于二级圆柱齿轮减速器,设高速级的传动比为 i_h,低速级的传动比为 i_l,则高速级传动的传动比 i_h可取为:

展开式 $i_h=(1.3\sim1.4)i_l$

同轴式 $i_h\approx i_l=\sqrt{i}$

式中，i 为减速器的总传动比。

应指出，齿轮的材料、齿数及宽度等也会影响齿轮直径的大小。若要获得高、低速两级传动的大齿轮直径相近，应对传动比、齿轮材料、齿数等作综合考虑。

（3）对于圆锥－圆柱齿轮减速器，圆锥齿轮处于高速级，为使大圆锥齿轮的尺寸不致过大，圆锥齿轮传动的传动比 i_h 可取为：

$$i_h \approx 0.25i$$

并应使 $i_h \leqslant 3$，最大允许 $i_h < 4$。

（4）对于蜗杆－齿轮减速器，可取齿轮传动比 i_g 为：

$$i_g \approx (0.03 \sim 0.06)i$$

（5）对于齿轮－蜗杆减速器，可取齿轮传动比 i_g 为：

$$i_g \leqslant 2 \sim 2.5$$

传动装置的实际总传动比与原设定的值（$i = n_m/n_W$）可能有误差，设计时应限制误差在允许范围之内。若所设计的传动装置对传动比误差未作明确规定时，通常将传动比误差限制在 ±5% 以内。

【例 2-2】 数据同例 2-1，试计算传动装置的总传动比并分配各级传动比。

解：

（1）计算总传动比 i_0。已选定电动机型号为 Y132M1－6，满载转速为 960 r/min。由式(2-6)可得出

$$i_0 = \frac{n_m}{n_W} = \frac{960}{76.4} = 12.57$$

（2）分配传动装置的传动比。由式(2-7)可得出：

$$i_0 = i_b i$$

式中 i_b，i——带传动和减速器的传动比。

为使 V 带传动外廓尺寸不致过大，取 $i_b = 2.8$。则

$$i = \frac{i_0}{i_b} = \frac{12.57}{2.8} = 4.49$$

（3）分配减速器的各级传动比。按浸油润滑条件考虑，对于展开式的二级圆柱齿轮减速器，取高速级传动比 $i_h = 1.3i_1$，而 $i = i_h i_1 = 1.3i_1^2$，所以

$$i_1 = \sqrt{\frac{i}{1.3}} = \sqrt{\frac{4.49}{1.3}} = 1.86$$

$$i_h = 1.3i_1 = 2.42$$

要注意传动装置的实际传动比只有在传动件的参数（如齿数、带轮直径等）确定后才能准确计算。因此，工作机构的实际转速要在传动设计计算完成后进行核算，一般实际转速与设计要求转速的相对误差限制在 ±5% 以内，当传动精度要求较高时限制在 ±3% 以内。

2.4 计算传动装置的运动和动力参数

设计计算传动装置时，需要知道各轴的转速、转矩和功率。一般由电动机至工作机构之间的传动路线推算各轴的运动（转速）和动力参数（转矩和功率），现以图 2-3 带式运输机传

动简图为例作如下说明。

在减速器中，按传动的路线标出Ⅰ、Ⅱ、Ⅲ轴，其上的转速为n_{I}、n_{II}、n_{III}，功率(转矩)为$P_{\mathrm{I}}(T_{\mathrm{I}})$、$P_{\mathrm{II}}(T_{\mathrm{II}})$、$P_{\mathrm{III}}(T_{\mathrm{III}})$。

(1) 各轴的转速。

$$n_{\mathrm{I}} = \frac{n_m}{i_b} \tag{2-8}$$

$$n_{\mathrm{II}} = \frac{n_{\mathrm{I}}}{i_h} = \frac{n_m}{i_b i_h} \tag{2-9}$$

$$n_{\mathrm{III}} = \frac{n_{\mathrm{II}}}{i_l} = \frac{n_m}{i_b i_h i_l} \tag{2-10}$$

式中 n_m——电动机满载转速，r/min；

i_b, i_h, i_l——带传动、高速级、低速级的传动比；

$n_{\mathrm{I}}, n_{\mathrm{II}}, n_{\mathrm{III}}$——Ⅰ、Ⅱ、Ⅲ轴的转速，r/min。

(2) 各轴的输入功率。

$$P_{\mathrm{I}} = P_d \eta_{01} \tag{2-11}$$

$$P_{\mathrm{II}} = P_{\mathrm{I}} \eta_{12} = p_d \eta_{01} \eta_{12} \tag{2-12}$$

$$P_{\mathrm{III}} = P_{\mathrm{II}} \eta_{23} = P_d \eta_{01} \eta_{12} \eta_{23} \tag{2-13}$$

式中 P_d——电动机的输出功率，kW；

$P_{\mathrm{I}}, P_{\mathrm{II}}, P_{\mathrm{III}}$——Ⅰ、Ⅱ、Ⅲ轴的输入功率，kW；

$\eta_{01}, \eta_{12}, \eta_{23}$——电动机与Ⅰ轴、Ⅰ轴与Ⅱ轴、Ⅱ轴与Ⅲ轴间的传动效率。

(3) 各轴的转矩。

$$T = 9550 \times \frac{P}{n} \tag{2-14}$$

式中 P——该轴的输入功率，kW；

n——该轴的转速，r/min；

T——该轴所传递的扭矩，N·m。

以上计算得到的各轴的运动和动力参数可用表格形式整理备用。

【例 2-3】 用例 2-1 的已知条件和计算结果，计算减速器各轴的运动和动力参数。

解：

(1) 各轴转速。由式(2-8)～式(2-10)得出：

Ⅰ轴 $$n_{\mathrm{I}} = \frac{n_m}{i_b} = \frac{960}{2.8} = 343\ \mathrm{r/min}$$

Ⅱ轴 $$n_{\mathrm{II}} = \frac{n_{\mathrm{I}}}{i_h} = \frac{343}{2.42} = 141.7\ \mathrm{r/min}$$

Ⅲ轴 $$n_{\mathrm{III}} = \frac{n_{\mathrm{II}}}{i_l} = \frac{141.7}{1.86} = 76.2\ \mathrm{r/min}$$

Ⅲ轴即为工作机构的卷筒轴，$n_{\mathrm{III}} = n_W$。

(2) 各轴的输入功率。由式(2-11)～(2-13)得出：

Ⅰ轴 $$P_{\mathrm{I}} = P_d \eta_{01} = 3.75 \times 0.96 = 3.6\ \mathrm{kW}$$

Ⅱ轴　　　$P_{Ⅱ} = P_{Ⅰ}\eta_{12} = P_{Ⅰ}\eta_2\eta_3 = 3.46 \times 0.99^2 \times 0.97 = 3.42\ \text{kW}$

Ⅲ轴　　　$P_{Ⅲ} = P_{Ⅱ}\eta_{23} = P_{Ⅱ}\eta_2\eta_3\eta_4 = 3.32 \times 0.99 \times 0.97 \times 0.97 = 3.19\ \text{kW}$

卷筒轴输入功率 P_W 为：

$$P_W = P_{Ⅲ}\eta_{34} = P_{Ⅲ}\eta_5\eta_6 = 3.19 \times 0.98 \times 0.96 = 3\ \text{kW}$$

（3）各轴的转矩。

电动机轴　　$T_d = 9550 \times \dfrac{P_d}{n_m} = 9550 \times \dfrac{3.6}{960} = 35.8\ \text{N} \cdot \text{m}$

Ⅰ轴　　$T_{Ⅰ} = 100.2\ \text{N} \cdot \text{m}$

Ⅱ轴　　$T_{Ⅱ} = 230.7\ \text{N} \cdot \text{m}$

Ⅲ轴　　$T_{Ⅲ} = 399.7\ \text{N} \cdot \text{m}$

卷筒轴　　$T_W = 376\ \text{N} \cdot \text{m}$

将计算数值列入表 2-7。

表 2-7　计算数值

轴　号	功率 P/kW	转矩 T/N · m	转速 n/r · min^{-1}	传动比	效　率
电动机轴	3.75	37.3	960	2.8	0.96
Ⅰ	3.6	100.2	343	2.42	0.95
Ⅱ	3.42	230.7	141.7	1.86	0.93
Ⅲ	3.19	399.7	76.2	1.00	0.91
卷筒轴Ⅳ	3	376	76.2		

3　传动零件的设计计算

机械传动装置是机械中的重要组成部分。好的传动装置设计对保证整机的技术性能和质量指标极为关键。机械传动装置常见的传动形式有摩擦传动与啮合传动。摩擦传动形式主要是带传动;啮合传动形式主要是链传动、齿轮传动、蜗杆传动、螺旋传动。传动装置由各种类型的零、部件组成,其中决定其工作性能、结构布置和尺寸大小的主要是传动零件,包括箱外传动件、箱内传动件以及两者之间的连接部分。箱外传动形式多为结构尺寸大的带传动、链传动、开式齿轮传动;箱内传动形式多为结构紧凑的齿轮传动、蜗轮传动;箱外与箱内传动之间的支承零件和连接零件都要根据传动零件的要求来设计,因此设计传动装置一般应先设计计算传动零件。

箱内传动零件的设计计算主要是完成减速器齿轮传动或蜗杆传动的设计计算。减速器分为圆柱齿轮减速器、圆锥齿轮减速器、圆锥－圆柱齿轮减速器、蜗杆减速器等,传动级数有一级和二级。在设计减速器的装配图前,必须先计算各级传动零件的参数,确定其尺寸,并选好对箱内、箱外传动件进行连接的联轴器的类型和规格。为使设计减速器的原始条件比较准确,一般先计算减速器以外的传动零件(箱外传动零件的计算可根据需要只确认已分配的传动比和选定的传动效率,必要时进行简单的设计计算),然后计算减速器内部的传动零件(主要是进行强度计算和确定主要运动和动力参数,还包括选择传动零件的材料及热处理方法,确定传动零件的结构和尺寸等)。为了避免大的返工,箱内传动零件的设计计算和装配图的绘制交叉进行,以便自查或互查计算数据,零件的详细结构尺寸要在画装配图时再确定。

各传动件的具体设计计算方法按教材《机械设计基础》(侯长来主编,全书同此)所述,本章仅就课程设计中传动件设计计算的要点作简要提示。

3.1　联轴器类型选择

绝大多数联轴器已标准化或规格化,在选择联轴器时,首先应在已经制定为国家标准、机械行业标准的联轴器中选择。对需要使用联轴器的场合,应根据各类联轴器的特点及使用需求,选好联轴器的类型和尺寸。选择类型时应从载荷的大小和性质、两轴对中程度、工作转速高低、工作环境优劣、有无缓冲吸振能力要求、经济性和可靠性等方面综合考虑,参照以往使用经验,进行选择。

连接电动机轴与减速器高速轴的联轴器,由于所连接的轴的转速较高,为了减少传动系统的振动、降低冲击载荷,应选用具有良好的综合性能、适用于一般中小功率的非金属弹性元件的联轴器,如弹性柱销联轴器、弹性套柱销联轴器;连接减速器低速轴与执行机构轴间的联轴器,由于所连接的轴的转速较低、传递的转矩较大、减速器与工作机构常不在同一底座上而要求有较大的轴线偏移补偿,常选用无弹性元件的挠性联轴器,如十字滑块联轴器等。

3.2　减速器外传动零件的设计

3.2.1　带传动

根据带传动工作条件、传递功率 P、主动轮转速 n_1、传动比 i、安装或外廓尺寸要求等，设计带的型号、基准长度、根数、传动中心距、带轮尺寸和结构、安装要求、对轴的作用力，有些结构的细部尺寸（例如轮毂、轮辐、斜度、圆角等）不需要在装配图设计前确定，可以留待绘制装配图时再定。设计方法与步骤按教材所述，并注意：

（1）带传动中各有关尺寸的协调问题。带传动应加大小轮的包角，所以小轮的直径和带轮的中心距不宜过小。在带轮尺寸确定后，应检查带传动的尺寸在传动装置中是否合适。例如，装在电动机轴上的小带轮外圆半径应小于电动机的中心高，以免与机座相撞；带轮毂孔直径、长度与电动机轴的直径、长度匹配；大带轮外圆不能过大，以免与其他零部件相碰；大带轮轴孔的直径和长度应与减速器输入轴轴端处的尺寸相适应；带轮轮毂的长度 L 与轮缘宽度可以不相同，一般轮毂长度 L 按轴孔的直径 d 确定，取 $L=(1.5\sim2)d$，而轮缘宽度取决于传动带的型号和根数等。如有不合适的情况，应考虑改选带轮直径 d_{d1} 及 d_{d2} 并重新设计计算。在带轮直径确定后还应验算带传动的实际传动比和大带轮的转速。

（2）带传动中的受力问题。为使带易更换，带轮最好悬臂安装，但是带过宽时，带轮应简支安装，禁忌安装后使带沿宽度受力不均。由于传动带在工作中会不断拉长，为保持一定的拉力，需计算出压轴力，带安装和使用时，应检查压轴力情况，并依据具体条件考虑张紧方案。

（3）带轮的直径确定后，应验算实际传动比和计算大带轮的转速，并以此修正减速器的传动比和输入转矩。

3.2.2　链传动

根据已知工作条件，传动的功率，小链轮和大链轮的转速 n_1、n_2 等确定出链的型号、节距排数和节数，链轮齿数、尺寸、结构和材料，中心距及作用在轴上的力。设计时除注意上述带传动中提到的几点注意事项外，还应注意：

（1）大、小链轮的齿数最好为奇数且不能被链节数整除。为不使大链轮尺寸、质量过大，速度较低的链传动齿数不宜取得过多。

（2）满足传递功率情况下，宜采用单排链小节距传动，当速度高、功率大时，可改用小节距多排链。为避免使用过渡链节，链节数最好为偶数。

（3）链条运动方向要与卡簧的方向适应，如图 3-1 所示，禁忌产生冲击、跳动、脱落。

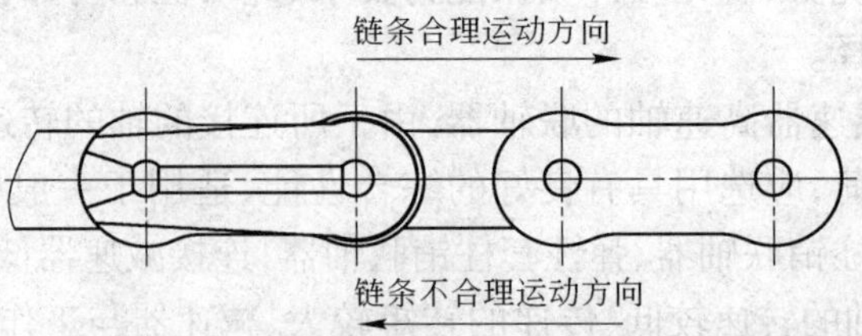

图 3-1　链条运动方向

(4) 画链轮结构图时只需画出轴向齿形图,不必画出端面齿形。

(5) 选用合适的润滑方式和润滑剂牌号,链条定期润滑。

3.2.3 开式齿轮传动

(1) 开式齿轮传动常采用直齿轮布置在低速级传动中,因润滑条件差,磨损比较严重,一般不会发生疲劳点蚀,因此只需按轮齿的弯曲强度设计。考虑到磨损对齿根弯曲强度的影响,应将计算得到的模数值增大10% ~20%,常取小齿轮齿数 $z_1 = 17 \sim 20$。

(2) 注意选用具有较好耐磨和减摩性能的材料制造齿轮,大齿轮的材料还应考虑其毛坯的制造方法。例如,当齿轮直径超过500 mm时,就采用铸造毛坯。

(3) 开式齿轮悬臂布置时,轴的支承刚度小,为减轻轮齿上的载荷分布不均,其齿宽系数应取小些。

(4) 注意开式齿轮传动中各有关尺寸的协调问题,计算实际传动比,并根据需要修改减速器的传动比。

(5) 画出齿轮结构图,标明与减速器输出轴轴伸相配合的轮毂尺寸备用。

3.3 减速器内部传动零件的设计

设计齿轮传动的已知条件一般为传递功率、小齿轮的转速、大齿轮的转速(或传动比)、原动机与工作机的类型和特性、预计工作寿命。

3.3.1 圆柱齿轮传动

(1) 圆柱齿轮(以下简称"齿轮")传动部件是转矩、转速和转向的变速器,齿轮传动比 i 在满足驱动部件与负载之间的位移及转速、转矩的匹配要求的情况下,需注意各级传动比的最佳分配,以使减速系统结构紧凑,满足动态性能和提高传动精度的要求。

(2) 齿轮材料及热处理方法要考虑毛坯的制造方法,当齿轮直径 $d \leqslant 500$ mm 时,一般采用锻造毛坯;当 $d > 500$ mm 时,多用铸造毛坯;当齿根至键槽底部距离小于2.5倍齿轮模数时,应做成齿轮轴,必要时可以将齿轮的顶圆直径设计成不大于轴的直径,这时齿轮的材料应兼顾轴的要求,反之,齿轮与轴分开制造;为减少材料的牌号,降低加工的工艺要求和成本,同一减速器的各级小齿轮(或大齿轮)的材料应尽可能一致。

(3) 锻钢齿轮应按工作条件和尺寸要求来选择齿面硬度、大小齿轮的齿面硬度差。软齿面齿轮(硬度不大于HBS350)一般为HBS30 ~50,硬齿面齿轮(硬度大于HBS350)一般无硬度差。对于渗碳/氮淬火和表面淬火的齿轮,要保证齿轮表面硬化层不间断。

(4) 合理选择参数,通常取小齿轮的齿数 $z_1 = 20 \sim 40$。中心距一定时,在保证齿根弯曲强度的前提下 z_1 可大些;对传递动力用的齿轮,其模数不应小于1.5 ~2。

(5) 为保证原设计的接触宽度,避免产生阶梯磨损,小齿轮的齿宽应稍大于大齿轮的齿宽。三种齿宽系数 $\phi_d = \dfrac{b}{d_1}$、$\phi_a = \dfrac{b}{a}$ 和 $\phi_m = \dfrac{b}{m}$ 中(注:$\phi_a = \dfrac{b}{a}$;a 为齿轮副传动中心距,b 为轮齿的工作宽度;$\phi_d = 0.5(i \pm 1)\phi_a$,一般取 $\phi_d = 0.2 \sim 0.4$;$\phi_m = 0.5(i \pm 1)\phi_a z_1$,一般取 $\phi_m = 8 \sim 25$),如已取定其中一个参数的数值,应根据 d、a、m 之间的几何关系确定其他两个参数,

而不能再任意选定数值。表 3-1 给出了减速器齿轮的齿宽系数 ϕ_a，可供设计时参考。

表 3-1　减速器齿轮的齿宽系数 ϕ_a

0.2	0.25	0.3	0.35	0.4	0.5	0.6

（6）齿轮传动的几何参数和尺寸应分别根据具体情况进行处理。模数必须标准化，中心距、齿宽应圆整。直齿圆柱齿轮传动可改变模数和齿数或采用变位传动以满足中心距为整数，斜齿轮传动可调整螺旋角 β 使中心距为整数。为了提高减速器零件的互换性，单级减速器中心距可参考表 3-2；两级减速器的总中心距及高、低速级中心距可参考表 3-3；啮合几何尺寸（节圆、分度圆、齿顶圆直径和螺旋角等）必须精确到小数点后 2～3 位，角度应精确到"秒"。计算结果应及时整理并列表备用。

表 3-2　单级减速器中心距 a　　mm

系列 1	63		71		80		90		100	
系列 2		67		75		85		95		106
系列 1	112		125		140		160		180	
系列 2		118		132		150		170		190
系列 1	200		224		250		280			
系列 2		212		236		265		300		

注：优先选用系列 1；当表中数值不够选用时，允许系列 1 按 R20 系列、系列 2 按 R40 系列优先数系延伸。

表 3-3　两级减速器的总中心距 a 与高、低速级中心距 a_1、a_2　　mm

系列 1	a_2	100	112	125	140	160	180	200
	a_1	71	80	90	100	112	125	140
	a	171	192	215	240	272	305	340
系列 2	a_2	106	118	132	150	170	190	212
	a_1	75	85	95	106	118	132	150
	a	181	203	227	256	288	322	362

（7）齿轮布置应考虑有利于轴和轴承的受力，最好使轴承的载荷方向一定。对于受两个或多个力的齿轮，当布置位置不同时，所受的力或叠加或抵消，轴承或轴受力有较大的不同，设计时应仔细地分析。

（8）注意高速级和低速级的大齿轮浸油深度是否合适；高速级大齿轮是否与低速轴干涉。

3.3.2　圆锥齿轮传动

（1）直齿圆锥齿轮以大端模数为标准，计算几何尺寸时，要用大端模数。

（2）直齿圆锥齿轮的锥顶角 δ_1 和 δ_2、锥距 R 不要求圆整，按模数和齿数精确计算到小数点后三位数，分度圆锥角 δ 的数值精确到"秒"，齿宽系数 ϕ_R 不能取大。

（3）直齿圆锥齿轮的齿宽按齿宽系数 $\phi_R=\dfrac{b}{R}$ 计算并圆整，且大小齿轮齿宽相等。一般

取 $\phi_R = \frac{1}{4} \sim \frac{1}{3}$，常用0.3。

(4) 锥齿轮轴必须双向固定，且大小齿轮都能作轴向调整，以保证组合锥齿轮结构中的螺栓不受拉力。

3.3.3　蜗杆传动

蜗杆传动副材料的选择和滑动速度有关，它应具有较好的跑合性和耐磨性能。一般是在初步估计滑动速度的基础上选择材料，待参数计算确定后再验算滑动速度。

(1) 为了便于加工，蜗杆的螺旋线方向应尽量选为右旋。蜗杆转动方向由工作机转动方向及蜗杆螺旋线方向来确定。

(2) 蜗杆螺纹部分的直径不大时，一般将蜗杆齿圈和轴制成一体；当蜗杆齿根圆直径 d_{f1} 与轴直径 d 之比（d_{f1}/d）大于1.7时，才将蜗杆齿圈和轴分开制造，然后套装在一起。蜗轮的结构形式可制成整体式和组合式两种。

(3) 蜗杆分度圆直径 d_1 须选标准值，且满足与模数 m、蜗杆头数 z_1 间的匹配要求，蜗杆传动的啮合几何尺寸应精确计算。

(4) 蜗杆和蜗轮的结构尺寸均应适当圆整，其中蜗杆传动的中心距应尽量圆整成尾数为0或5的整数。为保证蜗杆传动的几何参数关系，有时要进行变位。

(5) 采用浸油润滑时，若蜗杆圆周速度 v 较低（$v \leq 5$ m/s），应将蜗杆下置；当 $v > 5$ m/s 时，蜗杆搅油阻力太大，此时应采用上置蜗杆。

(6) 蜗杆传动几何参数确定后，应校核其滑动速度和传动效率，如与初估情况相差较大应重新修正计算。

(7) 蜗杆强度和刚度计算以及蜗杆传动热平衡计算需在装配图设计中确定了蜗杆支点距离和箱体轮廓尺寸后进行。

4 减速器轴系零部件的设计

4.1 轴的设计

轴的设计包括结构设计和工作能力计算两个方面。

4.1.1 轴的结构设计

轴无标准结构。轴的结构设计包括确定轴的形状、轴的径向尺寸和轴向尺寸。轴的结构设计是在初估轴径 d_{min} 基础上进行的。

初估轴径可用两种方法:一是按轴受纯扭矩估算;二是参照相近减速器的轴径,或按相配零件(如联轴器)的孔径及轴的结构要求等来确定。

按轴受纯扭矩估算轴径的计算公式为:

$$d \geqslant A\sqrt[3]{\frac{P}{n}} \tag{4-1}$$

式中 P——轴所传递的功率,kW;

n——轴的转速,r/min;

A——由轴的许用扭转剪应力所确定的系数,参见教材及有关手册。

对于外伸轴,初估的轴径常作为轴的最小直径,这时应取较小的 A 值,若该外伸端装有联轴器,则轴端直径必须满足联轴器的孔径要求;对于非外伸轴,初估的轴径常作为最大的直径,这时应取较大的 A 值。若估算的轴径有键槽,则应将轴径 d 加大,对于 $d>100$ mm 的轴应增大3%(单键)或7%(双键);对于 $d\leqslant 100$ mm 的轴应增大5% ~7%(单键)或10% ~15%(双键),并圆整为标准直径。

4.1.1.1 轴形状的确定

轴在满足强度要求条件下,应具有合理的外形以保证轴上零件的定位、紧固、便于拆装和调整,并有良好的加工工艺性。通常将轴设计成阶梯形。

4.1.1.2 阶梯轴各段直径的确定

阶梯轴各段直径是根据轴上零件的受力情况、安装、固定及对轴表面粗糙度、加工精度等要求而定的。轴系组件如图4-1所示,确定各段轴径尺寸时主要考虑以下因素:

(1) 定位轴肩的尺寸。图4-1中直径 d_1 和 d_2、d_4 和 d_5 的变化处,对其上所装零件有定位作用,轴肩高度 h 应比零件孔的倒角 C 或圆角半径 R 大2 ~3 mm,轴肩的圆角半径 r 应小于零件孔的倒角 C 或圆角半径 R(见图4-2),装滚动轴承处的定位轴肩尺寸按轴承标准中的有关安装尺寸确定。

(2) 非定位轴肩的尺寸。如图4-1中 d_2 和 d_3、d_3 和 d_4 的直径变化处,不需要轴肩对其上零件进行定位,只是方便轴上零件安装,因此其直径变化量较小,一般可取0.5 ~3 mm。

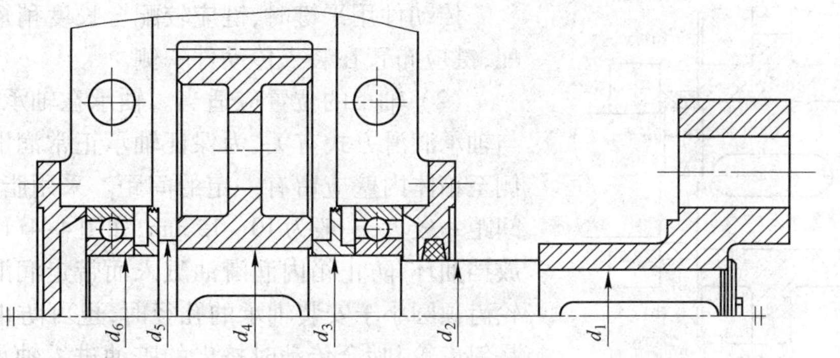

图 4-1　轴的结构设计

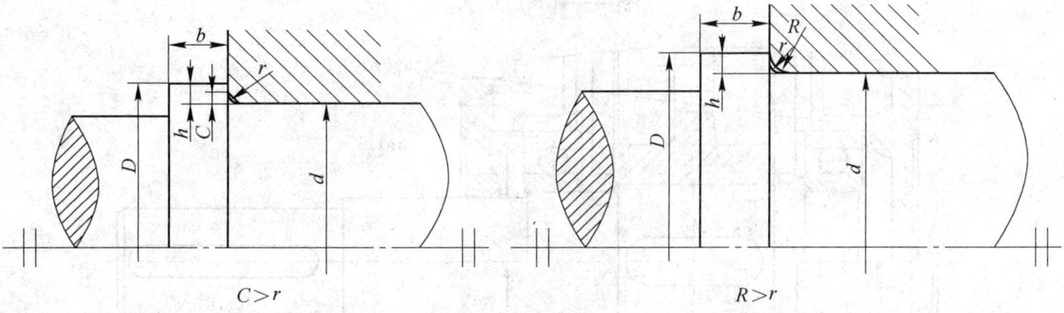

图 4-2　定位轴肩的尺寸

（3）有配合处的轴径。与轴上零件相配合的轴段直径应尽量取标准直径系列值（见表 4-1），为便于装配和减小应力集中，轴段直径变化处可做成引导锥。与标准件配合的轴径，按所选标准件类型和尺寸确定与之配合的轴颈尺寸，同一轴上要尽量选择同一型号的轴承，如图 4-1 中直径为 d_3 和 d_6 上的轴承。

表 4-1　标准直径系列（GB/T 2822—2005）

10	11.2	12.5	13.2	14	15	16	17	18	19	20
21.2	22.4	23.6	25	26.5	28	30	31.5	33.5	35.5	37.5
40	42.5	45	47.5	50	53	56	60	63	67	71
75	80	85	90	95	100	106	112	118	125	132

（4）加工工艺要求。需磨削的轴段，应在相应轴段留出砂轮越程槽；当轴段需切制螺纹时，应留出螺纹退刀槽。

4.1.1.3　阶梯轴各轴段长度的确定

阶梯轴各轴段长度主要取决于轴上零件自身的宽度和位置、相关零件的轴向位置和结构尺寸及支承结构等要求，确定时应考虑以下因素：

（1）传动零件在轴上应固定可靠。为使齿轮、带轮、联轴器等传动件在轴上的固定可靠，应使传动件轮毂的宽度略大于与之配合轴段的长度，以使其他零件顶住轮毂，而不是顶在轴肩上，如图 4-3（a）所示。一般取两者长度之差 $\Delta = 1 \sim 2$ mm。图 4-3（b）所示结构，当制造有误差时，不能保证零件的轴向固定及定位。

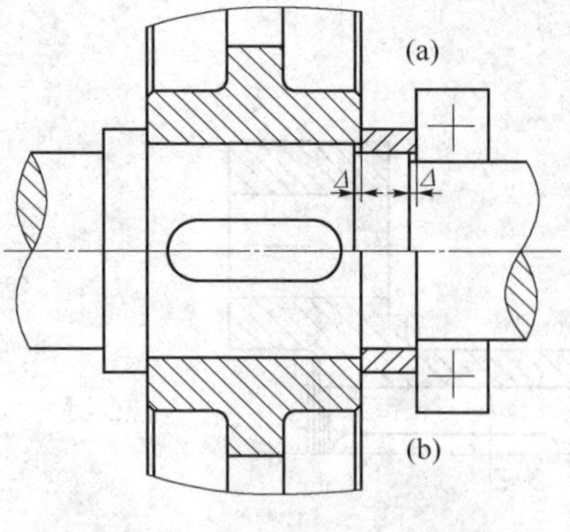

图 4-3　轴段长度与零件定位要求
(a) 正确；(b) 错误

传动件用平键时，键应较配合长度稍短，为便于装配，键应布置在装入传动件一侧。

(2) 轴承的位置应适当。轴承在轴承座中的位置与轴承润滑方式有关，为保证轴承正常润滑，轴承的内侧至箱体内壁应留有一定的间距。采用脂润滑时所留间距 e_2 较大，一般为 10 ~ 15 mm，如图 4-4(b) 所示，以便放挡油环，防止箱内润滑油溅入而带走润滑脂，当小齿轮齿顶圆小于安装轴承的孔径时，也可防止齿轮（尤其是斜齿轮）啮合传动时挤出的脏油进入轴承，加速轴承的磨损；若采用油润滑，一般所留间距 e_1 为 3 ~ 5 mm，如图 4-4(a) 所示。

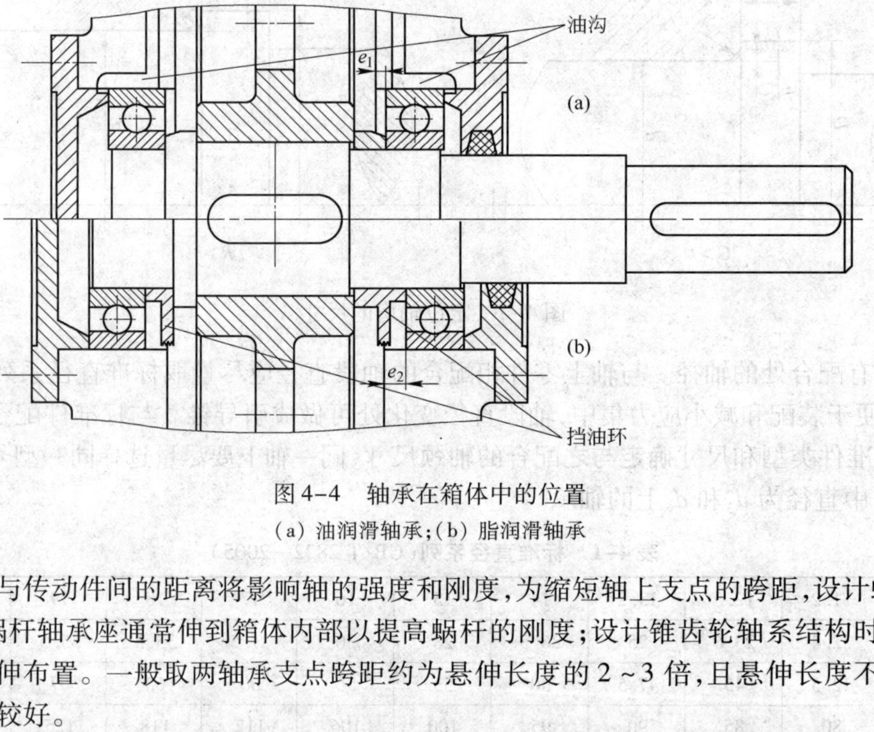

图 4-4　轴承在箱体中的位置
(a) 油润滑轴承；(b) 脂润滑轴承

轴承与传动件间的距离将影响轴的强度和刚度，为缩短轴上支点的跨距，设计蜗杆轴系结构时，蜗杆轴承座通常伸到箱体内部以提高蜗杆的刚度；设计锥齿轮轴系结构时，小锥齿轮采取悬伸布置。一般取两轴承支点跨距约为悬伸长度的 2 ~ 3 倍，且悬伸长度不宜太小，轴的刚度较好。

(3) 轴上零件的间距应便于装拆。轴上彼此靠近的零件需要适当增大有关轴段的轴向尺寸，以方便零件的拆卸。如图 4-5 所示，当 C 很小时，不利于轴承的拆卸。

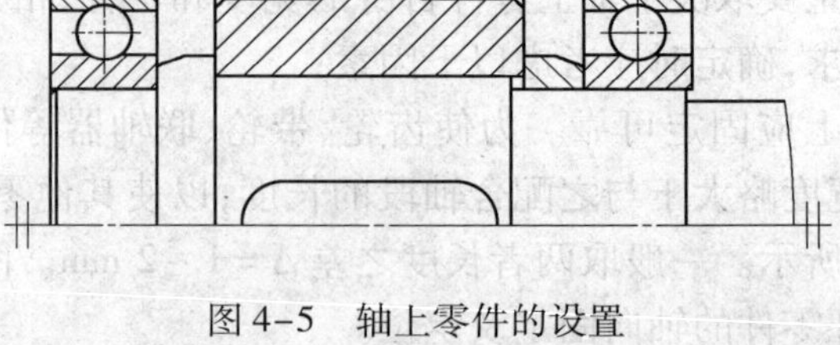

图 4-5　轴上零件的设置

轴的外伸长度取决于外伸轴段上安装的传动零件及轴承端盖结构。对于凸缘式轴承端盖,如果轴伸出箱体外的长度过小,端盖螺钉和箱外传动件的装拆均不方便。如图4-6所示,轴承端盖至箱外传动件间的距离Δ_5通常应大于20 mm,至少应大于15 mm(标准传动件按照安装距离确定),以便在不拆下外接零件的情况下,方便地拆下端盖螺钉。嵌入式端盖可取较小值,仅保证装拆弹性套柱销的必要距离即可。

(4) 与轴承座孔配合处轴段长度应由轴承孔长度决定。对于剖分式箱体,轴承旁有连接螺栓连接上下箱体,轴承孔的长度与轴承宽度或轴承旁连接螺栓的扳手空间尺寸有关,如图4-7所示的箱体轴承孔处的轴向尺寸L:

$$L \geqslant \delta + C_1 + C_2 + (5 \sim 10) \tag{4-2}$$

式中　C_1,C_2——扳手空间所决定的尺寸(见表5-2),mm;

δ——箱座壁厚(见表5-1),mm。

而轴承宽度可根据上述轴的径向尺寸初步选出的轴承型号确定具体尺寸。注意在一根轴上的轴承一般都取一样型号,以使轴承座孔尺寸相同,可一次镗孔,保证精度。

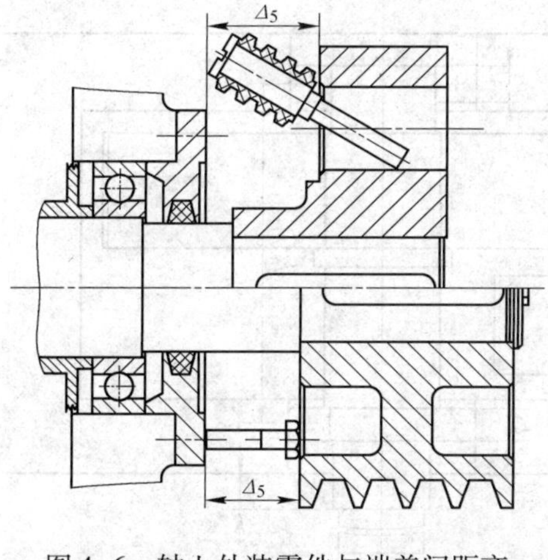

图4-6　轴上外装零件与端盖间距离

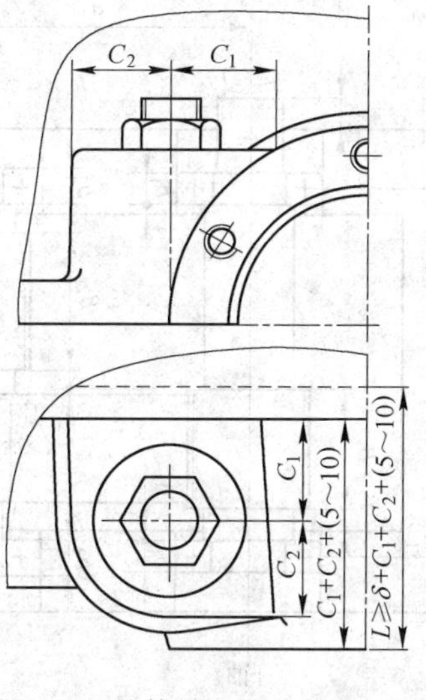

图4-7　箱体轴承处的轴向尺寸

(5) 装有传动件的轴段长度应保证传动件间及传动件与箱壁间不发生干涉。以圆柱齿轮减速器为例,一级、二级圆柱齿轮减速器轴的布置如图4-8所示,齿轮端面与内箱壁距离Δ_2可按表5-1选取;考虑相邻齿轮沿轴向不发生干涉,可取$\Delta_3 = 5 \sim 12$ mm;为保证滚动轴承完全放入箱体轴承座孔内,应计入尺寸Δ_4,其具体数值见图4-4中e_1或e_2;Δ_5由外接零件及轴承端盖结构确定,见图4-6;轴承宽度的中点可近似地认为是支点,b_1、b_2、b_3为初选轴承的宽度,B_1、B_2为两级减速中小齿轮宽度,这样就可初步选定轴的跨距l_1、l_2、l_3。

蜗杆减速器除尽量缩小支承跨距外,轴的布置简图的方法与圆柱齿轮减速器类似。

总的来说,轴的结构没有标准样式,可根据经验或用类比法初定轴的结构形式,考虑上述几方面注意事项,画草图的过程中要将计算与修正相结合,逐步完善轴的结构设计。

4.1.2　轴的工作能力计算

轴的工作能力计算指的是轴的强度、刚度和振动稳定性等方面的计算。多数情况下,轴

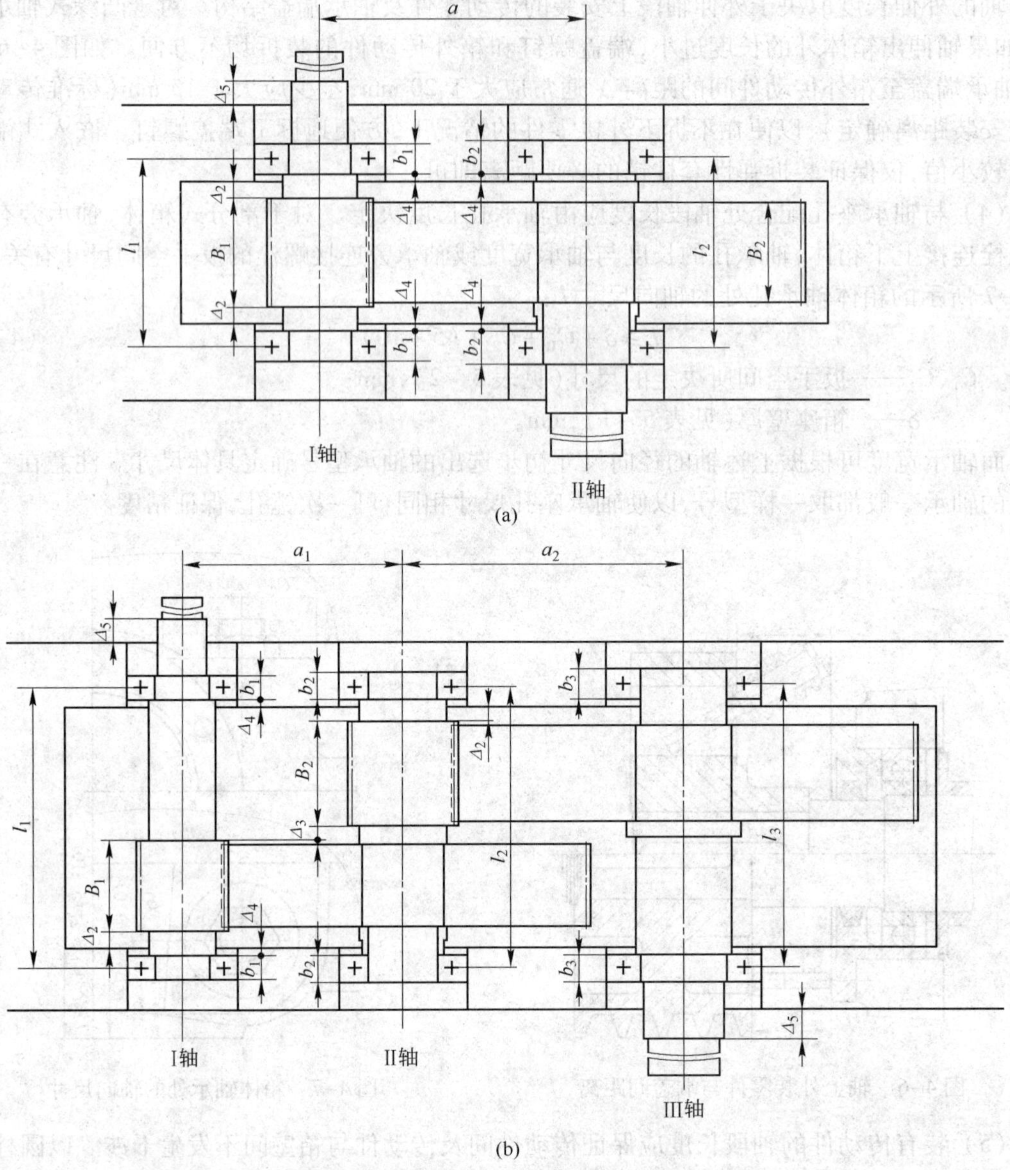

图4-8 圆柱齿轮减速器轴的布置

(a) 一级圆柱齿轮减速器；(b) 二级圆柱齿轮减速器

的工作能力主要取决于轴的强度，只需对轴进行强度计算。进行轴的强度校核计算时，应根据轴的具体受载（齿轮或蜗杆蜗轮的啮合作用力，即圆周力、径向力、轴向力均影响支承反力）及应力情况，采取相应的计算方法，并恰当地选取其许用应力。

（1）按扭转强度条件计算。在作轴的结构设计时，用此法初步估算轴径。对于不太重要的轴，也可作为最后计算结果。

（2）按弯扭合成条件计算。通过轴的结构设计，轴的主要结构尺寸、轴上零件的位置以及外载荷和支反力的作用位置均已确定，轴上的弯矩和扭矩可求得，一般的轴都可按弯扭合成强度条件对轴进行强度校核计算。

（3）按疲劳强度条件进行精确校核。在已知轴的外形、尺寸及载荷的基础上，考虑弯曲应力、扭转应力、应力集中和绝对尺寸等因素可确定出一个或几个危险截面，计算安全系数并使其不小于设计安全系数，来确定变应力情况下轴的安全程度。

4.2　联轴器型号选择及其组合设计

（1）计算联轴器的计算转矩。一般高速轴用弹性联轴器，低速轴用刚性联轴器。联轴器类型确定以后，按其所传递的转矩、轴径和转速选择联轴器的具体尺寸。选择或校核联轴器时，应考虑机器启动时惯性力及过载等影响，按最大转矩（或功率）进行。设计时通常按计算转矩进行。必要时校核联轴器中薄弱件的承载能力。

（2）确定联轴器的型号。根据计算转矩 T_{ca} 及所选的联轴器类型，按照 $T_{ca}<[T]$（$[T]$ 为所选型号的联轴器的许用转矩）的条件从联轴器标准中选定该联轴器型号。

（3）校核最大转速。被连接轴的转速 n 不应超过所选联轴器允许的最高转速，即 $n<n_{max}$。

（4）协调轴孔直径。多数情况下，每一型号联轴器适用的轴的直径均有一个范围。被连接的两轴的直径应当在此范围内。但一般情况下被连接的两轴的直径是不同的，两个轴端的形状也可能不同，如主动轴轴端为圆柱形，所连接的从动轴的轴端为圆锥形，须使连接处轴径在所选联轴器型号在规定的范围内，形状也应满足相应要求。

（5）规定部件相应的安装精度。根据所选联轴器允许轴的相对位移偏差，规定部件相应的安装精度。

（6）进行必要的校核。如有必要，应对联轴器的主要传动零件进行强度校核。使用非金属弹性元件的联轴器时，还应注意联轴器所在部位的工作温度不要超过该弹性元件材料所允许的最高温度。

4.3　轴承类型、型号选择及其组合设计

轴承装置的设计包括：

（1）轴承的选择（即类型和尺寸选择）。选择轴承类型时应考虑的主要因素有轴承所受载荷、轴承转速、调心性能及轴承的安装和拆卸，内容参见教材论述。

（2）轴承组合设计。要想保证轴承顺利工作，除正确选择轴承类型和尺寸外，还应正确设计轴承装置，解决轴承的安装、配置、紧固、调节、润滑和密封问题。

1）支承部分的刚性和同心度。轴和安装轴承的外壳或轴承座，以及轴承装置中的其他受力零件必须有足够的刚性，外壳及轴承座孔壁均应有足够的厚度，壁板上的轴承座的悬臂应尽可能地缩短，并用加强肋来增强支承部位的刚性。同一根轴上两个支承的座孔必须尽可能地保持同心，最好的办法是采用整体结构的外壳，并把安装轴承的两个孔一次镗出；即使在一根轴上装有不同尺寸的轴承时，外壳上的轴承孔仍应依次镗出，这时可利用衬套来安装尺寸较小的轴承。

2）轴承的配置。一般一根轴需要两个支点，每个支点可由一个或一个以上轴承组成。合理的轴承配置应考虑轴在机器中是否有正确的位置，防止轴向窜动以及轴受热膨胀后将轴承卡死等因素。三种配置方法见教材论述。

3）轴承的轴向固定与周向固定方法见教材论述。

4）轴承游隙及轴上零件位置的调整。轴承的游隙和预紧主要靠轴承端盖垫片来调整。常见的锥齿轮或蜗杆在装配时，如需进行轴向位置的调整，可将轴承装在套杯中，而套杯装在外壳中。

5）滚动轴承的配合。轴承的配合指内圈与轴颈及外圈与外壳孔的配合，配合种类的选取应根据轴承类型、尺寸、载荷的大小和方向以及载荷的性质等来决定。

6）滚动轴承的润滑。轴承的润滑方式与轴承的速度有关，一般用滚动轴承的 dn 值（d 为轴承内径，mm；n 为轴承转速，r/min）表示轴承速度大小。适用于脂润滑和油润滑的 dn 值界限列于表 4-2 中，作为选择润滑方式的参考。

表 4-2　适用于脂润滑和油润滑的 *dn* 值界限　　$\times 10^4$/mm · r · min^{-1}

轴承类型	脂润滑	油润滑			
		油　浴	滴　油	循环油（喷油）	油　雾
深沟球轴承	16	25	40	60	>60
调心球轴承	16	25	40	50	
角接触球轴承	16	25	40	60	>60
圆柱滚子轴承	12	25	40	60	>60
圆锥滚子轴承	10	16	23	30	
调心滚子轴承	8	12	20	25	
推力球轴承	4	6	12	15	

轴承的润滑方式也可根据齿轮圆周速度 v 选定。当 $v \geqslant 2$ m/s 时，轴承利用飞溅的稀油润滑时，在箱座上应开有油沟，具体结构如图 4-4（a）所示；当齿轮圆周速度 $v < 2$ m/s 时，飞溅的油量不够，此时宜用润滑脂润滑轴承，润滑脂可在定期检修减速器时加入，或在轴承座上开注油孔定期注入。为防止箱内润滑油进入轴承引起润滑脂变稀流失，应在轴承的内侧加挡油环，如图 4-4（b）所示。

对于蜗杆减速器，可根据蜗杆蜗轮的布置采用相应的轴承润滑方式。当蜗杆下置时，用于支承蜗杆轴的轴承可直接浸入箱座油池内。为了减小轴承搅油所引起的功率损耗，以及使密封装置简单，一般要求油面高度不超过处于最低位置的滚动体中心。用于支承蜗轮轴的轴承可采用润滑脂润滑，也可用刮板将润滑油从蜗轮轮缘侧面刮下，沿箱座剖分面上的输油沟流入轴承。当蜗杆上置时，支承蜗杆轴及蜗轮轴的轴承均可采用润滑脂润滑。支承蜗轮轴的轴承也可采用刮板导油装置用润滑油润滑。

5　减速器箱体及其附件的设计

5.1　减速器箱体设计

为便于加工、装配、调整和修理,改善机器造型,协调机器各部分比例,使整机造型美观,机器各部分分别由独立的箱体组成各个单元,减速器箱体起着支承并包容各种传动零件,储存润滑剂,使箱体内的零件不受外界环境的影响,保证轴组件运转精度、良好润滑及可靠密封,又保护机器操作者的人身安全,并有一定的隔振、隔热和隔音作用。

减速器箱体常用灰铸铁如 HT150、HT200 等制造。灰铸铁具有良好的铸造性、抗压性和减振性,易获得美观的外形,适宜批量生产。单件生产减速器箱体时,也可用钢板焊接而成。对于重载或受冲击载荷的减速器也可采用铸钢箱体。箱体的设计应:

(1) 满足工作要求以保证箱内零件的相互位置正确,并能与箱外有关零部件保持准确的相互关系;

(2) 有足够的承载(包括强度、刚度、抗震性和阻尼性能、稳定性、散热等)能力;

(3) 工艺性(包括毛坯制造、机械加工和热处理、装配、安装固定以及维护修理等)好;

(4) 造型美观、经济实用。

5.1.1　减速器箱体的结构设计

减速器箱体可做成卧式、倾斜式两种,常用的为卧式结构,如图 5-1 所示。卧式减速器箱体常沿轴心线所在平面剖分成箱座和箱盖两部分,这样有利于箱体制造和便于轴组件零件的装拆。

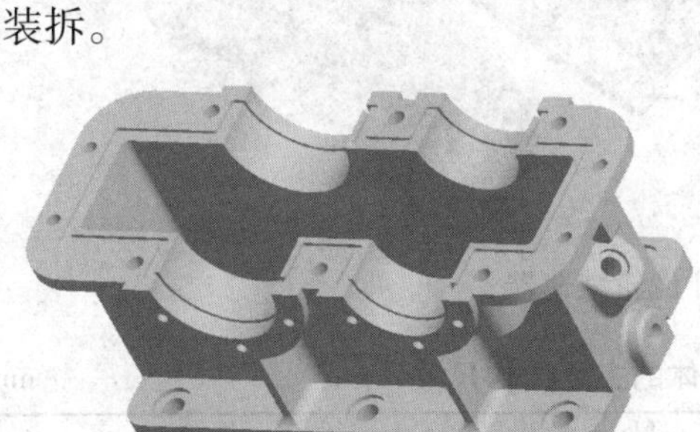

(a)

(b)

图 5-1　卧式减速器箱体

(a) 箱座;(b) 箱盖

箱体要求有一定的强度、刚度和精度,对受力很大的箱体,满足强度是一个重要问题;但对于大多数箱体,评定性能的主要指标是刚度,因为箱体的刚度不仅影响传动零件的正常工作,而且还影响部件的工作精度。箱体刚度包括以下三个方面:

（1）箱体本身的刚度。箱体受力情况复杂，而灰铸铁箱体材料的弹性模量 E 较小、刚性较差，受力会产生拉伸（或压缩）、弯曲、扭转等变形。由于截面形状对弯曲或扭转变形刚度有很大的影响，如能正确设计机座和箱体的截面形状，可在不增大截面面积和零件质量的条件下，增大截面的惯性矩以提高它们的刚度。

（2）箱体连接处的刚度。箱体连接处的刚度主要是结合面的变形和位移，它包括结合面的接触变形、连接螺钉的变形和连接部位的局部变形。接触表面粗糙度值越小，则接触刚度越好。合理选择连接螺钉的直径和数量、结合面的实际接触面积在允许范围内尽可能减小、螺钉设在箱体壁上的中性面上，连接凸缘将不会有弯矩作用。合理设计箱体连接部位的结构、在箱体的内侧和外表面受载集中处设置加强肋肋板，可以明显提高局部刚度。当然，肋板布置的正确与否对加设肋板的效果有着很大的影响。如果布置不当，不仅不能增大机座和箱体的强度和刚度，反而还会造成工料浪费及增加制造困难。加强肋的布置应尽量使它受压应力，以起支承作用。肋板的结构形状也是需要考虑的重要因素。

（3）箱体的局部刚度。为了保证接合面连接处的局部刚度与接触刚度，箱盖与箱座连接部分都应具有较厚的连接凸缘，箱座底面凸缘更要适当厚些，其与地面接触处宽度应超过箱座的内壁，以利于支承受力。连接螺栓的数量、间距、大小等对箱体局部刚度也都有一定影响。

5.1.2　减速器箱体结构尺寸的确定

图5-2为一级圆柱齿轮减速器。设计减速器的箱体结构时，可参考图5-3及表5-1～表5-3确定箱体各部分的尺寸。

图5-2　一级圆柱齿轮减速器

表5-1　铸铁减速器箱体的主要结构尺寸　mm

名　称	符号	减速器形式、尺寸关系			
		圆柱齿轮减速器		圆锥齿轮减速器	蜗杆减速器
箱座壁厚	δ	一级	$0.025a+1\geqslant 8$	$0.0125(d_{1m}+d_{2m})+1\geqslant 8$ 或 $0.01(d_1+d_2)+1\geqslant 8$ 式中，d_1、d_2 为小、大锥齿轮的大端直径；d_{1m}、d_{2m} 为小、大锥齿轮的平均直径	$0.04a+3\geqslant 8$
		二级	$0.025a+3\geqslant 8$		

续表 5-1

名称	符号	减速器形式、尺寸关系			
		圆柱齿轮减速器		圆锥齿轮减速器	蜗杆减速器
箱盖壁厚	δ_1	一级	$0.02a+1\geqslant 8$	$0.01(d_{1m}+d_{2m})+1\geqslant 8$ 或 $0.0085(d_1+d_2)+1\geqslant 8$	蜗杆在上：$\approx\delta$ 蜗杆在下：$=0.85\delta\geqslant 8$
		二级	$0.02a+3\geqslant 8$		
箱座凸缘厚度	b	1.5δ			
箱盖凸缘厚度	b_1	$1.5\delta_1$			
箱座底凸缘厚度	b_2	2.5δ			
地脚螺钉直径	d_f	$0.36a+12$		$0.018(d_{1m}+d_{2m})+1\geqslant 12$ 或 $0.015(d_1+d_2)+1\geqslant 12$	$0.036a+12$
地脚螺钉数目	n	$a\leqslant 250:n=4$ $a>250\sim 500:n=6$ $a>500:n=8$		$n=\dfrac{\text{底凸缘周长之半}}{200\sim 300}\geqslant 4$	
轴承旁连接螺栓直径	d_1	$0.75\ d_f$			
盖与座连接螺栓直径	d_2	$(0.5\sim 0.6)\ d_f$			
连接螺栓 d_2 的间距	l	$150\sim 200$			
轴承端盖螺钉直径	d_3	$(0.4\sim 0.5)\ d_f$			
检查孔盖螺钉直径	d_4	$(0.3\sim 0.4)\ d_f$			
定位销直径	d	$(0.7\sim 0.8)\ d_2$			
d_1、d_2、d_3 至外箱壁距离	C_1	见表 5-2			
d_1、d_2 至凸缘边缘距离	C_2	见表 5-2			
轴承旁凸台半径	R_1	C_2			
凸台高度	h	根据低速级轴承外径确定，以便于扳手操作为准			
外箱壁至轴承座端面的距离	l_1	$C_1+C_2+(5\sim 10)$			
齿轮顶圆（蜗轮外圆）与内箱壁间的距离	Δ_1	$>1.2\delta$			
齿轮（锥齿轮或蜗轮轮毂）端面与内箱壁间的距离	Δ_2	$>\delta$			
箱盖、箱座肋板厚	m_1, m	$m_1\approx 0.85\delta_1, m\approx 0.85\delta$			
轴承端盖外径	D_2	$D+(5\sim 5.5)d_3$ 式中，D 为轴承外径（嵌入式轴承端盖尺寸见表 5-15）			
轴承旁连接螺栓距离	s	尽量靠近，以与端盖螺栓互不干涉为准，一般取 $s=D_2$			
箱座深度	H_d	$H_d=d_{a2}/2+(30\sim 50)$ 式中，d_{a2} 为大齿轮齿顶圆直径			
箱座高度	H	$H=H_d+\delta+(5\sim 10)$			
箱座宽度	B_a	由内部传动件位置结构及壁厚确定；蜗杆传动箱体内腔宽度不小于蜗杆轴承端盖直径			

注：多级传动时，取低速级中心距。对圆锥－圆柱齿轮减速器，按圆柱齿轮传动中心距取值。

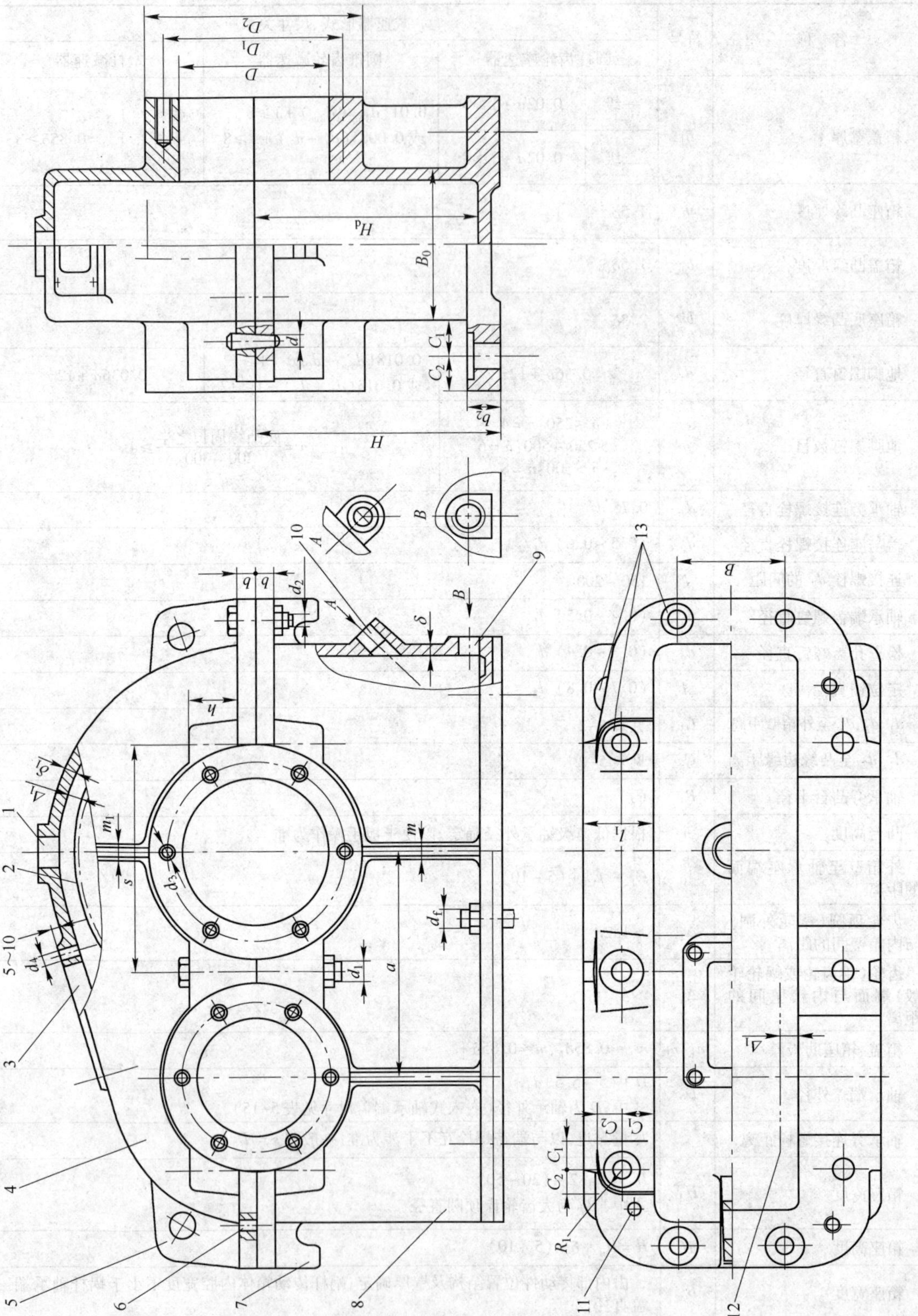

(a)

(a)

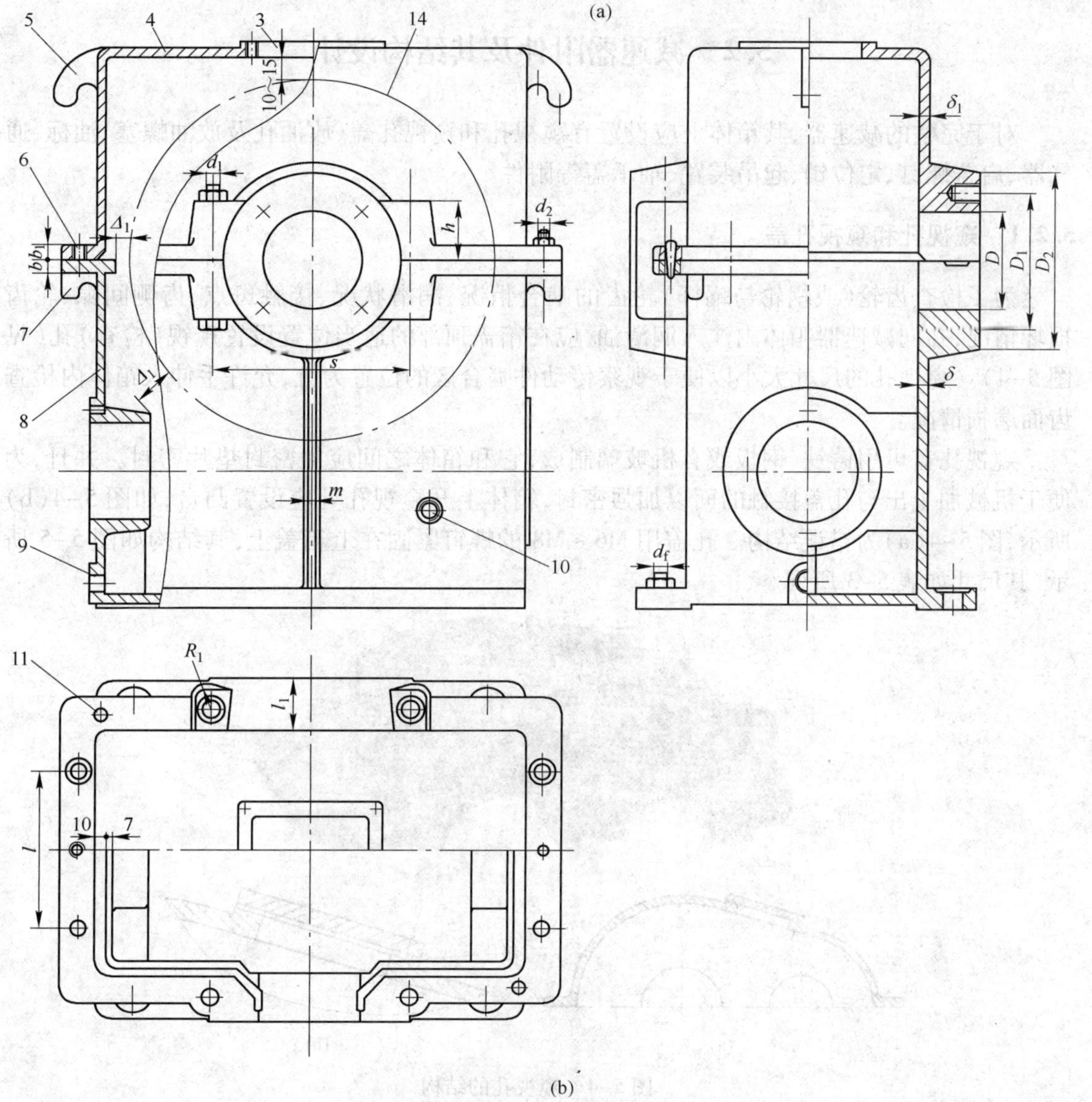

(b)

图 5-3　减速器箱体结构尺寸

（a）齿轮减速器箱体结构尺寸；（b）蜗杆减速器箱体结构尺寸

1—通气器孔；2—齿顶圆；3—窥视孔；4—箱盖；5—吊耳；6—起盖螺钉孔；7—吊钩；8—箱座；9—油塞孔；10—油标孔；11—定位销孔；12—小齿轮端面线；13—锪孔；14—蜗轮齿顶圆直径

表 5-2　凸台及凸缘的结构尺寸　　mm

螺栓直径	M6	M8	M10	M12	M14	M16	M18	M20	M22	M24	M27	M30
$C_{1\min}$	12	14	16	18	20	22	24	26	30	34	38	40
$C_{2\min}$	10	12	14	16	18	20	22	24	26	28	32	35
D_0	13	18	22	26	30	33	36	40	43	48	53	61
$R_{0\max}$	5					8				10		
$r_{\max}$	3						5			8		

5.2 减速器附件及其结构设计

对于完整的减速器，其箱体上应设置有窥视孔和窥视孔盖、放油孔及放油螺塞、油标、通气器、启盖螺钉、定位销、起吊装置、轴承盖等附件。

5.2.1 窥视孔和窥视孔盖

为了检查齿轮(或蜗轮与蜗杆)轮齿的啮合情况、润滑状况、接触斑点、齿侧间隙、轮齿损坏情况，并向减速器箱体内注入润滑油，应在箱盖顶部的适当位置设置窥视(检查)孔(见图5-4)。窥视孔的尺寸大小以便于观察传动件啮合区的位置为宜，允许手伸入箱体内检查齿面磨损情况。

窥视孔盖可用铸铁、钢板或有机玻璃制成，它和箱体之间应加密封垫片密封。并且，为便于机械加工出与孔盖接触的面以加强密封，箱体上开窥视孔处应设置凸台，如图5-4(b)所示，图5-4(a)为错误结构。孔盖用M6～M8的螺钉紧固在上箱盖上，其结构如图5-5所示，其尺寸如表5-3所列。

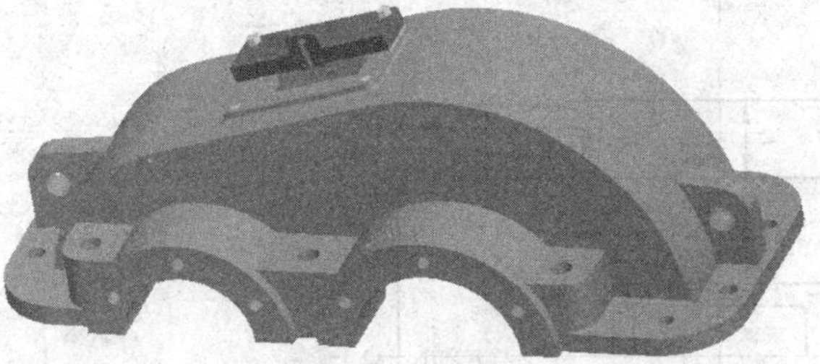

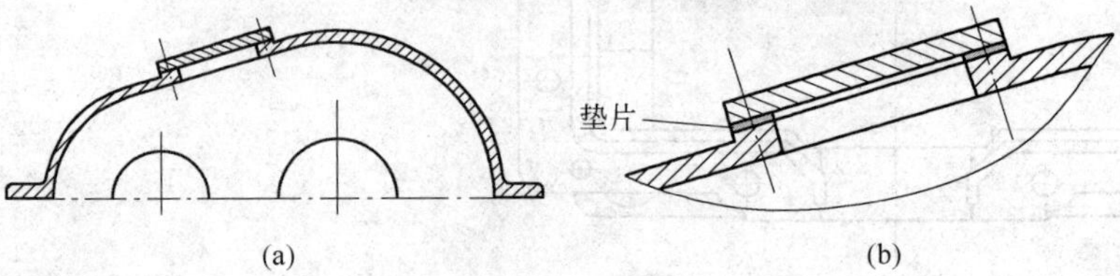

(a) (b)

图5-4 窥视孔的结构

(a) 错误;(b) 正确

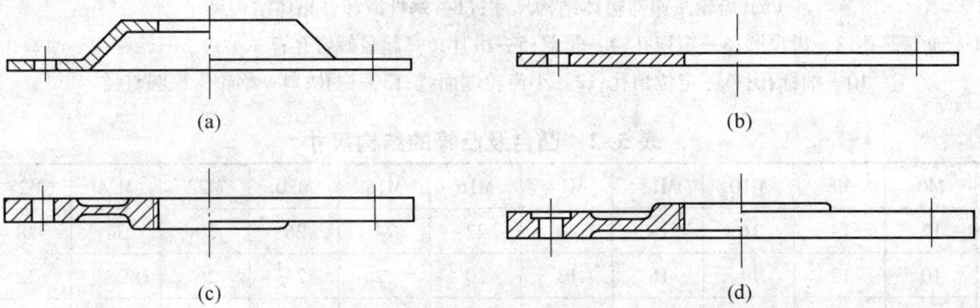

(a) (b) (c) (d)

图5-5 窥视孔盖的结构

(a) 冲压薄钢板;(b) 钢板;

(c) 铸铁(工艺性差);(d) 铸铁(工艺性好)

表 5-3　窥视孔及窥视孔盖

图　例	尺寸/mm	
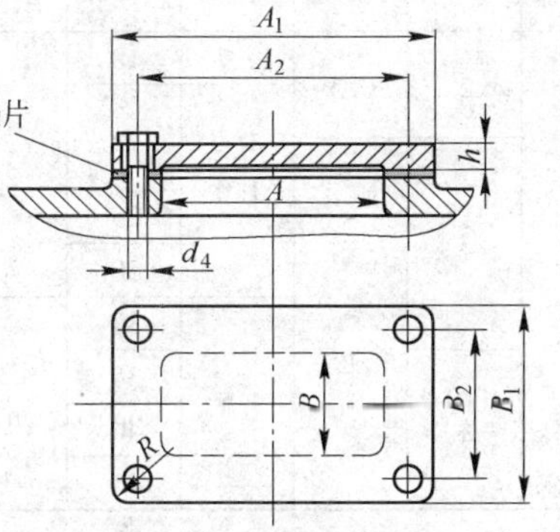	A	100,120,150,180,200
	A_1	$A+(5\sim6)d_4$
	A_2	$(A+A_1)/2$
	B	$B_1-(5\sim6)d_4$
	B_1	箱体顶部宽 $-(15\sim20)$
	B_2	$(B+B_1)/2$
	d_4	M6 ~ M8
	R	5 ~ 10
	h	自行设计

5.2.2　放油孔和放油螺塞

为排放污油和便于清洗减速器箱体内部，放油孔应设在箱座底面的最低处。油池底面可做成向放油孔方向倾斜 1°~5°的斜面，以利于油的放出。为便于攻螺纹及油污的汇集和排放，可在放油孔附近做出一小凹坑。图 5-6(a)所示放油孔的工艺性较好，图 5-6(b)中未开凹坑，且半边攻螺纹，加工工艺性差。

平时用放油螺塞(见图 5-7)将放油孔堵住，放油螺塞常用六角头细牙螺纹。放油孔处箱体上应设置凸台，在放油螺塞六角头和箱体凸台端面间应加防漏用的封油垫片(用耐油橡胶、塑料、皮革等制成)，以保证良好的密封。

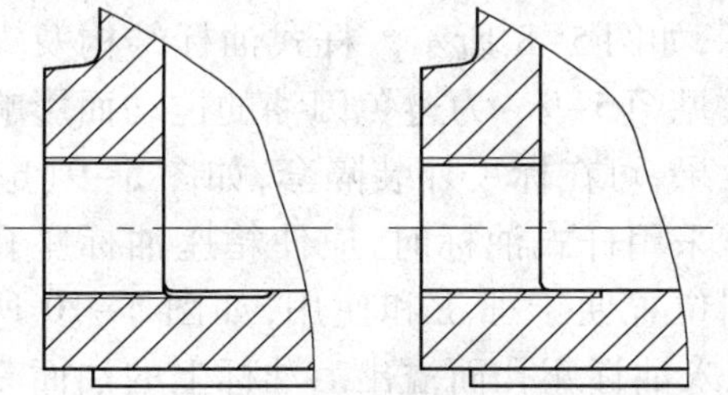
(a)　(b)

图 5-6　放油孔

(a) 工艺性好；(b) 工艺性差

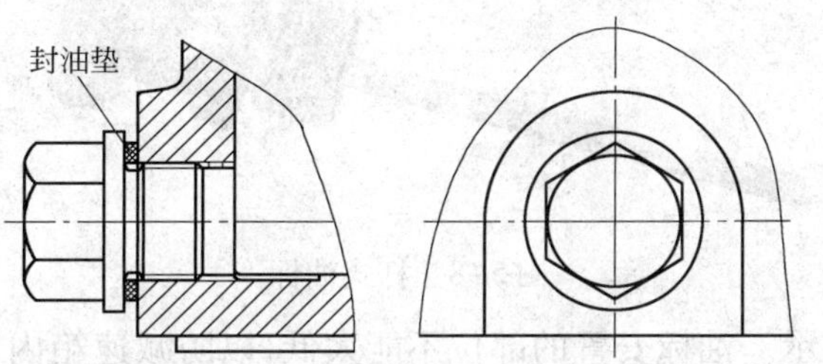

(a)　(b)

图 5-7　放油螺塞的结构

外六角螺塞的尺寸见表 5-4。

表 5-4　外六角螺塞(JB/ZQ 4450—2006)、纸封油圈(ZB 71—62)、皮封油圈(ZB 70—62)　mm

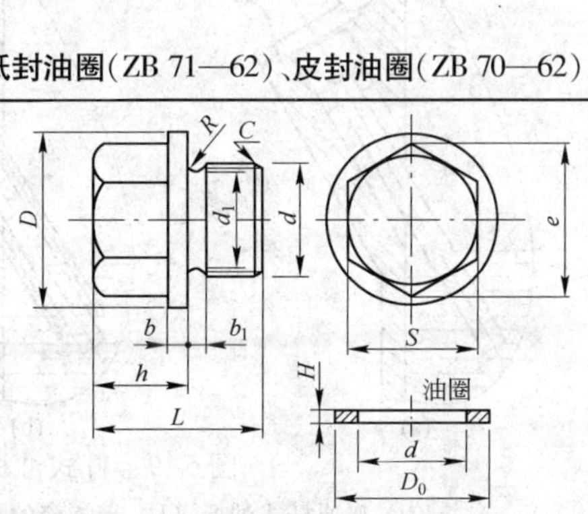

续表 5-4

d	d_1	D	e	S	L	h	b	b_1	R	C	D_0	H	
												纸圈	皮圈
M10×1	8.5	18	12.7	11	20	10	3	2	0.5	0.7	18	2	2
M12×1.25	10.2	22	15	13	24	12				1.0	22		
M14×1.5	11.8	23	20.8	18	25			3	1				
M18×1.5	15.8	28	24.2	21	27	15					25		
M20×1.5	17.8	30			30		4				30		
M22×1.5	19.8	32	27.7	24						1.5	32	3	
M24×2	21	34	31.2	27	32	16		4			35		2.5
M27×2	24	38	34.6	30	35	17					40		
M30×2	27	42	39.3	34	38	18					45		

注：1. 标记示例：螺塞 M20×1.5 JB/ZQ 4450—1997；

油圈 30×20 ZB 71—62（D_0=30、d=20 的纸封油圈）；

油圈 30×20 ZB 70—62（D_0=30、d=20 的皮封油圈）。

2. 材料：纸封油圈——石棉橡胶纸；

皮封油圈——工业用革；

螺塞——Q235。

5.2.3 油标

油标用来指示油面高度，应设置在便于检查及油面较稳定之处（如低速级传动件附近）。

图 5-8　杆式油标

常用的油标有圆形油标、长形油标、管状油标和杆式油标等。一般多用带有螺纹的杆式油标，如图 5-8 所示。杆式油标结构及安装方式见图 5-9。为避免因油的搅动而影响检查效果，可在标尺外装隔套，如图 5-9（b）所示。采用杆式油标时，应使箱座油标座孔的倾斜位置便于加工和使用，如图 5-10 所示。油标安置的部位不能太低，以防减速箱内油液进入油标座孔而溢出。油标上的油面刻度线应按传动件的浸油深度确定，应标示出最高与最低油面。

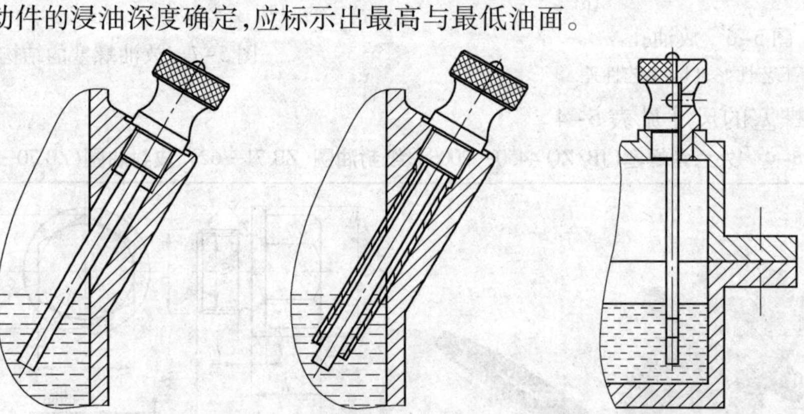

(a)　(b)　(c)

图 5-9　杆式油标结构及安装方式

（a）普通杆式油标；（b）带隔套的杆式油标；（c）有通气孔的杆式油标

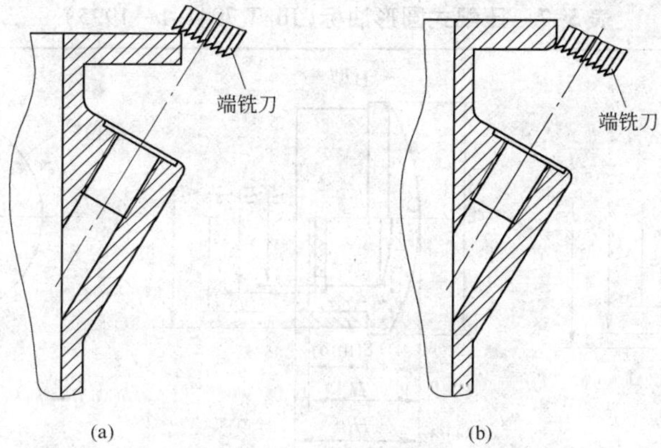

图 5-10　油标安装位置的工艺性

(a) 不正确;(b) 正确

各种油标的尺寸如表 5-5 ~ 表 5-8 所列。

表 5-5　杆式油标　mm

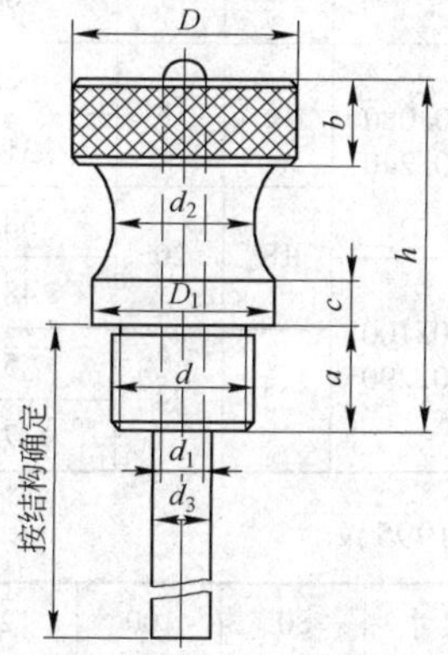

尺寸			
d	M12	M16	M20
d_1	4	4	6
d_2	12	16	20
d_3	6	6	8
h	28	35	42
a	10	12	15
b	6	8	10
c	4	5	6
D	20	26	32
D_1	16	22	26

表 5-6　管状油标(JB/T 7941.4—1995)　mm

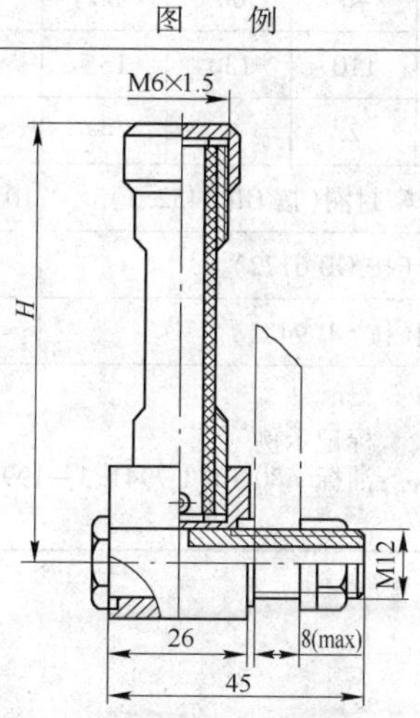

尺寸及标注					
H	80	100	125	160	200
配件	名　称				规格
	O 形橡胶密封圈(按 GB 3452.1)				11.8×2.65
	六角薄螺母(按 GB 6172)				M12
	弹性垫圈(按 GB 861)				12

标记示例

$H=200$,A 型管状油标的标记为:

油标 A200 GB 7941.4—1995

注:B 型管状油标尺寸见 JB/T 7941.4—1995。

表 5-7　压配式圆形油标(JB/T 7941. 1—1995)　　mm

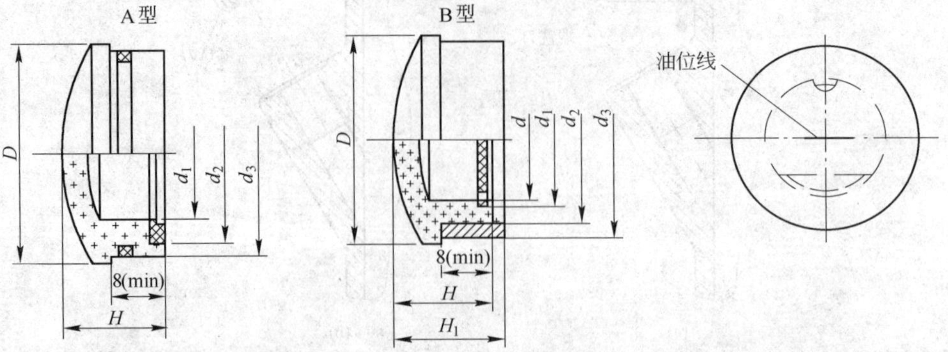

标记:油标 A32 JB 7941. 1—1995(表示观察孔 d =32 的 A 型压配式圆形油标)

d	D	d_1		d_2		d_3		H	H_1	O 形橡胶密封圈(按 GB 3452. 1)
		基本尺寸	极限偏差	基本尺寸	极限偏差	基本尺寸	极限偏差			
12	22	12	−0. 050 −0. 160	17	−0. 050 −0. 160	20	−0. 065 −0. 195	14	16	15 ×2. 65
16	27	18		22	−0. 065 −0. 195	25				20 ×2. 65
20	34	22	−0. 065 −0. 195	28		32	−0. 080 −0. 240	16	18	25 ×3. 55
25	40	28		34	−0. 080 −0. 240	38				31. 5 ×3. 55
32	48	35	−0. 080 −0. 240	41		45		18	20	38. 7 ×3. 55
40	58	45		51	−0. 100 −0. 290	55	−0. 100 −0. 290			48. 7 ×3. 55
50	70	55	−0. 100 −0. 290	61		65		22	24	58 ×5. 30
63	85	70		76		80				71 ×5. 30

表 5-8　长形油标(JB/T 7941. 3—1995)　　mm

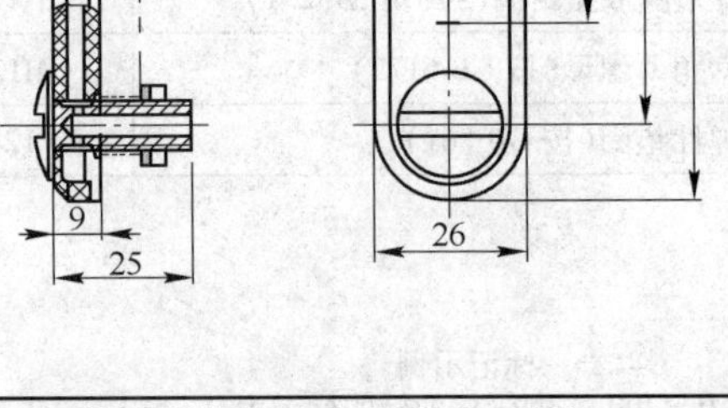

H	基本尺寸	80	100	125	160
	极限偏差	±0. 17		±0. 20	
H_1		40	60	80	120
L		110	130	155	190
n(条数)		2	3	4	6
密封与紧固件	O 形橡胶密封圈(按 GB 3452. 1)				10 ×2. 65
	六角螺母(按 GB 6172)				M10
	弹性垫圈(按 GB 94. 1)				10

标记示例

H =80,A 型长油标:油标 A80 JB/T 7941. 3—1995

注:B 型长形油标见 JB/T 7941. 3—1995。

5. 2. 4　通气器

减速器运转时,箱体内温度升高、气体膨胀,使箱体内气压增大,箱体内外压力不等对减速器的密封极为不利。为使箱体内的热胀气体自由溢出，保证箱体内外压力均衡，防止润滑油沿分箱面、轴伸密封件处或其他间隙向外渗漏，因此多在箱盖顶部或窥视孔盖上安装通气器（见图 5-11）。

图 5-11 通气器

通气器有多种结构形式，如图 5-12 所示。简易的通气器（见图 5-12a）常用带孔螺钉制成，但通气孔不能直通顶端，以免灰尘进入，适用于比较清洁的场合；较完善的通气器内部做成各种曲路，并有金属网，以减少灰尘随空气吸入箱体，如图 5-12(b) 所示；提手式通气器（见图 5-12c）也是一种常用的通气器。

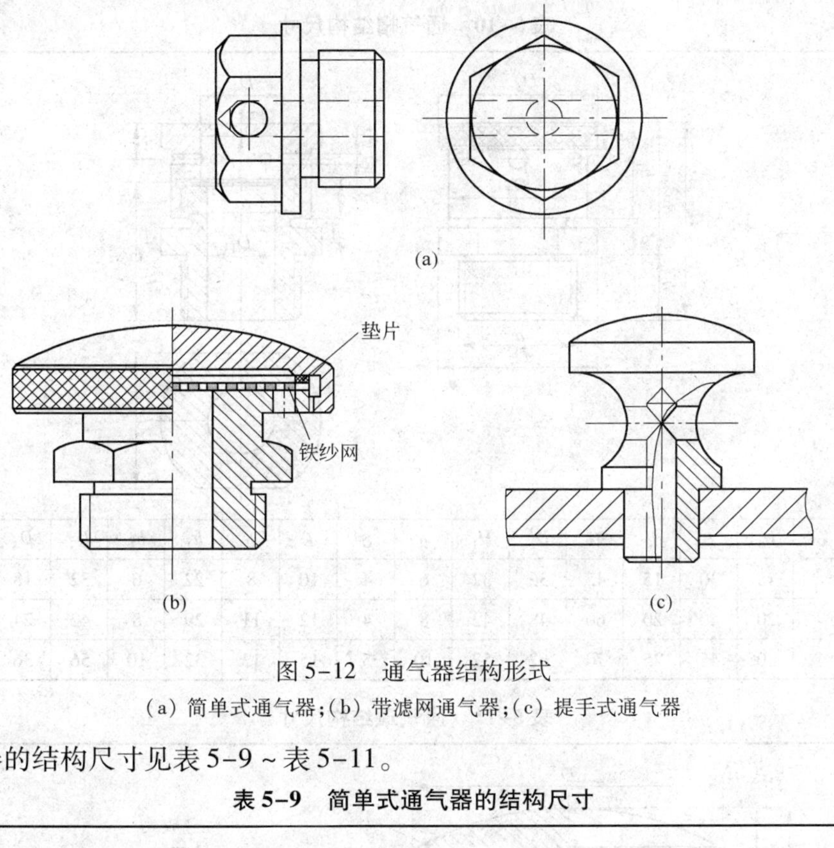

图 5-12 通气器结构形式

(a) 简单式通气器；(b) 带滤网通气器；(c) 提手式通气器

通气器的结构尺寸见表 5-9 ~ 表 5-11。

表 5-9 简单式通气器的结构尺寸

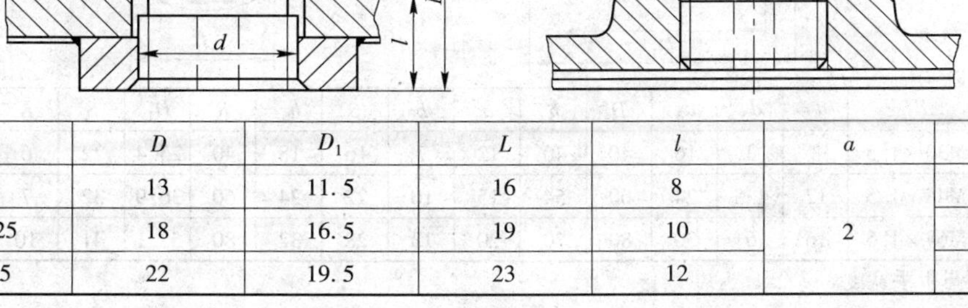

d	D	D_1	L	l	a	d_1
M10 × 1	13	11.5	16	8		3
M12 × 1.25	18	16.5	19	10	2	4
M16 × 1.5	22	19.5	23	12		5

续表 5-9

d	D	D_1	L	l	a	d_1
M20×1.5	30	25.4	28	15	4	6
M22×1.5	32		29			7
M27×1.5	38	31.2	34	18		8
M30×2	42	36.9	36			
M33×2	45		38	20		
M36×2	50	41.6	46	25	5	

表 5-10 通气帽结构尺寸

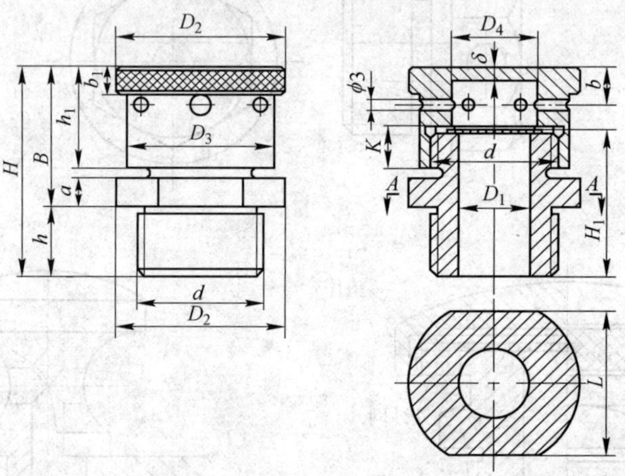

d	D_1	B	h	H	D_2	H_1	a	δ	K	b	h_1	b_1	D_3	D_4	L	孔数
M27×1.5	15	30	15	45	36	32	6	4	10	8	22	6	32	18	32	6
M36×2	20	40	20	60	48	42	8	4	12	11	29	8	42	24	41	6
M48×3	30	45	25	70	62	52	10	5	15	13	32	10	56	36	55	8

表 5-11 通气罩结构尺寸

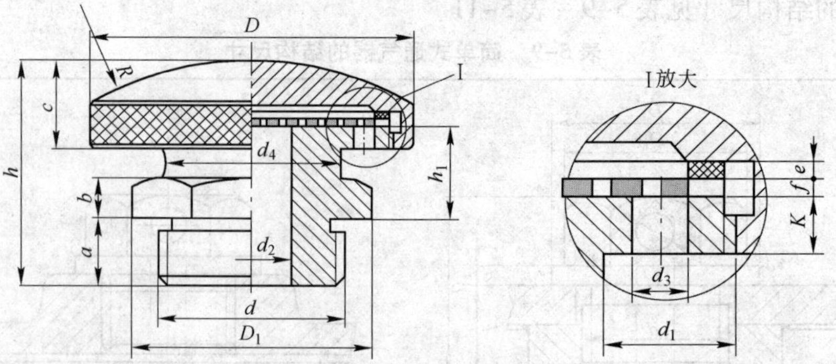

d	d_1	d_2	d_3	d_4	D	h	a	b	c	h_1	R	D_1	S	K	e	f
M18×1.5	M33×1.5	8	3	16	40	40	12	7	16	18	40	25.4	22	6	2	2
M27×1.5	M48×1.5	12	4.5	24	60	54	15	10	22	24	60	36.9	32	7	2	2
M36×1.5	M64×1.5	16	6	30	80	70	20	13	28	32	80	53.1	41	10	3	3

注：S 为螺母扳手宽度。

5.2.5　启盖螺钉

减速器装配时，为加强密封，常在箱体剖分面上用水玻璃或密封胶密封，但拆卸时往往因胶结紧密难于打开箱盖。为此，常在箱盖凸缘的适当位置加工出 1 ~ 2 个螺孔，装入开启箱盖用的启盖螺钉，旋动启盖螺钉便可将箱盖顶起。为避免顶坏螺纹，螺钉端部要做成圆柱形，并加工成大倒角或半圆形。启盖螺钉的大小可与凸缘连接螺栓相同，螺纹长度要大于箱盖连接凸缘的厚度，如图 5-13 所示。小型减速器拆卸时可用螺丝刀直接撬开箱盖，不设启盖螺钉。

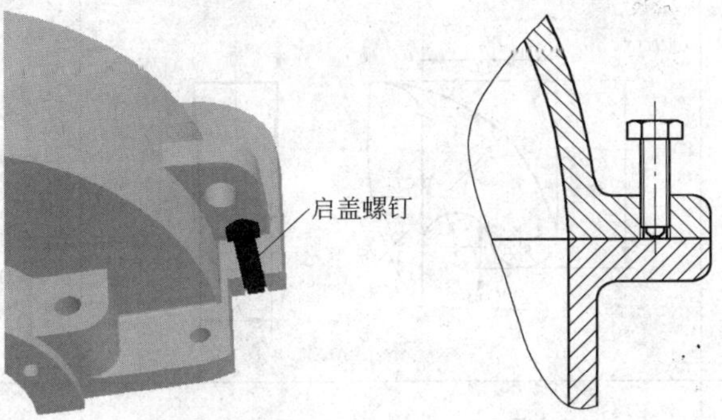

图 5-13　启盖螺钉的结构

5.2.6　定位销

为了保证剖分式箱体轴承座孔的加工与装配精度，精加工轴承座孔前，在箱盖与箱座连接凸缘的长度方向两端各配装一个圆锥定位销，如图 5-14 所示。两销间的距离应尽量远些，以提高定位精度。上下箱体装配时应先装定位销，然后再装入螺栓并拧紧。为避免装错，对称箱体的两定位销的位置应呈非对称布置。

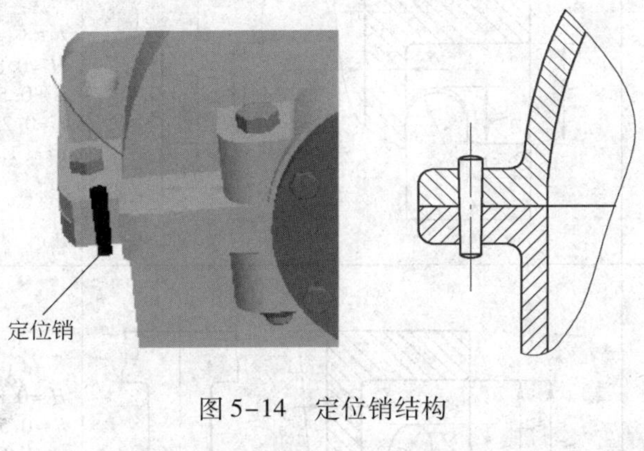

图 5-14　定位销结构

定位销的直径 d 一般取为 $(0.7 \sim 0.8)d_2$，d_2 为箱体连接螺栓的直径。定位销长度应大于箱盖和箱座连接凸缘的总厚度，以利于装拆。

5.2.7　起吊装置

当减速器重量超过 25 kg 时，为便于拆卸和搬运减速器，箱体上需设置起吊装置。起吊装置可采用吊环螺钉,也可直接在箱体上铸出吊耳或吊钩。箱盖上的起吊装置用于起吊箱盖,箱座上的起吊装置用于起吊箱座或整个减速器。比较简单的加工方法是在箱盖上直接铸出吊耳或吊耳环,箱座两端也铸出吊钩,这样可以起吊或搬运整个箱体。吊钩和吊耳的尺寸可查表5-12,也可根据具体情况加以修改。

表5-12　起重吊耳和吊钩结构形式及尺寸

吊耳或吊钩	图　例	尺　寸
吊耳(在箱盖上铸出)	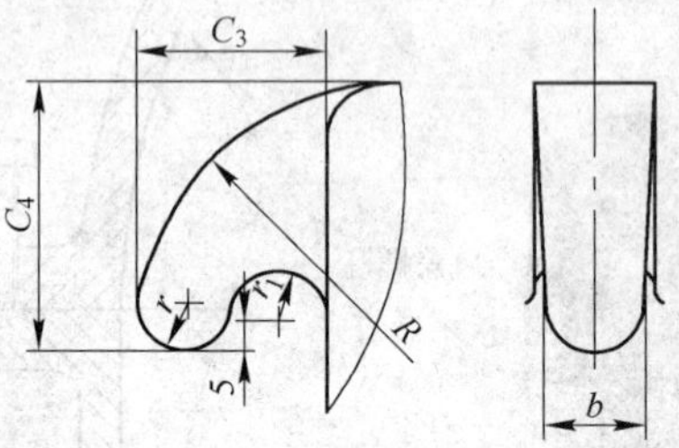	$C_3=(4\sim5)\ \delta_1$(δ_1 为箱盖壁厚) $C_4=(1.3\sim1.5)\ C_3$ $b=(1.8\sim2.5)\ \delta_1$ $R=C_4$ $r_1\approx0.2C_3$ $r\approx0.25C_3$
吊耳环(在箱盖上铸出)	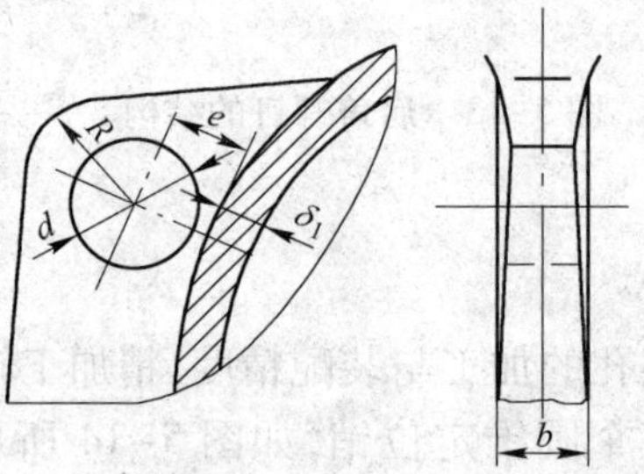	$d=b\approx(1.8\sim2.5)\ \delta_1$ $R\approx(1\sim1.2)d$ $e\approx(0.8\sim1)d$
吊钩(在箱座上铸出)	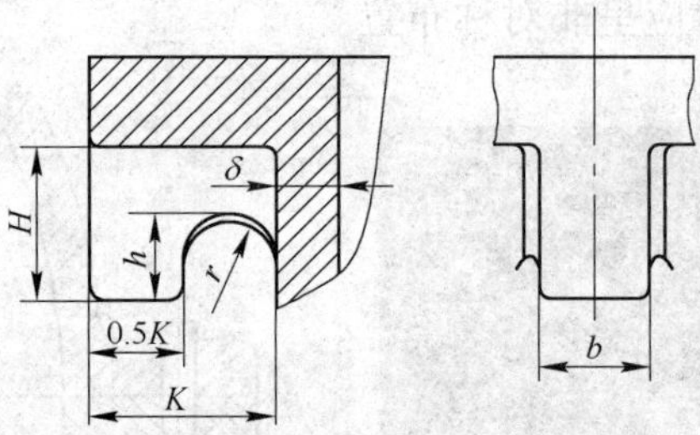	$K=C_1+C_2$(表5-2) $H\approx0.8K$ $h\approx0.5H$ $r\approx0.25K$ $b\approx(1.8\sim2.5)\ \delta$
吊钩(在箱座上铸出)	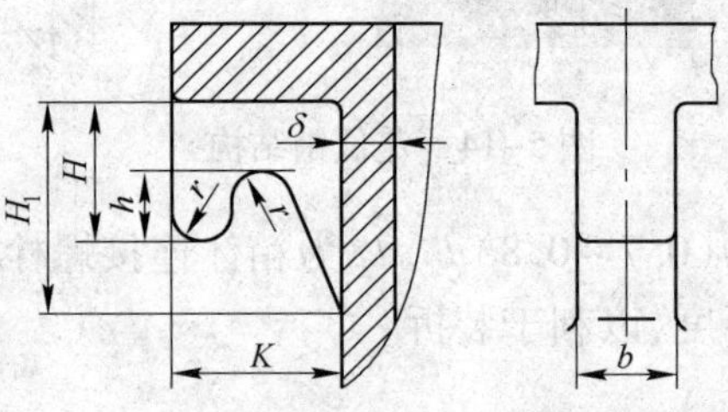	$K=C_1+C_2$(表5-2) $H\approx0.8K$ $h\approx0.5H$ $r\approx K/6$ $b\approx(1.8\sim2.5)\ \delta$ H_1 按结构确定

吊环螺钉为标准件,可按起重量选取,见表5-13。

表 5-13　吊环螺钉

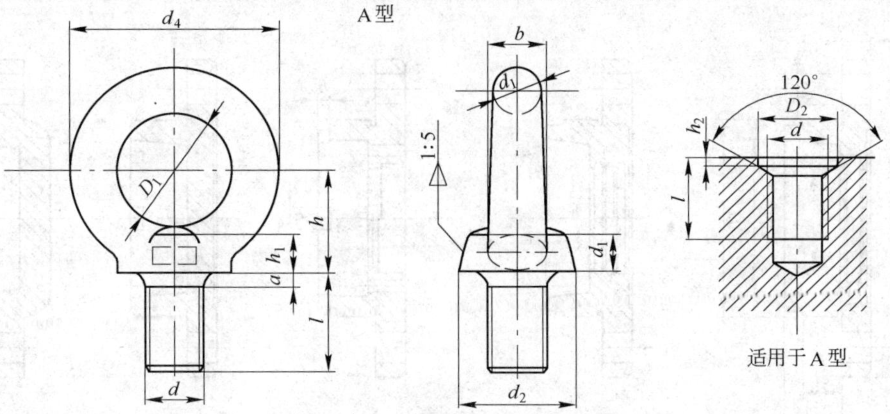

标记：螺钉 GB/T 825—1988 M20

螺纹规格(d)		M10	M12	M16	M20	M24	M30
d_1	min	11.1	13.1	15.2	17.4	21.4	25.7
D_1	公称	24	28	34	40	48	56
d_2	min	23.6	27.6	33.6	39.6	47.6	55.5
h_1	min	7.6	9.6	11.6	13.5	17.5	21.4
l	公称	20	22	28	35	40	45
d_4	参考	44	52	62	72	88	104
h		22	26	31	36	44	53
r_1		4	6	6	6	12	15
d_1	max	4.5	5.25	6	7.5	9	10.5
d_3	公称	7.7	9.4	13	16.4	19.6	25
a	max	3	3.5	4	5	6	7
b		12	14	16	19	24	28
D_2	公称	15	17	22	28	32	38

注：B 型吊环螺钉见 GB/T 825—1988。

由于吊环螺钉承载较大，故在装配时必须把螺钉完全拧入，使其台肩抵紧箱盖上的支承面，为此，箱盖上的螺钉孔必须局部锪大。吊环螺钉用于拆卸箱盖，也允许用来吊运轻型减速器。

5.2.8　轴承盖

轴承盖用来封闭减速器箱体上的轴承座孔，以及固定轴组件的轴向位置并承受轴向载荷。轴承盖有凸缘式和嵌入式两种类型。凸缘式轴承盖利用螺钉将其固定在箱体上，结构尺寸大，零件数目较多，但加工、装拆和用于调整轴承游隙比较方便，故较为常用。凸缘式轴承盖如图 5-15 所示，其结构尺寸见表 5-14。嵌入式轴承盖的尺寸见表 5-15。

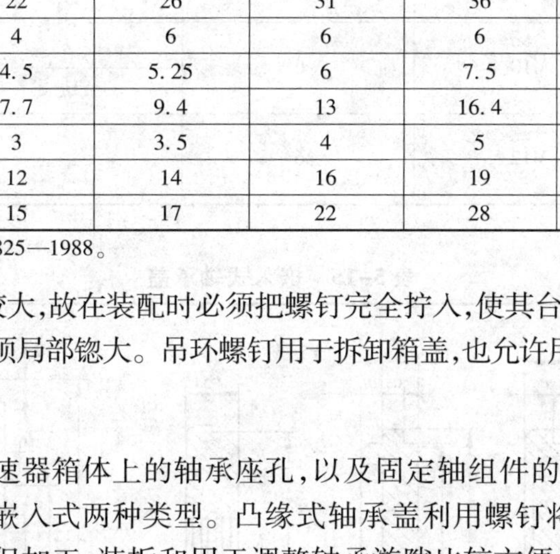

图 5-15　凸缘式轴承盖

表 5-14　凸缘式轴承盖结构尺寸 mm

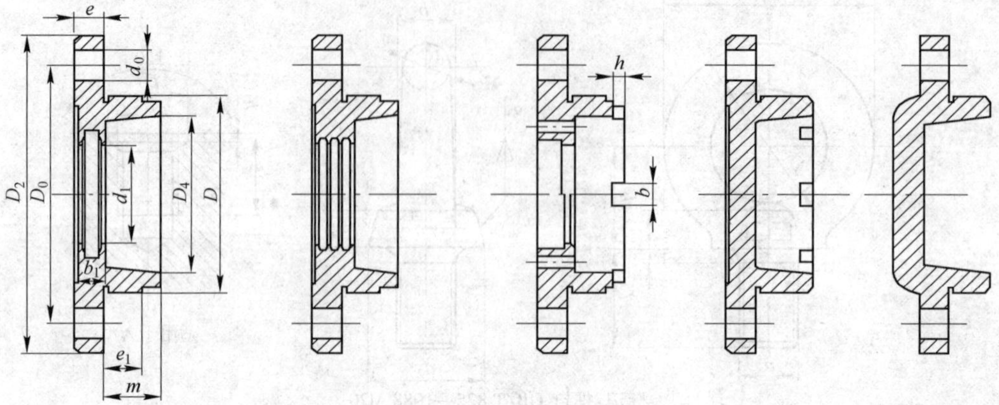

端盖连接螺栓			端　盖	
轴承外径 D	螺栓直径 d_3	螺栓数目 n	端盖参数	尺　寸
45 ~ 80	M8	4	d_0	d_3+1
			D_0	$D+2.5d_3$
85 ~ 100	M8	6	D_2	$D_0+2.5d_3$
			D_4	$D-(10\sim15)$
110 ~ 140	M10	6	b	5 ~ 10
			h	$(0.8\sim1)b$
150 ~ 230	M12	6	e	$1.2d_3$
			e_1	$>e$

注：材料 HT150。

表 5-15　嵌入式轴承盖 mm

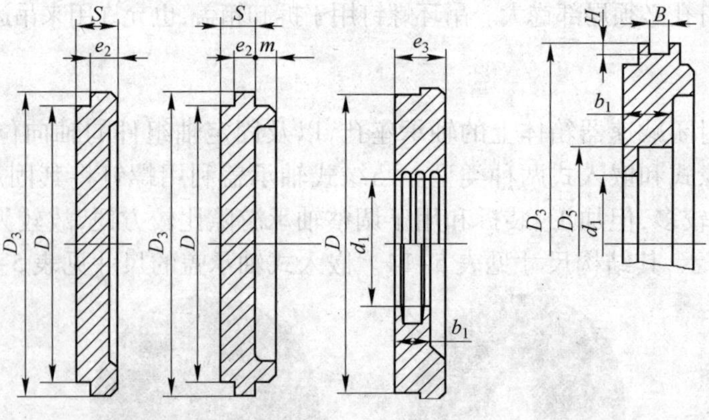

e_2	S	m, a	D_3	D_5、b_1、d_1	H、B
5 ~ 10	10 ~ 15	由结构确定	$D+e_2$（装有 O 形密封圈时，按 O 形密封圈外径取整）	由密封尺寸确定	按 O 形密封圈沟槽尺寸确定

6 减速器装配工作图的设计

装配图是表达减速器各零件的装配关系、结构形状及其尺寸的图纸，也是减速器组装、调试、维护等环节的技术依据。因此，设计工作一般从减速器的装配图开始。由于大部分零件的结构和尺寸都是在这个阶段决定的，所以设计装配工作图时，要综合考虑零件的材料、强度、刚度、工作要求、加工、润滑、装拆、维护等多方面因素。

为了保证装配工作图的质量，初次设计时，需要绘制装配草图。装配草图设计是整个设计工作的重要环节，通过草图设计可以检查传动件的结构和尺寸是否干涉；确定轴的结构、跨度及作用力的位置，便于进行轴的强度计算及滚动轴承的寿命计算；决定零件的形状及零件间关系和位置，为绘制正式装配图打下基础，利于进一步改进设计。

装配草图是按比例尺画图的，但与正式装配图不同之处是采用细线绘制，相同形状的图形可以不画，即完全把它当做草稿使用。这个阶段的设计过程比较复杂，内容包括结构设计和校核计算。设计中需要进行反复的修改才能得到较好的结构，即采用“三边”设计方法——边绘图、边计算、边修改进行设计。草图经过不断修改完善，全部完成并通过审查后，可以进行正式装配工作图的绘制。

6.1 减速器装配草图的初绘

6.1.1 绘制减速器装配草图的准备工作

绘制减速器装配草图之前需要进行一些准备工作，例如通过装拆实际减速器、观看录像、查阅资料等方法，深入了解减速器各零部件的作用、类型和相互关系。此外，需要准备的技术数据还有：

（1）电动机型号及其安装尺寸，如电动机输出轴的轴伸直径 D 和轴伸长度 E 以及电动机的中心高 H 等。

（2）齿轮传动的主要尺寸，如中心距、分度圆和齿顶圆的直径，轮齿的宽度、轮毂的长度等。

（3）联轴器的类型及型号、孔径范围、孔宽和装拆尺寸要求。联轴器的类型应根据它与原动机、工作机构连接后在传动系统中完成的功能来选择。

（4）轴承的类型。根据轴承所受载荷的大小、性质、转速及工作要求来选择轴承类型，一般多用滚动轴承。滚动轴承的类型主要根据结构需要和载荷大小及方向来决定，然后再考虑成本。通常先考虑结构最简单且价格最便宜的深沟球轴承。当支座上作用径向力和较大的轴向力时，或者需要调整传动件的轴向位置时，最常用的是圆锥滚子轴承。因为其外圈是可拆的，在装拆调整时很方便。另外，从轴承的相对价格（轴承价格与其基本额定动载荷之比）来看，圆锥滚子轴承也是比较低的。

（5）滚动轴承的润滑和密封方式。

（6）减速器箱体的结构方案及各部分尺寸。减速器的结构有剖分式和整体式两种，多制成剖分式，部分面一般在水平位置。箱体是支承和安装齿轮等传动零件的基座，为了避免箱体产生过大的变形而引起齿轮上载荷分布不均，在箱体的轴承座凸缘上、下部设有肋板。

做好上述准备工作，开始初绘草图。该阶段主要工作为初绘装配草图和验算轴系零件。下面以二级圆柱齿轮减速器为例，说明绘制草图的大致步骤。

6.1.2 初绘装配草图步骤

6.1.2.1 选择比例尺，布置视图

为了便于绘图有真实感，培养图上判断尺寸的能力，一般应选用1:1的比例尺。减速器装配图一般多用三个基本视图，必要时结合剖视、剖面和局部视图加以补充。三个视图中以俯视图为主，兼顾主视图和左视图。主视图和左视图表达减速器外形，减速器的工作原理和主要装配关系集中反映在俯视图上。各视图之间应留适当的标注尺寸和零件序号的位置。

布置视图时在整个图面的右下方预留出减速器技术特性表、技术要求、标题栏和零件明细表的位置，布置好图面后画出装配图的中心线。

6.1.2.2 绘制各传动零件的轮廓，并确定相对位置

绘制出装配图中心线后，由中心线向外依次画出传动零件的轮廓，如齿轮的齿顶圆、节圆和齿宽等。绘装配草图时，以确定轮廓为主，其他细部结构不用画出。为了保证齿轮沿全齿宽啮合并降低安装要求，通常取小齿轮轮齿比大齿轮轮齿宽5～10 mm。

要注意各零件间的相对位置和间隙。当设计二级齿轮减速器时，应注意防止大齿轮与轴相碰，如果二者互相干涉，应重新分配传动比。而且两级齿轮端面的间距Δ_3要大于$2m$（m为齿轮模数），并大于8 mm，如图6-1所示。

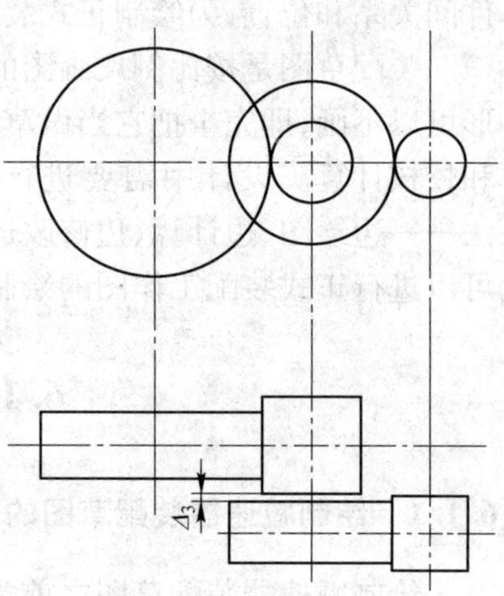

图6-1 箱体及传动零件的轮廓、相对位置

对于二级展开式圆柱齿轮减速器，低速级大齿轮的位置最好远离输出轴端，减轻载荷沿轮齿齿宽分布的不均匀性。如图6-2所示，图6-2（a）的布置较图6-2（b）的布置要好。

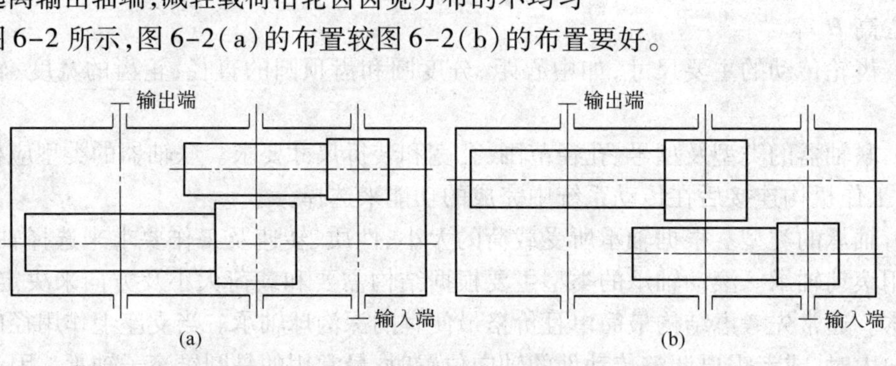

图6-2 展开式减速器布置形式

（a）低速级大齿轮离输出端较远；（b）低速级大齿轮离输出端较近

6.1.2.3 画出箱体的内壁线

箱体内壁与传动件间应留有一定的间距。在俯视图上，先按小齿轮端面与箱体内壁间的距离 $\Delta_2 \geqslant \delta$（$\delta$ 为箱体壁厚）的关系，沿箱体长度方向画出两条内壁线；然后按大齿轮的齿顶圆至箱体内壁间应留有间隙 $\Delta_1 \geqslant 1.2\delta$ 的关系，沿箱体宽度方向画出大齿轮一侧的内壁线，如图 6-3 所示。而沿箱体宽度方向小齿轮一侧的内壁线在初绘草图阶段暂不画出，这时还要考虑到轴承处上下箱连接螺栓的布置和凸台的高度，在完成草图阶段，通过主视图用作图法确定该内壁线。与箱体内壁距离 Δ_1、Δ_2 的值见表 5-1。

需满足条件 $\Delta_2 \geqslant \delta$，是考虑铸造箱体时砂芯可能倾斜，从而减少预留间隙，甚至造成大齿轮轮缘与箱体相碰，但砂芯最大倾斜量不能超过壁厚 δ，否则箱体将成废品。另外，考虑到箱体内壁有拔模斜度，大齿轮侧面不能与箱体内壁相摩擦，减速器尺寸增大，距离 Δ_2 也应取大值。

对于箱体底部的内壁位置通常先按结构需要确定，然后考虑齿轮润滑及传动件回转时不将油池底部沉淀的污物搅起，箱体底部的内壁到最大齿轮的齿顶圆的距离应大于 8 ~ 12 倍的模数 m，且不小于 30 ~ 50 mm，如图 6-3 所示。这样就可计算出箱座高度 $H \geqslant (d_a/2) + (30 \sim 50) + \delta + (3 \sim 5)$ mm，并将其圆整为整数。

按比例画出齿轮的中心线、轮廓线及减速器箱体的内壁线，由此即可大致看出减速器的长、宽及高的尺寸，如果尺寸不合适可调整传动比 i、齿宽系数 Φ_d 及许用应力 $[\sigma]$ 等参数重新计算。

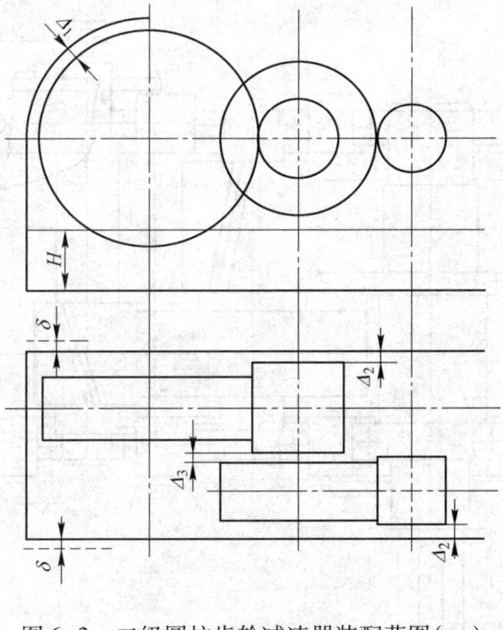

图 6-3 二级圆柱齿轮减速器装配草图（一）

6.1.2.4 初步设计轴的结构、选用联轴器

首先初步计算轴端直径 d_{min}，选择联轴器并加以校核。如果减速器输入轴与电动机轴用联轴器连接时，二者的轴径应该在联轴器毂孔的最大、最小直径的范围内，否则需要重选联轴器或者改变轴径。在所选联轴器毂孔直径的范围内，推荐减速器高速轴直径圆整到

R40 系列中的标准值。如果不是直接用联轴器与电动机轴连接的输入轴及输出轴的轴径，按纯扭转强度的直径公式确定，同样按 R40 系列标准值加以圆整。

然后在上述初定轴端直径的基础上，采用由轴端向中间逐渐增大轴的直径的设计方法，参照第 4.1 节进行轴结构的初步设计。

6.1.2.5　初步选定轴承型号，确定轴上零件的力作用点及轴承的支点

按以上步骤初绘草图后，就可以根据轴端直径 d_{min} 及考虑装配关系，定出轴颈处的直径，此直径即为初定的轴承内径，进而查得轴承型号，得到轴承宽度 B。

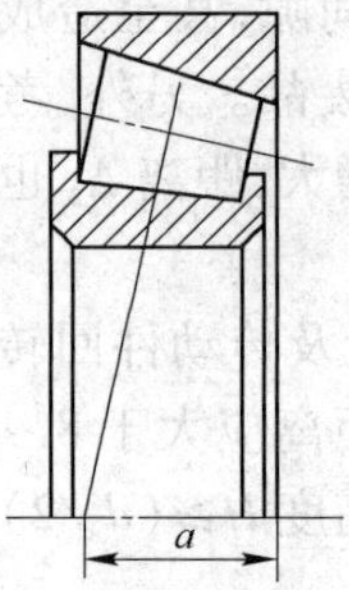

图 6-4　轴承压力中心的 a 值

轴承支反力一般作用在轴承宽度的中点处，两个轴承宽度中点距离即为轴的跨度。计算轴的跨度时应取整数，以使计算简化。当采用向心轴承时，轴承的支点应取在轴承宽度的中点；当采用向心推力轴承时，轴承的支点应取在离轴承外圈宽边端面的 a 处，如图 6-4 所示，a 值可查轴承手册得出。

在草图上确定出轴上传动零件位置后，即可确定力的作用点。传动零件的力作用点一般取为齿轮、带轮、链轮等宽度的中点；柱销联轴器的受力点取为柱销处宽度的中点；梅花联轴器的受力点取为结合齿宽的中点。

图 6-5 所示为初绘装配草图，按照该图确定出传动零件的力作用点及轴承的支点距离后，便可进行轴的强度和轴承寿命的校核计算。

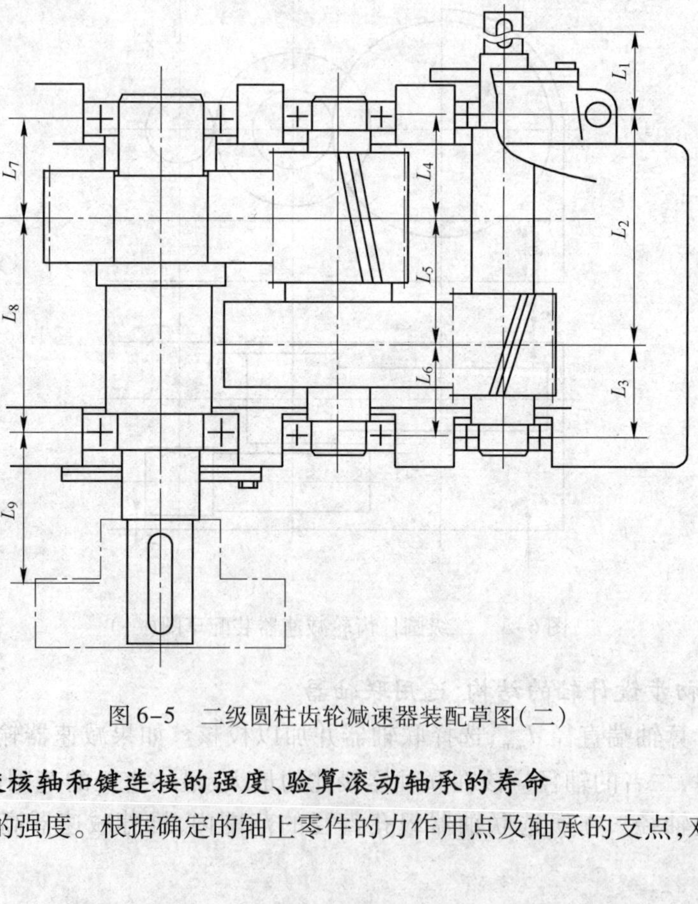

图 6-5　二级圆柱齿轮减速器装配草图(二)

6.1.2.6　校核轴和键连接的强度、验算滚动轴承的寿命

(1) 校核轴的强度。根据确定的轴上零件的力作用点及轴承的支点，对轴进行受力分

析,绘制弯矩图、转矩图及当量弯矩图,然后对危险剖面按照弯扭合成强度进行校核。

校核后如果轴的强度不够,应该加大轴径;如果当量弯曲应力 σ_e 远小于许用弯曲应力 $[\sigma]$,待轴承寿命及键连接强度校核后,再综合考虑轴的结构是否需要修改。

(2) 验算滚动轴承的寿命。验算滚动轴承寿命时,可按使用年限计算要求的寿命,也可以参考不同的机械要求的轴承寿命推荐使用期,如表 6-1 所示,或者与减速器的检修期大致相符。如果滚动轴承的寿命达不到规定的要求,一般考虑选用另一种直径系列的轴承,或者改变轴承的类型,提高基本额定动载荷 C。

表 6-1　轴承预期寿命推荐值

机械的种类		预期寿命/h
不经常使用的仪器和设备,如开闭装置		500
间断使用的仪器和设备	中断使用不致引起严重后果,如手动机械	4000~8000
	中断使用会引起严重后果,如升降机、吊车、输送机	8000~12000
每天工作 8 h 的机器	利用率不高,如一般的齿轮传动、电动机	12000~20000
	利用率较高,如机床、通风设备	20000~30000
连续工作 24 h 的机器	一般使用,如矿山升降机、空气压缩机	50000~60000
	高可靠性的电站设备、给排水设备	>100000

(3) 校核键连接的强度。对于键连接强度的校核,主要验算挤压应力和剪切应力。许用挤压应力按键、轴、轮毂三者材料最弱的选取。如果键的强度不足,可通过改变键长、采用双键、增加轴径等方法,提高键连接的强度。

在初绘装配草图以及验算轴与轴承的基础上,修改初绘草图后,便可以进入完成草图设计阶段。

6.2　完成减速器装配草图

这个阶段主要内容是进行轴上传动零件的结构设计和轴承的组合设计,设计步骤大致如下所述。

6.2.1　传动零件的结构设计

画出传动零件的细部结构。齿轮的结构与所选材料、毛坯尺寸及制造方法等有关,其结构形式和尺寸可参见教材。齿轮轮毂宽度与轴的直径有关,可大于或小于轮缘宽度,一般常取等于轮缘宽度。带轮轮毂宽度常小于轮缘宽度。

6.2.2　轴承的组合设计

(1) 画出滚动轴承的细部结构。参见滚动轴承的简化画法。

(2) 画出轴承端盖的详细结构。轴承端盖的结构形式有凸缘式和嵌入式两种,具体的结构尺寸见表 5-14 和表 5-15。

凸缘式端盖使用垫片调整轴系部件的轴向位置,调整比较容易,同时密封也较好。当端盖与箱体的圆柱配合段较厚时,可对该段进行加工,但是需要保留有足够的长度 L,否则拧紧螺钉时端盖容易歪斜。凸缘式端盖连接需要使用多个螺钉及防松垫圈，箱体上还需要进行攻丝。

嵌入式端盖的构造简单，装配后的减速器外形平整。但镗孔时需多镗一沟槽，调整轴承间隙也不大方便，只适用于深沟球轴承。如果用于角接触轴承，应增加调整螺钉。为了增加端盖的密封性，嵌入式端盖常选用O形圈密封来解决漏油问题。

（3）画出挡油盘。挡油盘有铸铁的和钢板冲压成型的两种。挡油盘的结构如图6-6所示。

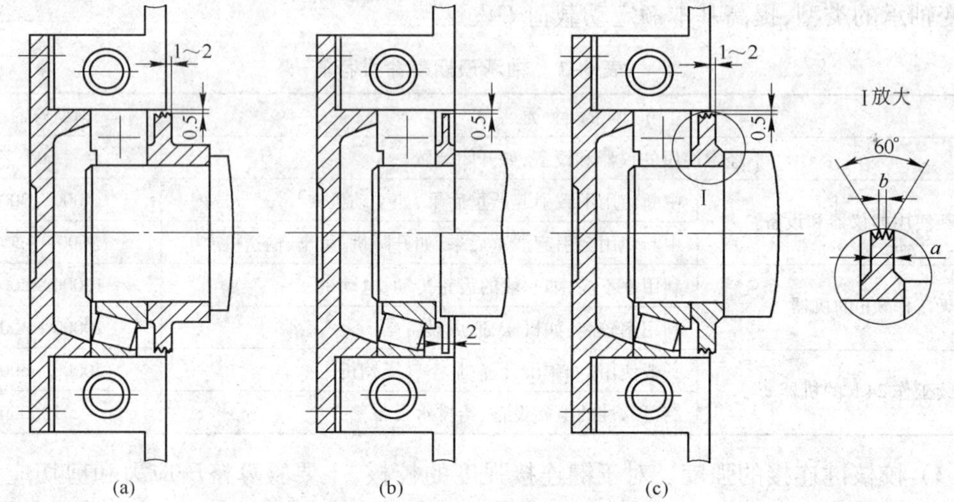

图6-6 挡油盘

挡油盘用来防止轴承中的润滑脂被润滑油稀释。方案a、方案c、方案b的上部挡油盘为车制的，方案b的下部为钢板冲压的。方案c的密封效果好。

（4）画出套筒、轴端挡圈等的结构。

（5）轴系部件的固定和调整。轴的位置是靠轴承来定位的。为保证轴系部件能正常传递轴向力且不发生窜动，当工作温度变化时，轴系部件能够自由伸缩，以免产生过大的附加应力，在轴上零件固定的基础上，必须合理地设计轴系支点的轴向固定和调整结构。

轴承有不同结构形式，以下是两种常见的双支点轴向固定方式。

1）两端单向固定。如图6-7所示，普通工作温度下的短轴，支点常采用深沟球轴承（或圆锥滚子轴承、角接触球轴承）两端单向固定的方式，两端轴承各限制一个方向的轴向位移，分别承受一个方向的轴向力。考虑到轴工作受热有少量伸长，一般在轴承安装时端盖与轴承外圈留有0.25~0.4 mm的轴向间隙，间隙量常用一组垫片或调整螺钉来调整。这种支承形式结构简单，在轴承支点跨距小于350 mm的减速器以及温度变化不大的轴中应用最多。

2）一端双向固定、一端游动。当轴的跨距较长（如跨距$L>350$ mm）或工作温度变化较大时，可采用一端（固定端）轴承内、外圈均双向固定，由单个轴承或轴承组承受双向轴向载荷，另一端（游动端）轴承自由轴向游动的支点结构。轴承外圈与轴承端盖的间隙可较大，且外圈与轴承座孔之间为动配合，以便轴伸缩时能在座孔中自由游动，如图6-8所示。为避免松脱，在采用深沟球轴承时，游动端轴承内圈需做轴向固定（常采用弹性挡圈）；采用圆柱滚子轴承时，游动端轴承外圈要双向固定，靠滚子与外圈间的游动来保证轴的自由伸缩。

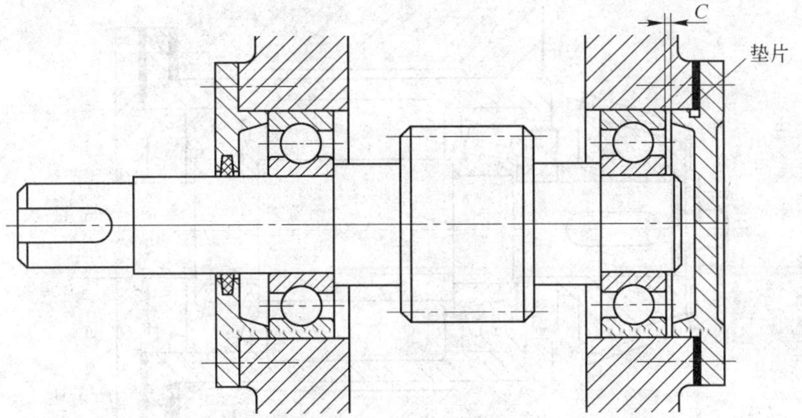

图 6-7　两端单向固定支承

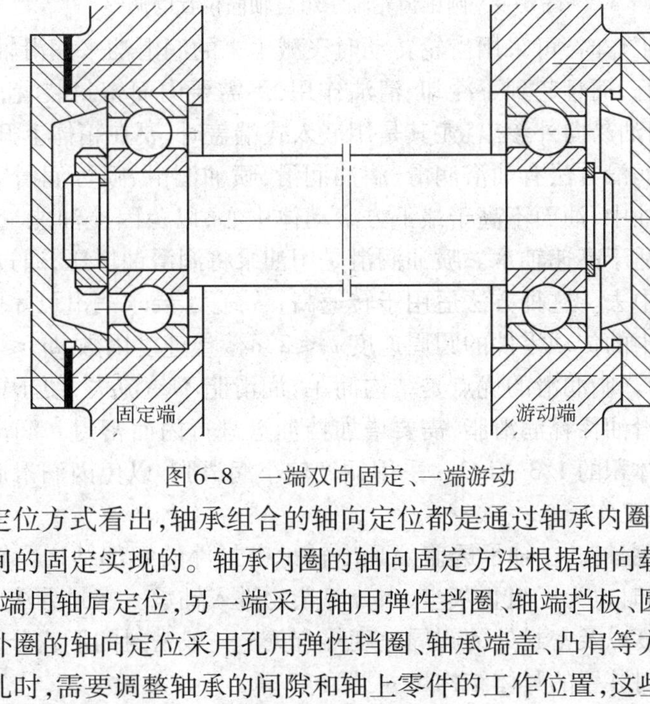

图 6-8　一端双向固定、一端游动

从以上常用定位方式看出，轴承组合的轴向定位都是通过轴承内圈和轴间的锁紧，轴承外圈和轴承座孔间的固定实现的。轴承内圈的轴向固定方法根据轴向载荷的大小及转速高低选用，常常是一端用轴肩定位，另一端采用轴用弹性挡圈、轴端挡板、圆螺母及止动垫圈等方法固定。轴承外圈的轴向定位采用孔用弹性挡圈、轴承端盖、凸肩等方法固定。

轴承装入座孔时，需要调整轴承的间隙和轴上零件的工作位置，这些都要求轴及轴承的轴向位置应能调整。常用的调整轴承间隙的方法如图 6-7 所示，通过增减端盖和箱体间的垫片厚度来调整轴承的间隙。此外，还可以采用可调压盖等方式来实现轴向位置的调整。

调整轴承组合位置的目的之一，是为了使轴上的零件具有准确的轴向工作位置，如调整蜗轮中间平面使其通过蜗杆的轴线，调整圆锥齿轮传动的锥齿轮位置使锥顶重合于一点。如图 6-9 所示，将两个轴承放在一个套杯中，轴承组合可以随套杯做轴向移动，通过增减套杯与箱体之间的垫片数目调整套杯轴向位置，从而使锥齿轮达到最好的啮合位置。

（6）滚动轴承的润滑与密封。

1）滚动轴承的润滑。滚动轴承的具体润滑方式，可以按轴颈的圆周速度或速度因数 dn（d 为轴承内径，mm；n 为工作转速，r/min）确定。

当浸入在油池中的传动零件的圆周速度 $v>2$ m/s 或速度因数 $dn>2\times10^5$ mm · r/min，

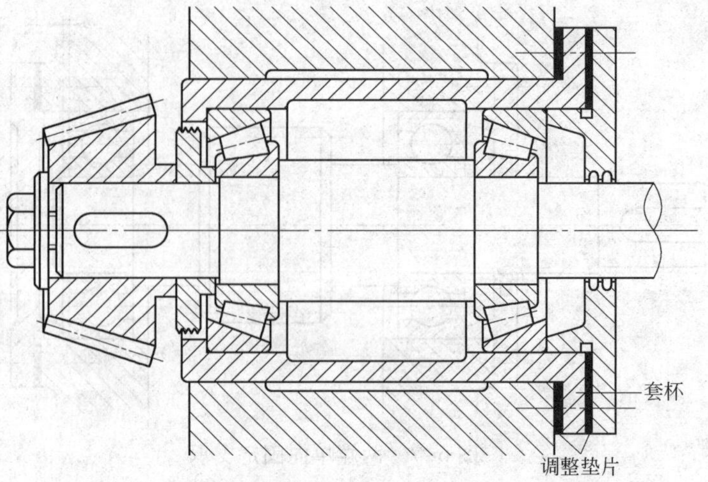

图6-9 圆锥齿轮轴承组合轴向位置的调整

或者在高温条件下工作时,可采用齿轮转动时飞溅出来的润滑油来润滑轴承,即油润滑。油润滑不仅润滑效果好,而且起到了冷却、清洁作用,不需要内面密封装置;但润滑油易脏,轴承易磨损,而且润滑油易向外渗出,尤其是用嵌入式端盖时,要在箱体上开输油沟。

油润滑常用的润滑方法有油浴润滑、滴油润滑、喷油润滑、喷雾润滑等。油浴润滑时将轴承局部浸入润滑油中,油面不高于最下方滚动体中心,以免因搅油能量损失较大,使轴承过热。这种方法不适于高速轴承。喷油润滑是用油泵将润滑油增压,通过油管或油孔,经喷嘴把油喷射到轴承中去。这种方法适用于转速高、载荷大、要求润滑可靠的轴承。

当浸入在油池中的传动零件的圆周速度 $v \leqslant 2$ m/s 或速度因数 $dn \leqslant 2\times10^5$ mm · r/min 时,轴承采用脂润滑。脂润滑的优点是结构简单,润滑脂不易流失,便于密封和维护。为了防止润滑齿轮的润滑油稀释润滑脂,需要增加挡油盘进行内面密封。润滑脂的装填量一般不超过轴承内空隙体积的1/3 ~1/2。采用稠度较小润滑脂,以免因润滑脂过多而引起轴承发热,影响轴承正常工作。

2)滚动轴承的密封。在轴承透盖处画出轴承密封件的细部结构。轴承密封是为了防止润滑剂的流失,同时也为了阻止灰尘、水分等杂物进入轴承。密封方法的选择与润滑剂的种类、工作环境、温度以及密封处的圆周速度等有关。一般密封的形式分为接触式和非接触式两大类。各种密封装置的具体结构尺寸见第12章。

① 接触式密封。接触式密封多用于转速较低的场合,常用的有毛毡圈密封和密封圈密封。

图6-10所示为毡圈密封,在轴承端盖内开出梯形槽,将矩形截面的毛毡圈放置在梯形槽中与轴接触并径向压紧达到密封。这种密封结构简单,但摩擦较严重,常用于轴颈速度 $u \leqslant 4$ m/s 的脂润滑结构。

密封圈密封是在轴承端盖的凹槽中,放置一个用耐油橡胶等材料制成的皮碗。它组装在一个金属外壳中,或带有弹簧箍,安装时密封唇应朝向密封的部位。图6-11所示为密封唇朝里,主要目的是防漏油,如果密封唇朝外主要目的是防灰尘。密封圈的密封效果比毛毡圈好,密封处轴颈的速度 $u \leqslant 10$ m/s。为保证密封圈的寿命及减少轴的磨损,与密封圈接触的轴颈硬度应在40HRC以上,表面粗糙度 R_a 宜小于0.80 μm。

② 非接触式密封。非接触式密封没有与轴的接触摩擦,多用于速度较高的情况。非接

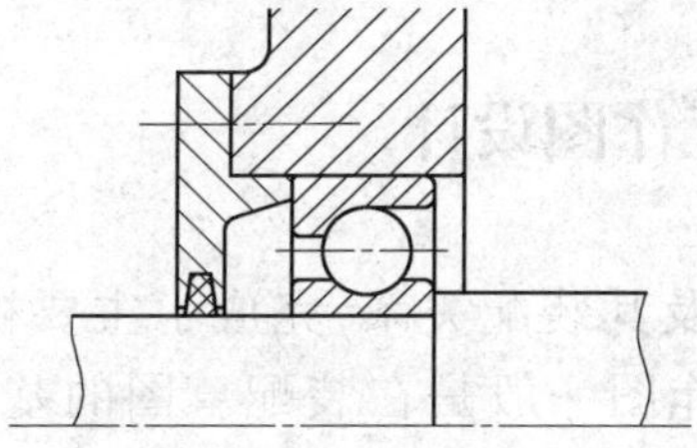

图 6-10 毡圈密封

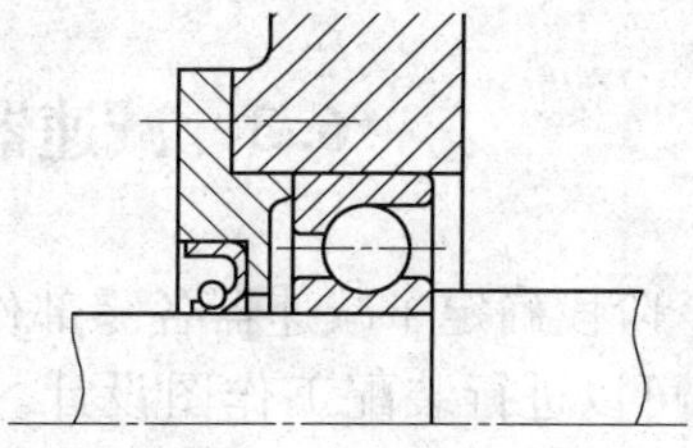

图 6-11 密封圈密封

触式密封常用的有油沟密封和迷宫式密封。如图 6-12 所示为油沟密封,该密封方式在轴承端盖与轴颈间留有约 0.1 ~0.3 mm 的间隙,并在端盖上车出沟槽,在油沟内填充润滑脂。油沟密封结构简单,适用于轴颈速度 $u \leqslant 5$ m/s 的情况。如图 6-13 所示为迷宫式密封,该密封方式将旋转的和不动的密封零件之间的间隙制成弯曲的缝隙,缝隙宽度约为 0.2 ~0.5 mm,缝中填满润滑脂。这种方式对油润滑和脂润滑都很有效,当环境比较脏时,密封效果可靠。

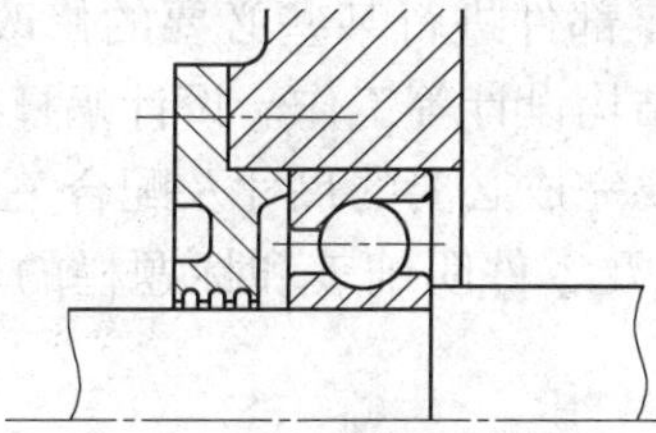

图 6-12 油沟密封

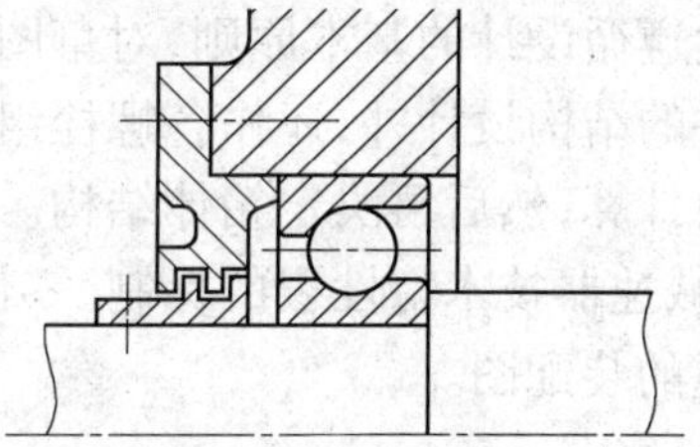

图 6-13 迷宫式密封

图 6-14 所示为这一阶段完成的二级圆柱齿轮减速器装配草图。对于重要的减速器,对轴还应该进行安全系数校核计算,参见教材。

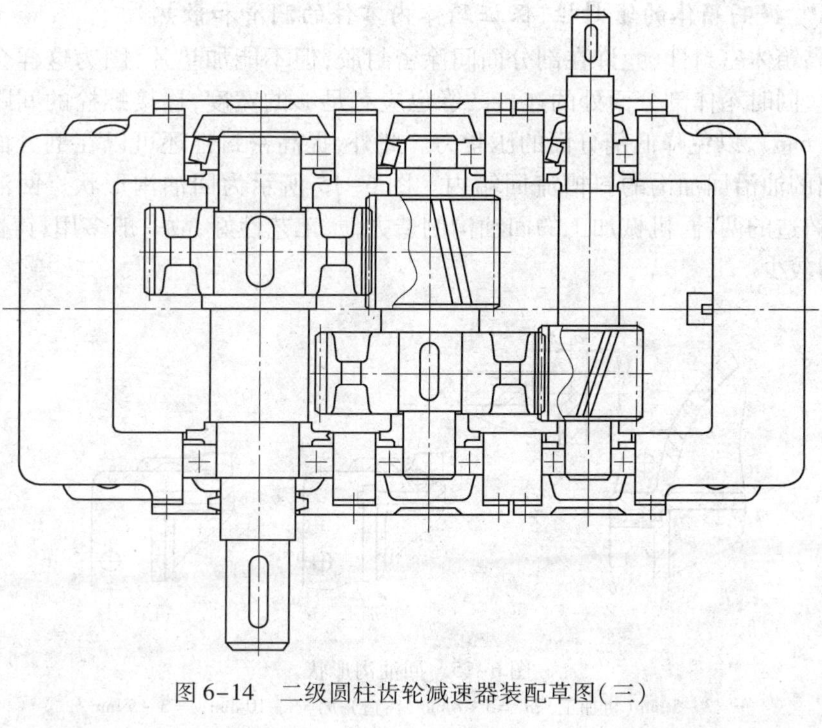

图 6-14 二级圆柱齿轮减速器装配草图(三)

6.3　减速器装配工作图设计

以上两个阶段确定了减速器各零部件的结构及其装配关系,完成了主要视图的草图设计,接下来可以进行装配工作图设计。装配工作图一般是在装配草图的基础上,按照国家制图标准完成,也可重新画装配工作图。装配工作图选择两个或三个视图为主,尽量将减速器的工作原理和主要装配关系集中表达在一个基本视图上,必须表达的内部结构或某些附件的细部结构,可以采用局部剖视或向视图表示。画剖视图时,相邻接的零件的剖面线方向或剖面线间距应取不同,以便区别。对于剖面宽度尺寸较小(≤2 mm)的零件,其剖面线允许采用涂黑方式表示。某些结构允许采用机械制图标准规定的简化画法。

装配工作图的主要设计内容为进行减速器箱体及其附件的设计,完成装配图各视图。这一阶段仍然遵循设计的基本原则,对草图设计中零部件进行某些必要的修改。除了完成箱体及其附件的结构设计外,还作各螺栓组连接的结构设计等工作。设计蜗杆减速器时,还应进行热平衡计算,然后再决定箱体结构。最后还要完成必要的尺寸及配合关系标注、技术要求的编写、减速器技术特性表的标制、零件的编号及零件明细表和标题栏的填写,检查无误后形成完整的装配图。

6.3.1　绘制装配图各视图

减速器箱体采用剖分结构,分为箱座、箱盖两部分,具体结构设计按第5章内容进行,要求满足箱体的刚度要求。此外箱体设计时还要考虑以下几方面的问题。

6.3.1.1　提高箱体的密封性,保证箱体内零件的润滑和散热

为了提高箱体密封性,允许在剖分面间涂密封胶,但不能加垫片,因为这样会降低轴承座孔的精度。同时箱体剖分面处的连接凸缘也应有足够的宽度,连接螺栓的间距也不能过大(小于150 mm),以免降低剖分面的压紧力。此外,提高密封性还可以在剖分面上加工回油沟,使渗出的油沿回油沟的斜槽流回箱内。图6-15所示为回油沟形状。回油沟有用铣刀铣制的和铸造的两种,机械加工的回油沟制造方便、工艺性好,故一般多用;铸造油沟工艺性不好,用得较少。

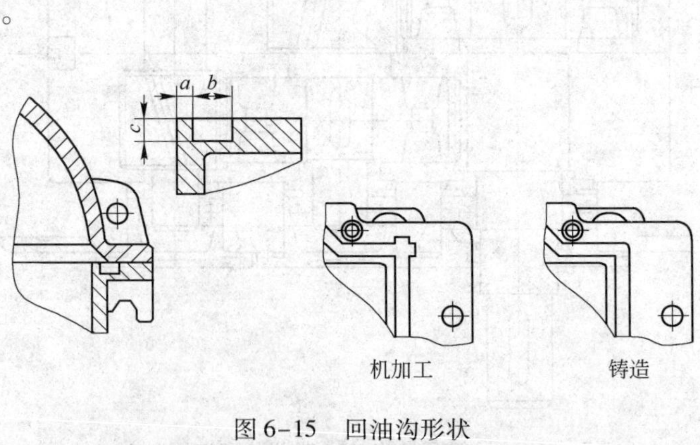

图6-15　回油沟形状

$a=3\sim5$ mm(机加工);$a=5\sim8$ mm(铸造);$b=8\sim10$ mm;$c=3\sim5$ mm

当传动件的圆周速度小于 12 m/s 时，传动件常采用浸油润滑。如图 6-16 所示单级圆柱齿轮减速器，为了避免将油池底部污物搅起来，大齿轮齿顶圆到油池底面距离不小于 30 mm，模数 $m \geqslant 5$ 时，浸入油中一个齿高 h，模数 $m \leqslant 4$ 时，浸油深度不应小于 10 mm，这样确定出的油面可作为最低油面，中小型减速器最高油面比最低油面高出 5 ~ 10 mm 即可。一般情况下，单级传动每传递 1 kW 的功率，需油量 V_0 为 0.35 ~ 0.7 L，这里需油量取较小值时用低黏度油，取较大值时用高黏度油。多级传动所需的油量按级数成比例增加。油池的容积愈大，油的性能维持得愈久，润滑条件愈好。

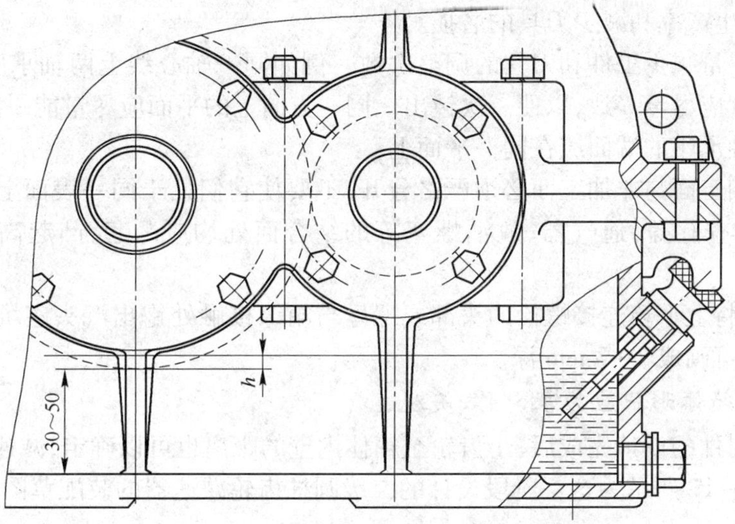

图 6-16　浸油深度

对于两级圆柱齿轮减速器，在高速级与低速级的两个大齿轮直径相差不大的情况下，若保证高速级大齿轮按上述要求浸油，则低速级大齿轮往往浸油较深。为了减小低速级大齿轮浸油深度，可以采用甩油环把润滑油带给高速级齿轮进行润滑。对于圆周速度 $v <$ 0.8 m/s的大齿轮，允许浸油深度达齿轮分度圆半径的 1/6 ~ 1/3。

对于圆锥 - 圆柱齿轮减速器，一般以大锥齿轮整个齿宽或至少 7/10 的齿宽浸入油中为宜，箱底的内壁到大锥齿轮的齿顶圆的距离同样不小于 30 mm。对于蜗杆减速器，将蜗杆上置时，浸油深度与单级圆柱齿轮减速器相同；将蜗杆下置时，蜗杆浸油深度为蜗杆全齿高的 0.75 ~ 1.0，蜗杆轴线与箱底的内壁距离可取 0.8 ~ 1 的中心距。同时要进行热平衡计算，若不能满足热平衡要求，则应适当增大箱体的尺寸或增设散热片和风扇，散热片的方向应与空气的流动方向一致。发热严重时还可在油池内设置蛇形冷却水管，降低油温。

6.3.1.2　箱体结构要有良好的工艺性

箱体结构工艺性的优劣对提高加工精度和装配质量有很大影响，直接关系到生产效率、产品价格以及检修维护等方面。箱体结构工艺性包括铸造工艺性和机械加工工艺性等方面。下面简述在大多数情况下，箱体结构工艺性主要考虑的问题。

(1) 箱体结构的铸造工艺性。在设计铸造箱体(包括轴承盖、套杯等)时,应考虑铸造生产的工艺特点,力求箱体的外形简单,壁厚均匀,过渡平缓,避免出现局部金属大量的积聚。为了保证金属液态流动的通畅性,箱体的壁厚不可太薄,采用砂型铸造时,铸造圆角半径可取 $R \geqslant 5$ mm。

为了使起模方便,铸件沿起模方向应有1:10~1:20的起模斜度,尽量减少沿起模方向的凸起结构,以利于起模。箱体凸台间距离尽量避免太小,以免出现狭缝,导致砂型强度不够,在浇铸和取模时形成废品。

(2) 箱体结构的机械加工工艺性。设计箱体的结构形状时,应尽量减少机械加工的面积,以提高劳动生产率和减少刀具的磨损。

设计时应尽量减少工件和刀具的调整次数。例如同一轴心线上两轴承座孔的直径、精度和表面粗糙度应尽量一致,以便一次镗出。同一方向上的平面应尽量能一次调整、加工完成。箱体上各轴承座的端面应在同一平面上。

箱体上的加工面与非加工面必须严格分开,不要使它们处于同一表面上。例如箱体的轴承座端面、检查孔盖、通气器、放油螺塞等的结合面处均应凸起,凸起高度一般为5~8 mm。

另外,也可将上下箱连接螺栓的头部或螺母与箱缘接触处锪出沉头座坑,深度不限,锪平为止,画图时可画成2~3 mm深。

6.3.1.3 箱体形状应力求匀称、美观

箱体及其附件的设计完成后,小齿轮至箱体内壁的距离也可以确定,减速器的装配草图也就画好。图6-17所示为这一阶段设计的二级圆柱齿轮减速器的装配草图。

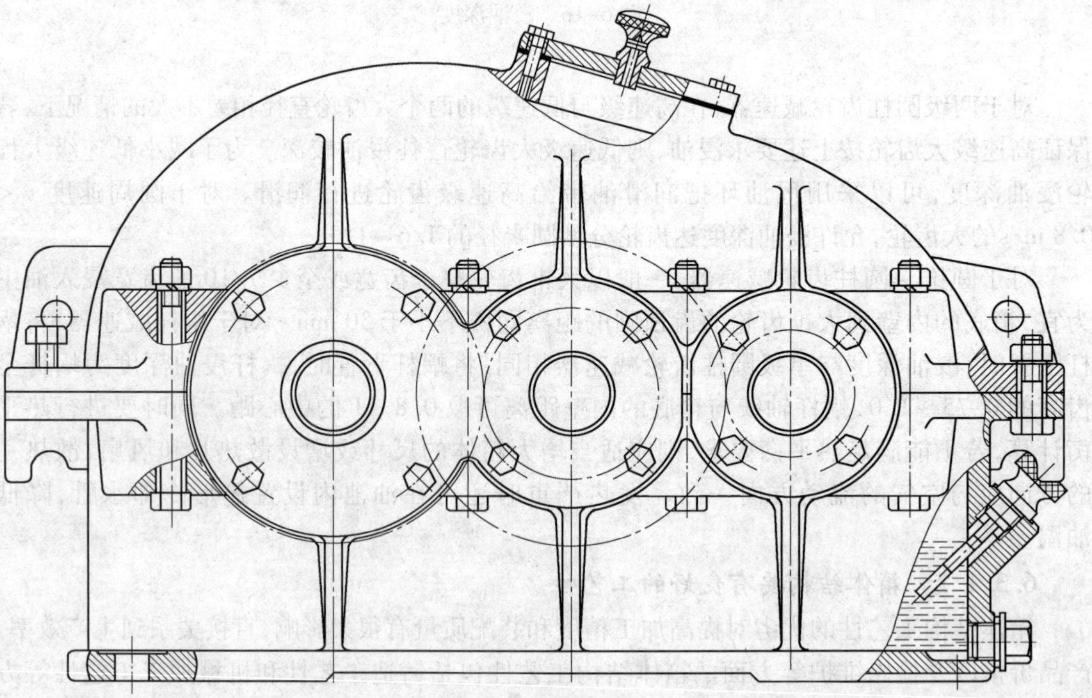

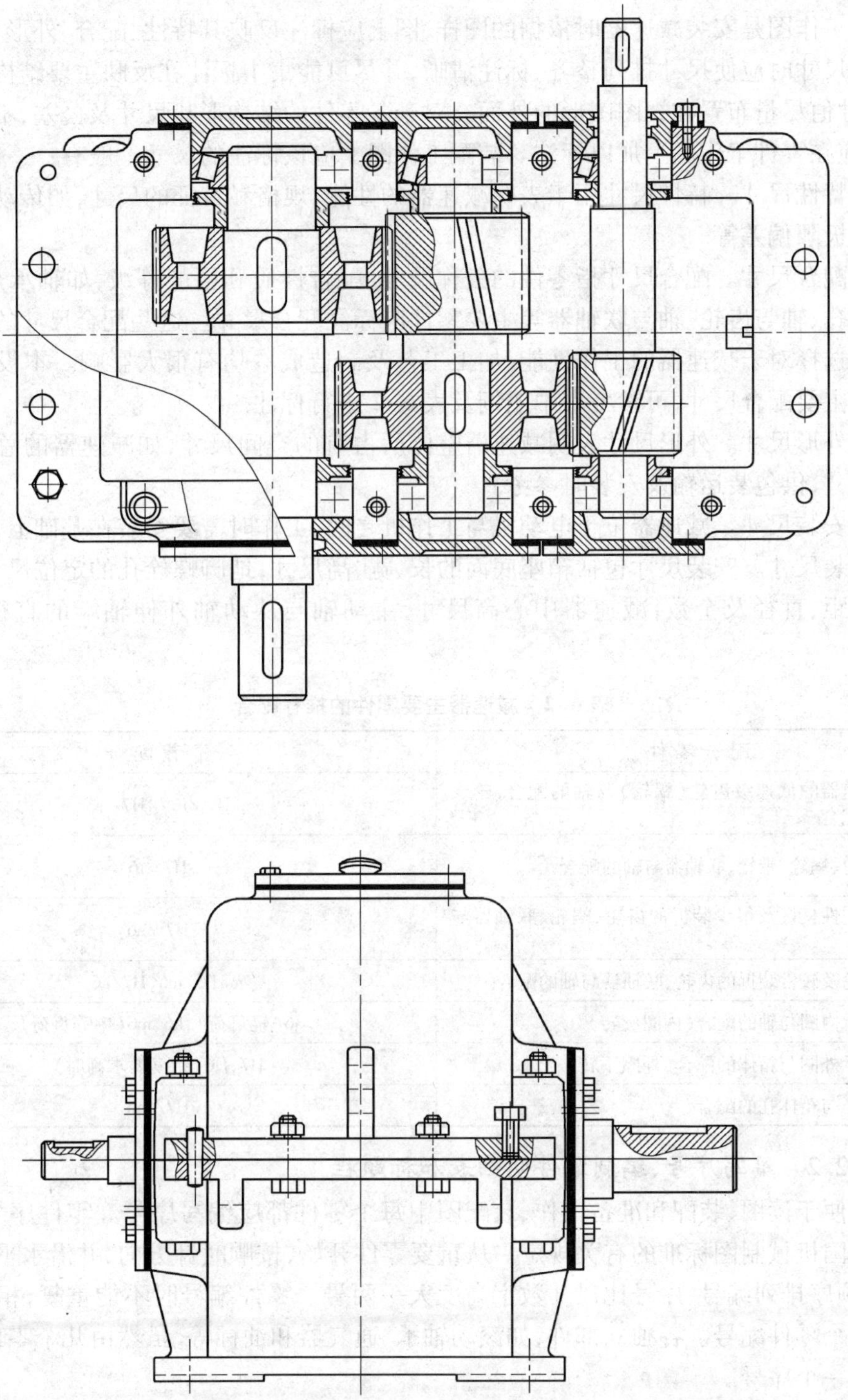

图 6-17　二级圆柱齿轮减速器装配草图

6.3.2 完成装配图

6.3.2.1 标注尺寸

装配工作图是安装减速器时依据的图样，图上应标注反映其特性、配合、外形、安装的尺寸。标注尺寸时应使尺寸排列整齐、标注清晰，并尽可能集中标注在反映主要结构关系的视图上，尺寸值尽量布置在视图图形的外面。对于各零件的结构形状尺寸及公差，不标在装配图上，而应在零件工作图上加以标注。装配工作图上应该标注的尺寸一般有：

(1) 特性尺寸。特性尺寸用于表明减速器的性能、规格和特征的尺寸，如传动零件的中心距及其极限偏差等。

(2) 配合尺寸。配合尺寸指零件的公称尺寸、配合性质和精度等级，如轴承与轴、轴承与轴承座孔、轴与齿轮、轴与联轴器等主要零件应标注配合尺寸。这些配合尺寸的性质和精度等级的选择对于减速器的工作性能、加工工艺及制造成本均有很大影响。本设计只要求标注几个主要配合尺寸，可参考书中图例及表6-2进行标注。

(3) 外形尺寸。外形尺寸表明减速器整体所占有的空间尺寸，如减速器的总长、总宽、总高的尺寸，供包装运输及安装时参考。

(4) 安装尺寸。减速器位于电动机与工作机之间，工作时需要安装在基础上，这需要标注一些安装尺寸。安装尺寸包括箱座底面的长、宽、高尺寸，地脚螺栓孔的定位尺寸，地脚螺栓孔的间距、直径及个数，减速器中心高尺寸，主动轴与从动轴外伸轴端的直径，配合长度等。

表6-2 减速器主要零件的推荐配合

配合零件	推荐配合
大型减速器的低速级齿轮(蜗轮)与轴的配合，轮缘与轮芯的配合	H7/r6，H7/s6
一般齿轮、蜗轮、带轮、联轴器与轴的配合	H7/r6
要求对中性良好及很少装拆的齿轮、蜗轮、联轴器与轴的配合	H7/n6
小锥齿轮及较常装拆的齿轮、联轴器与轴的配合	H7/m6，H7/k6
滚动轴承内圈与轴的配合(内圈旋转)	j6(轻负荷)，k6，m6(中等负荷)
滚动轴承外圈与箱体的配合(外圈不转)	H7，H6(精度要求高时)
轴承套环与箱体孔的配合	H7/h6

6.3.2.2 编写序号、编制零件明细表和标题栏

为了便于读图、装配和准备工作，装配图中每个零件都应编写序号。零件序号的编注，应符合我国机械制图标准的有关规定。从重要零件开始，按顺时针方向，并沿水平方向及垂直方向，顺序排列编号，序号比尺寸数字高度大一两号。零件编号时不能重复，相同的零件只能有一个零件编号。各独立部件，如滚动轴承、通气器和油标等，虽然由几个零件所组成，但也只编一个序号。

编号的引线之间不能相交，也不要平行，更不能与视图中的剖面线平行。对于装配关系明显的零件组，如螺栓、螺母及垫圈组成的零件组，可利用一个公用的指引线，但要对螺栓、

螺母及垫圈分别给予编号。

零件明细表和标题栏也必须符合标准。减速器的所有零件均应列入明细表中，明细表注明每个零部件的序号、名称、数量、材料及标准规格等。明细表应自下而上按顺序填写。对于标准件应注明名称、件数、材料、规格及标准代号。对于齿轮应注明模数 m、齿数、螺旋角等。填写过程中，应尽量减少材料的品种和标准件的规格种类。

标题栏应布置在图纸的右下角，用以说明减速器的名称、视图比例、件数、材料、标准规格、标准代号以及设计者姓名等内容。

标题栏和明细表的格式及其填写方法见 11.1 节。

6.3.2.3 列出减速器的技术特性表

减速器的技术特性，通常在装配工作图右下方适当位置列表写出。技术特性表说明减速器的主要性能参数、精度等级，包括输入功率、转速、传动效率、总传动比及传动特性等。

对于二级圆柱齿轮减速器，其技术特性内容及格式见表 6-3。

表 6-3 技术特性

输入功率 /kW	输入转速 /r·min^{-1}	效率 η /%	总传动比 i	传动特性									
				第一级					第二级				
				m_n	z_1	z_2	β	精度等级	m_n	z_3	z_4	β	精度等级

6.3.2.4 编写技术要求

技术要求是根据设计要求，用文字或符号在装配图上说明在视图上无法表示的关于装配、调整、检验、润滑、维护等方面的内容。正确判定技术要求有助于保证减速器的各种工作性能。技术要求通常包括以下几方面的内容：

(1) 对零件的要求。装配前，用煤油擦洗所有零部件，汽油清洗滚动轴承。箱体内不许有杂物，箱体未经切削加工的外表面，应清除砂粒并涂漆。

(2) 对滚动轴承安装及其调整的要求。滚动轴承工作过程中必须保证适当的游隙。游隙过大或过小都会影响轴承正常工作，严重时会将轴承卡死，致使轴承损坏。对于游隙不可调的轴承，例如深沟球轴承，可在轴承外圈端面与轴承端盖间留有适当间隙 0.25 ~ 0.4 mm，间隙随跨度尺寸增大而增大，调整方法见相关文献。此外，如果滚动轴承采用润滑脂润滑，安装时应向轴承空腔内填入适量的（约为空腔体积的 1/2）润滑脂，然后进行装配。

(3) 对润滑剂的要求。润滑剂对减少传动零件和轴承的摩擦、磨损以及散热、冷却起到重要作用，同时也有助于减振、防锈。

润滑剂应根据零件的工作温度、运转速度、载荷性质及大小进行选择。当传动件与轴承采用同一润滑剂时，应优先满足传动件的要求并适当兼顾轴承的要求。多级传动按高速级和低速级对润滑剂黏度要求的平均值来选择。换油时间取决于油中杂质的多少、氧化与被污染的程度，一般为半年左右换一次油。减速器箱体内装油量的计算如前所述。

(4) 对减速器的密封要求。箱盖与箱座的接合面不允许使用垫片，必要时允许涂密封胶或水玻璃。在拧紧连接螺栓前，用 0.05 mm 的塞尺检查其密封性。箱体的各接触面及密封处均不允许漏油。轴伸处密封后涂上润滑脂。

(5) 对于齿轮传动侧隙和接触斑点的要求。对传动侧隙和接触斑点的要求是根据齿轮的精度等级确定的。检查齿轮传动侧隙可用塞尺测量,或用铅丝放进传动件啮合的间隙中,然后测量铅丝变形后的厚度。

检查接触斑点通常是在主动齿轮面上涂色,使其转动2~3周后,观察从动轮齿面的着色情况,分析接触区的位置和接触面积的大小,当接触斑点没能达到精度要求时,可以通过调整齿轮的啮合位置、对齿面适当刮研或负载跑合等办法提高装配精度。

(6) 对试验的要求。减速器装配好后应作空载试验,在额定转速下,正、反转各运转1~2 h,要求运转平稳,噪声小,连接不松动,不漏油不渗油等。在额定转速及额定功率下,进行负载试验时,油池温升不得超过35℃,轴承温升不得超过40℃。

(7) 对包装和运输的要求。包装严密,搬动、起吊减速器时用底座上的吊钩,箱盖上的吊环螺钉(或吊耳)只供起吊箱盖时用。

6.3.3 审查装配工作图

待上述工作完成之后,应按下列各项内容检查图纸的质量。

(1) 检查装配图,是否与传动方案一致,是否清楚地表达了减速器的工作原理和装配关系,投影关系是否正确。

(2) 检查轴、轴承及轴上零件结构是否合理,定位、固定是否可靠,加工、装拆、调整、维修、润滑和密封等是否合理、方便。

(3) 检查箱体的结构与工艺性是否合理,加工面与非加工面、附件的布置是否恰当,结构是否正确。

(4) 检查啮合轮齿、螺纹及滚动轴承等的画法、视图表达是否符合机械制图规定。

(5) 检查各项尺寸的标注是否正确、完整且不多余,设计计算的尺寸与实际尺寸是否一致,各处配合与精度的选择是否适当。

(6) 检查技术特性表内各项数据是否正确无误,技术条件中所列的各项是否合理。

(7) 检查零件的编号,是否按顺序编制完整,不重复或遗漏,且与明细表一一对应。标题栏和明细表的填写内容是否有错误等。

在绘制零件工作图中,如果发现装配工作图里某些结构、尺寸等不合理,应及时加以修正。

7　零件工作图的设计

7.1　零件工作图的设计内容和要求

零件工作图是根据装配图拆绘而成的，是制造、检验零件和制定工艺规程的基本技术文件。它既要根据装配图表明设计要求，又要考虑制造的加工工艺性表明加工要求。

零件工作图应按照机械制图标准中规定画法进行绘制，包括反映制造和检验零件所需要的全部内容，即零件的图形、尺寸及偏差、形位公差、表面粗糙度、零件材料、热处理及技术要求、标题栏等。零件工作图的内容和要求简介如下。

(1) 正确选择和布置视图。每个零件必须单独绘制在一张标准图幅中，要正确选择基本视图及必要的剖视图、向视图和其他规定画法，完整、清楚地将零件内、外部的结构形状表达出来，并使视图的数量最少。在设计时，尽量采用 1∶1 的比例尺以加强真实感，对于细部结构，如退刀槽、圆角过渡和需要保留的中心孔等，可选择局部视图，或放大绘制。

(2) 合理标注尺寸及偏差。在零件工作图上标注尺寸时，要认真分析设计要求和零件的制造工艺，应以主要视图的尺寸标注为主，因为该视图最能反映零件结构特征，同时辅以其他视图的标注。注意选择正确的尺寸基准，做到尺寸齐全，标注准确、清楚、不封闭、不重复，以免造成零件报废。

零件的结构尺寸应与装配图一致，不得随意变动，以防发生矛盾。对有配合关系的尺寸及精度要求高的尺寸，应根据装配工作图中已经选择的配合性质和精度等级，例如轴孔配合尺寸、键连接配合尺寸、箱体孔中心距等，查有关公差表，标注尺寸的极限偏差。对装配图中未标明的一些细小结构，如退刀槽、倒角、圆角和铸件壁厚的过渡尺寸等，在零件图中都应完整、正确地绘制出来。

另外，有一些尺寸应以设计计算为准，例如齿轮的几何尺寸等。

(3) 形位公差的标注。形位公差是评定零件加工质量的重要指标之一，在零件工作图上应标出必要的形位公差，以保证减速器的装配质量及工作性能。零件的形位公差要根据不同要求来标注，自由尺寸的公差一般可不标注。形位公差的具体数值及标注方法可参考第 11 章中形位公差参考图例。

(4) 表面粗糙度的标注。零件的所有表面都应注明表面粗糙度值，以便于制定加工工艺。表面粗糙度的选择影响到零件表面的耐磨性、耐腐蚀性、零件的抗疲劳能力及其配合性质，同时还影响到零件的加工工艺性和制造成本。

在正常的工作条件下，综合考虑零件的工作要求、精度等级和加工方法以确定表面粗糙度值，并尽量选用 R_a 值较大的粗糙度，以便于加工。在常用参数范围内，应优先选用 R_a 参数。对重要表面应单独标注表面粗糙度值，如果较多的表面具有相同的表面粗糙度数值时，为了简便可在图纸右上方统一标注并加“其余”字样。

(5) 编写技术要求。对于不便在图上用图形或符号表示，但又是制造时必须明确的要求和条件，可用文字在技术要求中说明。技术要求的内容比较广泛多样，根据不同的零件、不同的加工方法，视零件的要求而定。总的来说，技术要求一般包括：

1）对材料的力学性能和化学成分的要求；

2）对铸锻件及其他毛坯件的要求，如时效处理、去毛刺等要求；

3）对零件的热处理方法及热处理后硬度的要求；

4）对加工的要求，如配钻、配铰等；

5）对未注圆角、倒角的要求；

6）其他特殊要求，如对大型或高速齿轮的平衡实验要求等。

有关轴、齿轮、蜗杆和蜗轮等零件应标注的技术要求，详见以下各节。

（6）标题栏。在图纸右下角应画出标题栏，注明图号，零件的名称、材料及件数，绘图比例尺等内容。零件工作图标题栏的格式参考装配工作图标题栏格式。

7.2 轴类零件工作图的设计

（1）视图的选择。轴类零件的工作图，一般只用一个主视图，在有键槽和孔的地方，增加必要的局部剖面或剖视图。对于不易表达清楚的部位，如中心孔、退刀槽等细小的结构，必要时应绘制局部放大图，以确切表达出其形状并标注尺寸。

（2）尺寸的标注。轴类零件大多都是回转体，因此主要是标注径向尺寸和轴向尺寸。标注直径和轴向长度尺寸时，应特别注意有配合关系的部分。

标注径向尺寸应以轴线为基准，凡有配合处的径向尺寸都应标注相应的尺寸偏差，偏差值按装配图上的配合性质来查取。当轴有几段直径相同时，都应逐一标注不得省略。即使是圆角和倒角，也应标注，或者在技术要求中说明。

标注轴向尺寸时需要考虑基准面和尺寸链的问题。首先应选取好基准面，并尽量使尺寸的标注反映加工工艺要求，不允许出现封闭的尺寸链，避免给机械加工造成困难。图7-1所示为轴的轴向尺寸标注示例，2、3为主要基准面，1、4为辅助基准面。这种标注方法尺寸从轴环的两侧标出，反映出零件在车床上的加工顺序。

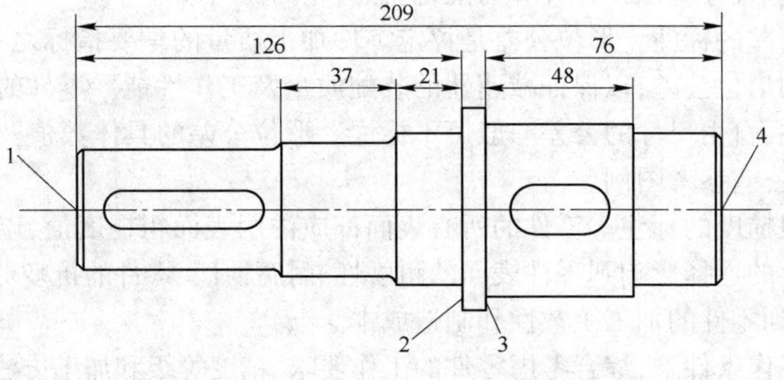

图7-1 轴的长度尺寸标注

（3）公差的标注。轴的重要尺寸应依据装配图上所选定的配合性质，查出公差值标注在零件图上。轴类零件工作图有以下几处需要标注尺寸公差：

1）安装传动零件（齿轮、蜗轮、带轮、链轮等）、轴承以及联轴器、其他回转体与密封装置处轴的直径公差。

2）键槽的尺寸公差。键槽的宽度和深度的极限偏差按键连接标准规定进行标注。

3）轴的长度公差。在减速器中一般不作尺寸链的计算，可以不标注长度公差。

轴类零件图除标注上述各项尺寸公差之外，还应标注必要的形位公差，以保证减速器的装配质量及工作性能，例如标注圆柱度、键槽对称度、圆跳动公差及端面跳动公差等，从而保证轴的加工精度。表 7-1 列出了轴形位公差项目及其对工作性能的影响，其标注方法，见第 13 章轴的零件工作图。

表 7-1　轴的形位公差推荐项目

内容	项　目	符　号	精度等级	对工作性能影响
形状公差	与传动零件相配合直径的圆度	○	7~8	影响传动零件与轴配合的松紧及对中性
	与传动零件相配合直径的圆柱度	⌭		
	与轴承相配合直径的圆柱度			影响轴承与轴配合的松紧及对中性
位置公差	齿轮的定位端面相对轴心线的端面圆跳动	↗	6~8	影响齿轮和轴承的定位及其受载的均匀性
	轴承的定位端面相对轴心线的端面圆跳动		7~8	
	与传动零件相配合的直径相对于轴心线的径向圆跳动		6~8	影响传动零件的运转同心度
	与轴承相配合的直径相对于轴心线的径向圆跳动		5~6	影响轴和轴承的运转同心度
	键槽侧面对轴中心线的对称度（要求不高时不注）	⌯	7~9	影响键受载的均匀性及装拆的难易程度

（4）表面粗糙度的标注。轴的各个表面都要加工，由于轴的各部分精度不同，加工方法不同，表面粗糙度也不相同。与轴承相配合的表面及轴肩端面粗糙度参考表 7-2 选择；其他表面粗糙度数值可按表 7-3 推荐的选择。

表 7-2　配合面的表面粗糙度值

轴或轴承座直径/mm		轴或外壳孔配合表面直径公差等级								
		IT7			IT6			IT5		
		表面粗糙度值/μm								
超过	到	R_z	R_a		R_z	R_a		R_z	R_a	
			磨	车		磨	车		磨	车
<80	80	10	1.6	3.2	6.3	0.8	1.6	4	0.4	0.8
80	500	16	1.6	3.2	10	1.6	3.2	6.3	0.8	1.6
端　面		25	3.2	6.3	25	3.2	6.3	10	1.6	3.2

注：与/P0、/P6（/P6x）级公差轴承配合的轴，其公差等级一般为 IT6，外壳孔一般为 IT7。

表7-3 轴加工表面粗糙度 R_a 推荐数值

<table>
<tr><td>加工表面</td><td colspan="4">表面粗糙度值 R_a/μm</td></tr>
<tr><td>与传动件及联轴器等轮毂相配合的表面</td><td colspan="4">3.2~1.6</td></tr>
<tr><td>与G、E级滚动轴承相配合的表面</td><td colspan="4">1.0(轴承内径 $d \leqslant 80$ mm)
1.6(轴承内径 $d>80$ mm)</td></tr>
<tr><td>与传动件及联轴器相配合的轴肩表面</td><td colspan="4">3.2~1.6</td></tr>
<tr><td>与滚动轴承相配合的轴肩端面</td><td colspan="4">2.0</td></tr>
<tr><td>平键键槽</td><td colspan="4">3.2~1.6(工作面),6.3(非工作面)</td></tr>
<tr><td rowspan="4">与轴承密封装置相接触的表面</td><td>毡封油圈</td><td colspan="2">橡胶油封</td><td rowspan="2">间隙及迷宫式</td></tr>
<tr><td colspan="3">与轴接触处的圆周速度/m·s^{-1}</td></tr>
<tr><td>≤3</td><td>>3~5</td><td>>5~10</td><td rowspan="2">3.2~1.6</td></tr>
<tr><td>1.6~0.8</td><td>0.8~0.4</td><td>0.4~0.2</td></tr>
<tr><td>螺纹牙工作面</td><td colspan="4">0.8(精密精度螺纹),1.6(中等精度螺纹)</td></tr>
<tr><td>其他表面</td><td colspan="4">6.3~3.2(工作面),12.5~6.3(非工作面)</td></tr>
</table>

(5)编写技术要求。轴类零件工作图上的技术条件包括如下内容:

1)对材料的力学性能和化学成分的要求,允许的代用材料等。

2)对材料的表面力学性能要求,如热处理方法、热处理后要求达到的硬度、渗碳层深度及淬火硬化层深度等。

3)对机械加工的要求。例如是否保留中心孔,如果零件图上未画中心孔,应在技术条件中注明中心孔的类型及国标代号,或在图上作指引线标出。

4)对图中未注明的圆角、倒角及其他特殊要求的说明,个别部位修饰加工要求,以及对较长的轴要求进行毛坯校直等的说明。

7.3 齿轮类零件工作图的设计

齿轮类零件包括齿轮、蜗杆和蜗轮。这类零件图中除有零件图形、尺寸公差和技术要求外,还有啮合参数表,它一般在图纸的右上角。

(1)视图的选择。齿轮类零件工作图一般需要1~2个视图表达。主视图可按轴线水平布置,且用全剖或半剖视图表示孔、键槽、轮毂、轮辐及轮缘等的基本结构;左或右侧视图可以画出齿轮轮廓形状和轴孔、键槽、轮毂、轮缘结构。为了表达齿形的有关特征及参数(如蜗杆的轴向齿距等),必要时应画出局部剖面图。若蜗轮为组合式结构,则需分别画出齿圈、轮芯的零件图及蜗轮的组件图。总之,齿轮类零件工作图的视图安排与轴类零件工作图很类似。

(2)标注尺寸数据。为了保证齿轮加工的精度和有关参数的测量,标注尺寸时要考虑基准面,并规定基准面的尺寸和偏差。齿轮类零件工作图上需要标注的尺寸数据,国家标准(GB/T 6443—86)有明确规定。

齿轮零件主要标注径向尺寸和轴向尺寸。各径向尺寸按回转体尺寸的标注方法进行,是以轴的中心线为基准。齿轮的分度圆直径虽不能直接测量,但它是设计计算的基本尺寸,因此其尺寸数值及偏差也应标注。齿顶圆直径、轮毂直径、轮辐(或辐板)等尺寸,都应该标注在图纸上。而齿根圆直径是由其他参数加工后得出的,不予标注。

轴向尺寸(即齿宽方向)以端面为基准进行标注。标注键槽的尺寸时,应注出相应的尺寸偏差。各圆角、倒角、斜度、锥度等尺寸的标注,注意不要遗漏及重复。

齿轮类零件的轴孔和端面是加工、测量和安装时的重要基准,尺寸精度要求高,应标出尺寸偏差。对于齿轮轴,一般都是以中心孔作为基准。只有当零件刚度较低或齿轮轴较长时才以轴颈作为基准。

圆锥齿轮的锥距和锥角是保证啮合的重要尺寸。标注时,对锥距应精确到0.01 mm;对锥角应精确到分(′);分度圆锥角则应精确到秒(″)。在加工圆锥齿轮坯时,其尺寸偏差和公差应控制在规定范围内,具体数值可查第11章。

对蜗轮的组件图,还应注出齿圈和轮芯的配合尺寸和配合性质。

对齿轮类零件工作图上的配合尺寸或精度要求较高的尺寸,均应标注尺寸和偏差。

(3) 表面粗糙度的标注。齿轮类零件的所有表面都应标明表面粗糙度,新国标(GB/T 10095.1—2001 和 GB/T 10095.2—2001)中规定的齿轮精度等级与齿面粗糙度间没有直接的关系,但齿轮类零件的所有表面都应标明表面粗糙度。表7-4为齿轮轮齿表面粗糙度 R_a 的荐用值。

表7-4 齿轮轮齿表面粗糙度 R_a 推荐值

加工表面	表面粗糙度值 R_a		
	齿轮第Ⅱ公差组精度等级		
	7	8	9
圆柱齿轮轮齿工作面	1.6~0.8	3.2	6.3
齿顶圆	12.5~3.2		
轴　孔	3.2~1.6		
与轴肩配合的端面	6.3~3.2		
平键键槽	3.2(工作面);6.3(非工作面)		
其他加工表面	12.5~6.3		
非加工表面	100~50		

(4) 形位公差的标注。轮坯的形位公差对齿轮类零件的传动精度影响很大,通常是根据齿轮类零件精度等级确定其公差值。一般需标注的项目有:

1) 齿顶圆的径向圆跳动;

2) 基准端面对轴线的端面圆跳动;

3) 键槽两侧面对孔心线的对称度;

4) 轴孔的圆度和圆柱度。

各项形位公差的具体内容和精度等级对齿轮工作性能的影响见表7-5。

(5) 齿轮类零件的啮合参数表。对于齿轮、蜗轮类等啮合传动的零件,由于其参数及误差检验项目等较多,应在零件图右上角列出啮合参数表,标注齿轮的基本参数和精度等级及误差检验项目等。表7-6为圆柱齿轮啮合参数表的格式,可供参考。其误差检验项目和具体的数值可查有关标准或有关手册，根据需要增减。

表 7–5　轮坯的形位公差推荐项目及影响

项　目	符　号	精度等级	对工作性能影响
圆柱齿轮以齿顶圆作为测量基准时齿顶圆的径向圆跳动	↗	按齿轮、蜗轮精度等级确定	影响齿厚的测量精度，并在切齿时产生相应的齿圈径向跳动误差，导致传动件的加工中心与使用中心不一致，导致分齿不均。同时轴心线与机床的垂直导轨不平行而引起齿向误差
锥齿轮的齿顶圆锥的径向圆跳动			
蜗轮外圆的径向圆跳动			
蜗杆外圆的径向圆跳动			
基准端面对轴线的端面圆跳动			
键槽两侧面对孔中心线的对称度	⌯	7～9	影响键两侧受载的均匀性
轴孔的圆度	○	7～8	影响传动零件与轴配合的松紧及对中性
轴孔的圆柱度	⌭		

表 7–6　圆柱齿轮啮合参数表

模　数	$m(m_n)$		精度等级		
齿　数	z		相啮合齿轮图号		
压力角	α		变位系数		x
分度圆直径	d		公差组	检验项目	公差值
齿顶高系数	h_a^*		Ⅰ	F_r	
齿根高系数	h_f^*			F_w	
齿全高	h		Ⅱ	f_{pt}	
螺旋角	β			f_f	
螺旋方向			Ⅲ	F_β	
公法线平均长度及偏差数值			跨齿数		

加工蜗轮轮齿所用的蜗杆滚刀比蜗杆轮齿高出 1 个顶隙高度，因此在啮合参数表中要列出蜗杆的有关参数。

齿轮啮合特性表中还应包括公法线平均长度及极限偏差、跨测齿数的检验项目。圆柱齿轮公法线的平均长度与跨测齿数可按公式计算。

（6）编写技术要求。零件的技术要求一般放在图样的右下角，可参照同类产品或相近产品图样，查阅相关资料确定后标注，标注形式应规范。技术要求的编写见 7.1 节。技术要求包括表面粗糙度、尺寸公差、形位公差、对材料表面性能要求等内容。

7.4 齿轮类零件精度等级的标注

齿轮类零件的精度等级是通过实测的误差值或偏差值,与标准规定的允许值或极限偏差进行比较后确定的。新标准规定了 13 个精度等级,其中 0 级最高,12 级最低。5 级精度是 13 个精度等级的基础,它是制订精度标准时各项偏差的公差计算式的精度等级。普通减速器的齿轮和蜗杆传动精度等级多选用 7 ~ 9 级,在中等速度和中等载荷条件下,一般圆柱齿轮精度等级通常按分度圆处圆周速度来确定精度等级。

齿轮类零件的精度等级及公差,分别按《渐开线圆柱齿轮精度》(GB/T 10095.1—2001,GB/T 10095.2—2001)、《锥齿轮精度》(GB 11365—89)、《圆柱蜗杆、蜗轮精度》(GB 10089—88)选择。新国标规定,若在技术文件(齿轮工作图等)上描述齿轮等级,需注明采用的标准号。齿轮类零件的工作图上,应标明的各项精度及公差。

圆柱齿轮标注分度圆齿厚及偏差。圆锥齿轮标注分度圆弦齿厚及偏差,圆锥齿轮传动的接触精度、蜗杆传动的安装精度均标注在装配图上,蜗杆标注螺牙法向齿厚及偏差。

圆柱齿轮精度的标注示例如下:

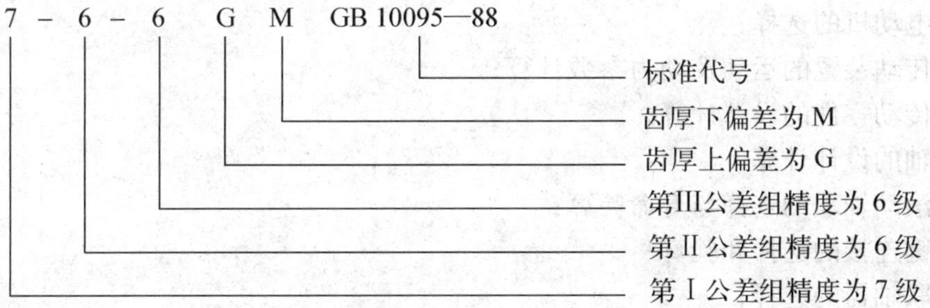

圆柱蜗杆和蜗轮的制造或安装精度根据蜗轮的圆周速度、传递功率大小和使用条件来选择,一般动力传动常取 6 ~ 9 级。蜗杆、蜗轮的三个公差组,分别用来保证传递运动的准确性、运动的平稳性和载荷的均匀性。对于蜗杆精度的标注示例如下:

8 编写设计计算说明书

8.1 设计计算说明书的内容

设计计算说明书是在完成全部设计计算后整理编写的,是对整个设计计算过程的总结,也是图纸设计的理论依据,同时还是审核是否满足生产和使用要求的技术文件之一。设计计算说明书以计算内容为主,具体内容应视设计任务而定,要求写明整个设计的主要计算及简要的说明。说明书的内容与设计任务有关。对于以减速器为主的机械传动传置的设计,其计算说明书的内容大致包括:

(1) 目录(标题及页码);

(2) 设计任务书(设计题目);

(3) 电动机的选择;

(4) 传动装置的运动及动力参数计算;

(5) 传动零件的设计计算;

(6) 轴的设计计算;

(7) 滚动轴承的选择与寿命验算;

(8) 键连接的选择和验算;

(9) 联轴器的选择;

(10) 设计小结;

(11) 参考文献。

8.2 设计计算说明书的编写要求

设计计算说明书应系统地说明设计过程中所考虑的问题和全部的计算项目,同时阐明设计的合理性、经济性等问题。此外还应该有一些技术说明,例如装配和拆卸过程中的注意事项,传动零件和滚动轴承的润滑等。由于设计时间的限制,关于技术说明的内容可不详细编入,重点放在设计计算内容的整理上。

设计计算说明书必须按 8.1 节推荐的顺序编好目录,写在规定格式的用纸上,并标出页码,装订成册。图 8-1 所示为封面格式及书写格式。说明书的文字应该简洁通顺,书写整齐规范。计算内容正确完整,过程只需写出计算公式,代入相关数据,直接得出最后结果(计算的中间过程不必写出),并注明单位。说明书中所引用的重要计算公式和数据,应注明出处(注出参考资料的编号)。对所得的计算结果应作出简短的分析结论,如“强度要求满足”、“验算合格”等结论,并且将计算结果主要参数、尺寸及规格等,写在每页的“计算结果”栏内。

为了清楚说明计算内容,说明书还应包括与文字叙述和计算有关的必要简图,例如传动方案简图,轴的受力图、弯矩图和转矩图等。在简图中,应对主要零件统一编号,以便在计算中称呼使用。对每一单元的内容,都应有标题或相应的序号。全部计算中所使用的参数符号,必须前后一致,不能混乱,各参数的数值应标注统一标准的单位。

机械设计课程设计说明书
课程设计题目
____
____系____专业____班
学生姓名________
学　　号________
指导教师________
____年____月____日

(a)

计算内容	计算结果

(b)

图 8-1　说明书格式
(a) 封面格式;(b) 书写格式

8.3　设计计算说明书的书写格式示例

设计计算说明书要按一定的格式书写计算、说明及设计结果,做到条理清晰。计算说明书编制的书写格式如下:

(一) 设计任务书

设计题目:设计一带式输送机用单级圆柱齿轮减速器,传动装置如图所示,电动机驱动带传动经单级斜齿圆柱齿轮减速器,驱动滚筒回转。已知传动滚筒直径 $D=250$ mm,滚筒的输送拉力 $F=2$ kN,胶带运行速度 $v=2$ m/s。

工作条件:三班制、连续单向运转、载荷较平稳、室外工作、有粉尘、寿命 10 年、大修期三年。小批量生产。运输带速度允差:±5%,动力来源:二/三相交流电(220/380 V)。

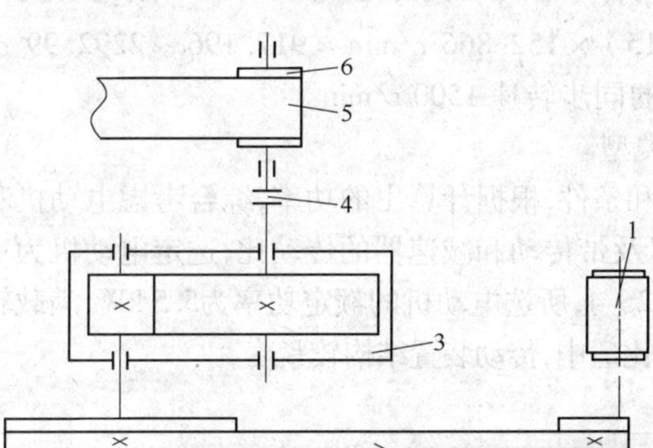

带式输送机的传动简图
1—电动机;2—V 带传动;3—圆柱齿轮减速器;4—联轴器;5—传送带;6—滚筒

（二）电动机的选择

1. 所需电动机的输出功率

（1）电动机的输出功率。

$$P_d = \frac{P_W}{\eta}$$

（2）卷筒轴的输出功率。

$$P_W = \frac{Fv}{1000\eta_W}$$

故
$$P_d = \frac{Fv}{1000\eta_W\eta}$$

（3）传动装置的总效率。由电动机至工作机构之间传动装置的总效率（包括工作机构效率）为：

$$\eta_W\eta = \eta_1 \cdot \eta_2 \cdot \eta_3 \cdot \eta_4 \cdot \eta_5 \cdot \eta_6$$

式中，η_1、η_2、η_3、η_4、η_5、η_6 分别为带传动、齿轮传动的轴承、齿轮传动、联轴器、卷筒轴的轴承及卷筒的效率。取 $\eta_1 = 0.96$、$\eta_2 = 0.98$、$\eta_3 = 0.97$、$\eta_4 = 0.993$、$\eta_5 = 0.98$、$\eta_6 = 0.96$，则

$$\eta_W\eta = 0.96^2 \times 0.98^3 \times 0.97 \times 0.993 = 0.835$$

所以

$$P_d = \frac{Fv}{1000\eta_W\eta} = \frac{2000 \times 2.0}{1000 \times 0.835} = 4.79\ \text{kW}$$

$P_d = 4.79$ kW

2. 确定电动机转速

由已知条件计算滚筒轴的转速 n_W：

$$n_W = \frac{60 \times 1000v}{\pi D_W} = \frac{60 \times 1000 \times 2}{3.14 \times 250} = 152.866\ \text{r/min}$$

$n_W = 152.866$ r/min

按推荐的合理传动比范围，取V带传动的传动比 $i_1 = 2 \sim 3$，单级齿轮传动比 $i_2 = 3 \sim 5$，则合理总传动比的范围 $i = 6 \sim 15$，故电动机转速的可选范围为（6 ~ 15）× 152.866 r/min = 917.196 ~ 2292.99 r/min。取符合这一范围的同步转速 1500 r/min。

3. 选择电动机的类型

按已知的工作要求和条件，根据计算出的功率，综合考虑电动机和传动装置的尺寸、质量以及带传动和减速器的传动比，选定电动机为三相异步电动机，型号 Y132S-4，所选电动机的额定功率为5.5 kW，满载转速为1440 r/min，总传动比适中，传动装置结构较紧凑。

选用 Y 型三相异步电动机 Y132S-4

……

9　课程设计的答辩

答辩是课程设计的最后一个教学环节，是检验设计的成果、评定设计成绩的一个重要方面，它能锻炼学生分析问题和解决问题的能力。学生通过答辩对课程设计的全过程进行全面的分析和总结，可以把不懂、没有考虑的问题搞懂、弄透，提高分析、解决工程实际设计的能力，达到课程设计的教学大纲基本要求。

9.1　准备答辩

完成设计之后，应及时做好答辩的准备。首先整理和检查全部图纸和说明书，搞清设计中涉及的数据、公式，弄懂图纸上的结构设计依据以及技术要求等问题。然后进行系统、全面的总结，并将总结以书面形式写在计算说明书中，以便老师查阅。把设计图纸及设计说明书交给指导教师审阅之后，按要求折叠好图纸，同时装订说明书，一并放在课程设计资料袋内，并正确填写资料袋封面内容，准备进行答辩。

每个学生的答辩单独进行，在答辩的前一天由教师拟定并公布答辩的顺序。

答辩中所提问题，一般为设计方法、步骤及设计计算说明书和图纸所涉及的内容。教师可就基本理论知识、计算原理、结构设计、查取的数据、视图、尺寸与公差配合等方面广泛提出质疑，让学生回答，也可以要求学生当场查取数据等。

课程设计成绩，应以学生的设计思路是否体现创新意识，设计计算说明书的文字表达能力、书写情况，设计图纸是否整洁、规范、符合行业技术标准，以及在答辩中回答问题的情况为根据，参考设计过程中的表现进行评定。

9.2　课程设计答辩参考题

9.2.1　总体设计分析及主要传动参数计算

(1) 对照设计，说明传动装置的设计方案有何优缺点。

(2) 说明传动方案是如何拟定的。

(3) 带传动放在高速级和开式传动齿轮放在低速级的传动方案是否合理，为什么？

(4) 通常的传动装置中为什么常采用多级传动而不用单级传动？什么情况下要采用二级传动？

(5) 为什么常把V带传动布置在高速级，而链传动布置在低速级？

(6) 装配图的作用是什么？装配图应包括哪些方面的内容？装配图应标注哪几类尺寸？通常装配图上选择几个视图，是否一定要有剖视？

(7) 谈谈采用边计算、边绘图和边修改的“三边”设计方法完成设计的体会和收获，并分析设计还存在哪些不足,有何改进建议?

(8) 减速器是由哪几部分组成?设计的减速器总重量约为多少?

(9) 设计说明书应包括哪些内容?

(10) 设计中为什么要尽量选用标准件,严格执行国家标准、部颁标准和本部门的规范?

(11) 试述装配图上减速器性能参数、技术条件的主要内容,对减速器规定试验的目的是什么?

(12) 简述减速器的装配和拆卸过程。

(13) 表面粗糙度对机械零件的使用性能有何影响?

(14) 根据绘制的零件工作图,说明对其形位公差有哪些基本要求?

(15) 蜗杆传动一般用于传动比较大、传动功率不大的情况,为什么常把它布置在传动装置的高速级?而开式齿轮传动为什么要布置在低速级?

(16) 传动装置的效率如何考虑?计算总效率时要注意哪些问题?

(17) 常用电动机的类型有哪几种,各有什么特点?根据哪些条件来选择电动机类型、额定功率和同步转速?

(18) 电动机同步转速选取过高或过低有何利弊?电动机的额定功率过大或过小各有何问题?

(19) 电动机的额定功率与输出功率有何不同?设计传动装置时按哪种功率设计,为什么?

(20) 电动机选定后,为什么要记录它的输出轴直径、伸出端长度及中心高?

(21) 如何计算总传动比?如何考虑分配减速器的总传动比?在双级齿轮减速器中,按照什么条件分配高速级和低速级的传动比?

(22) 合理分配传动比有什么意义?分配传动比时要考虑哪些问题?

(23) 工作机的实际转速与设计要求的误差范围不符时如何处理?

(24) 减速器中各相邻轴间的功率、转矩、转速关系如何确定?同一轴的输入功率与输出功率是否相同?设计传动件或轴时用哪个功率?

9.2.2　传动零件的设计

(1) V带传动的优点及工作原理是什么?传动带的型号、带长是如何确定的?

(2) 带传动设计的主要依据是什么?带传动可能出现的失效形式是什么?可以采用哪些措施避免失效?

(3) 在V带传动中核算包角时,为什么按小带轮进行?小带轮直径的大小受什么条件限制,对传动有何影响?

(4) 带传动设计中,哪些参数要取标准值?

(5) 说明带传动设计中,如何确定下列参数:1)带轮直径 D;2)带速 v;3)小带轮包角 α_1;4)预紧力 F_0;5)带的根数 z;6)传动比 i。

(6) 带传动布置方式中,为什么松边常放在上边?为什么中心距一般都设计成可调的?

(7) 带传动中,弹性滑动是怎样产生的?打滑是怎样产生的?打滑的危害是什么?

(8) 带传动中心距 a、预紧力 F_0的大小及带的根数 z 的多少对带传动的工作能力有何影响?

(9) 带轮在轴端是如何实现定位和固定的？

(10) 开式齿轮传动在应用、失效和设计方面有什么特点？指出所设计的齿轮传动中，可能出现的失效形式是什么？

(11) 直齿圆柱齿轮和斜齿圆柱齿轮传动各有何优缺点？

(12) 斜齿圆柱齿轮传动参数中，哪个面的模数是标准值，哪些参数要精确计算？

(13) 一对斜齿圆柱齿轮外啮合传动，螺旋线方向是相同还是相反？如何选择斜齿轮螺旋角 β 方向？螺旋角 β 对减速器受力与结构有何影响？

(14) 闭式、开式传动中，齿轮选用何种材料和热处理方法较好？齿轮的软、硬齿面是如何划分的，其性质有何不同？

(15) 设计斜齿圆柱齿轮时是如何考虑轴向力的？

(16) 斜齿圆柱齿轮传动参数中，齿轮分度圆直径、齿顶圆直径、中心距、螺旋角、齿宽及其构造尺寸是否都要圆整，为什么？

(17) 齿轮轮毂宽度和直径如何确定？轮缘厚度如何确定？轮毂上的键槽公差如何确定？

(18) 一般情况下，在减速器齿轮传动设计中，按什么失效形式设计与校核？强度计算公式中，精度对齿面接触疲劳强度和齿根弯曲疲劳强度的影响是怎样体现的？

(19) 在齿根弯曲疲劳强度计算时，为什么需对两个齿轮的强度都做计算？轮齿的最大弯曲应力发生在轮齿上的哪一部位？提高弯曲强度应采取什么措施？

(20) 齿轮毛坯可采用什么方法制造？规定齿轮毛坯的形位公差有何作用？

(21) 在哪些情况下，齿轮结构采用实心式、腹板式、轮辐式？

(22) 设计的齿轮，其强度计算是按什么失效形式来考虑的？

(23) 轮齿的宽度是怎样确定的？为什么小齿轮要比大齿轮宽？

(24) 斜齿轮上的各作用力是怎样传到箱体上的？

(25) 当斜齿轮反向回转时，轴的弯矩图有何变化，轴承受力有无变化？

(26) 斜齿轮所受的力对所设计的轴各产生什么应力？

(27) 齿轮传动计算公式中 $[\sigma_H]$ 是指什么应力？如果 $\sigma_H > [\sigma_H]$ 齿轮将产生什么破坏？如何提高 $[\sigma_H]$？

(28) 选择小齿轮的齿数应考虑哪些因素，所依据的原则是什么？

(29) 设计齿轮传动选择载荷系数 K 时考虑哪些因素？

(30) 轮齿在满足弯曲强度的条件下，齿数是如何确定的，是否要标准化？

(31) 试述装配图中设计的齿轮精度是如何选取的？选择精度等级过高会造成什么后果？

(32) 齿轮传动为什么要有侧隙？

(33) 圆锥齿轮传动的特点是什么？

(34) 圆锥齿轮传动的锥距 R 能否圆整，为什么？

(35) 圆锥齿轮的标准模数是在大端还是在小端，为什么？

(36) 圆锥齿轮啮合安装时，如何实现两齿轮锥顶重合和调整？

(37) 蜗杆传动的正确啮合条件是什么？传动以哪个平面内参数和尺寸为标准？

(38) 设计中选择蜗杆、蜗轮材料的原则是什么？

(39) 在蜗杆传动中为什么要引入蜗杆直径系数 q?

(40) 为什么连续传动的闭式蜗杆传动必须进行热平衡计算? 散热面积不够时,可采用哪些措施改善散热条件?

(41) 蜗杆传动中为何常以蜗杆为主动件? 蜗轮能否作为主动件,为什么?

(42) 在动力蜗杆传动中,如何选择蜗杆的头数 z_1? 蜗轮的齿数为什么要在一定范围内选取?

(43) 试述装配图中为什么采用蜗杆上置(或下置)的结构形式?

(44) 为什么普通圆柱蜗杆传动的承载能力主要取决于蜗轮轮齿的强度,用碳钢或合金钢制造蜗轮有何不利影响?

(45) 蜗杆传动的效率包括哪几部分?

(46) 蜗轮轴上滚动轴承的润滑方式有几种? 装配图中设计的蜗杆轴上的滚动轴承是如何润滑的?

(47) 蜗杆传动安装时,如何调整蜗轮与蜗杆中心平面的重合?

(48) 蜗杆减速器的浸油深度如何确定? 油池深度怎样确定?

(49) 影响齿轮传动啮合特性的配合尺寸有哪些? 说明齿轮类零件工作图中啮合特性表的内容。中心距的偏差对传动特性的影响怎样?

(50) 为保证齿轮传动精度,设计中规定了哪些检验项目,其值如何确定?

(51) 在齿轮零件图上,有哪些尺寸和技术条件要求是直接影响到齿轮传动的啮合特性的?

(52) 分析齿轮上的轴向力依次通过哪些零件传递到减速器箱体上的。

9.2.3 轴的设计

(1) 简单归纳轴的设计与强度计算步骤。

(2) 轴上各段直径如何确定? 为什么要尽可能取标准值?

(3) 阶梯轴采用圆角过渡有什么意义? 过渡部分的圆角如何确定?

(4) 阶梯轴各段的长度怎样确定? 轴外伸长度如何确定? 与箱体结构的哪些部分有关?

(5) 如何选择轴的材料及热处理方式? 为提高某轴的刚度,将选用的 45 号钢改为 40Gr 钢是否可行,为什么?

(6) 轴的常见失效形式有哪些? 设计中主要防止哪几类失效?

(7) 在轴的端部和轴肩处为什么要有倒角? 对轴肩(或轴环)的高度及圆角半径有什么要求?

(8) 为什么进行轴的初步计算后还要精确校核? 进行精确校核时,应力集中系数如何查取?

(9) 提高轴的强度和刚度,可采用哪些措施?

(10) 装配图中设计的减速器输入轴是如何布置的?

(11) 以减速器的输出轴为例,试述装配图中轴上零件的定位与固定方法?

(12) 试述装配图中设计的减速器低速轴上零件的装拆顺序。

(13) 轴上的退刀槽,砂轮越程槽和圆角的作用是什么?

(14) 设计轴的结构时考虑哪些影响因素?

(15) 什么情况下应将轴与齿轮做成整体?为什么要将轴制成阶梯轴?

(16) 分析设计中轴的形位公差对工作性能的影响。

(17) 按承载情况,分析装配图中所设计减速器的各轴分别属于哪类轴?

(18) 轴正反转时,对轴和轴承的强度有无影响?

(19) 轴上键槽的位置与长度如何确定?所设计的键槽是如何加工的?

(20) 轴的跨距如何确定?

(21) 简述减速器低速轴的受力简图、弯矩图、转矩图是如何绘制的。

(22) 如何选择轴与齿轮、轴承盖、联轴器及键等的配合?

9.2.4　滚动轴承的组合设计

(1) 减速器中适用滑动轴承还是滚动轴承?

(2) 怎样选择滚动轴承类型和尺寸?试述选用的滚动轴承代号含义。

(3) 为什么滚动轴承的内圈与轴颈采用基孔制配合,而外圈与轴承座孔采用基轴制的配合?

(4) 对斜齿轮、锥齿轮及蜗杆传动,选择轴承要考虑哪些因素?

(5) 分析轴系中每个零件的装卸顺序。

(6) 哪些轴承有内部轴向间隙,有几种调整方法?深沟球轴承有无内部间隙,能否调整?

(7) 滚动轴承有哪些失效形式?如何验算其寿命?减速器中所用的滚动轴承,是否需要采用静强度校核?

(8) 角接触球轴承或圆锥滚子轴承为什么要成对使用?

(9) 试述采用圆锥滚子轴承时,正装和反装形式的特点及适用范围。

(10) 角接触球轴承和圆锥滚子轴承的支点位置如何确定?

(11) 如何确定轴承座孔宽度?

(12) 两端固定式的轴承组合设计中为什么要留有轴向间隙?

(13) 如何安装和拆卸轴承?设计轴的结构时如何考虑轴承的装拆?

(14) 固定轴承时,轴肩(或套筒)的直径如何确定?

(15) 嵌入式轴承端盖结构如何调整轴承间隙及轴向位置?轴承套杯起什么作用?

(16) 如何确定滚动轴承采用润滑油还是润滑脂?如何供给?

(17) 轴承采用脂润滑为什么使用挡油环?挡油环为什么伸出箱体内壁?

(18) 如何选用轴承密封形式?减速器还有哪些地方需要密封?

(19) 对传动件及轴承进行润滑的作用是什么?怎样保证其正确润滑?

9.2.5　键和联轴器的选择、校核

(1) 设计中如何选择键的类型和尺寸?

(2) 平键连接的工作原理是什么,主要失效形式有哪些?平键的剖面尺寸 $b \times h$ 和键的长度 L 是如何确定的?

(3) 在普通平键连接中,键的工作面是哪个面?键的尺寸是怎样确定的?

(4) 圆头(A 型)、平头(B 型)及单圆头(C 型)普通平键各有何优缺点? 它们分别用在什么场合? 轴上的键槽是如何加工出来的?

(5) 导向平键连接和滑键连接有什么不同,各适用于何种场合?

(6) 普通平键连接强度不足时,可采用哪些措施?

(7) 键在轴上的位置如何确定?

(8) 轴与轮毂上的键槽可采用什么加工方法?

(9) 设计中如何选择联轴器的类型? 根据什么选择其型号?

(10) 高速级和低速级的联轴器型号有何不同,为什么?

(11) 如何初估轴的直径,使其与联轴器孔径尺寸、电动机轴尺寸协调一致?

(12) 在联轴器的工作能力验算中为什么要考虑工作情况系数?

(13) 在减速器中,外伸轴上的齿轮应安装在远离联轴器端还是靠近联轴器端,为什么?

(14) 装配图中强度计算部分,如齿轮、轴、轴承、键连接等的强度计算是按静强度,还是按疲劳强度? 试述计算的先后次序。

9.2.6 减速器箱体及附件设计

(1) 减速器箱体的作用是什么? 箱体底面为什么要做成倾斜的?

(2) 为什么箱体多采用剖分式结构? 采用剖分式有何好处?

(3) 减速器箱体常用哪些材料制造? 装配图设计中选用了什么材料,为什么?

(4) 对铸造箱体,为什么要有铸造圆角及最小壁厚的限制?

(5) 试分析设计单级齿轮减速器的箱座壁厚 δ 和箱盖壁厚 δ_1 时要考虑哪些因素?

(6) 确定减速箱座的高度要考虑哪些因素?

(7) 减速器剖分面处凸缘连接螺栓间距为什么不宜过大? 分析地脚螺栓的受力。

(8) 在设计中可采取哪些措施提高轴承座孔的刚度? 轴承座孔上下处的肋有何作用?

(9) 箱体上,与螺母接触的支承面为什么要设计出凸台或沉头座坑? 沉头座坑如何加工?

(10) 为什么轴承旁的连接螺栓要尽量靠近轴承座孔中心线? 如何确定螺栓中心线位置及凸台高度?

(11) 箱体的轴承座孔为什么要设计成直径相同?

(12) 为什么一般选择通过蜗轮轴线的水平面作为蜗杆减速器箱体的剖分面? 蜗杆如何装入箱体中?

(13) 箱体上有关尺寸(如内壁至轴承座端面距离、内壁之间距离、上下箱连接凸缘宽度等)如何确定?

(14) 结合设计图纸,指出减速器箱体哪些地方需要进行机械加工,为什么?

(15) 在设计中如何考虑箱体的结构工艺性?

(16) 箱体上孔的中心距及其偏差如何确定和标注?

(17) 分析箱体的形位公差对减速器工作性能的影响。

(18) 轴承旁凸台的连接螺栓为什么公称直径比较大?

(19) 箱体的零件图上规定了哪些形位公差,为什么?

(20) 减速器的各种螺纹连接中,哪些需要考虑防松?

（21）定位销的作用是什么？定位销一般选几个？其位置如何确定？

（22）启盖螺钉的作用是什么？其安装有何特点？

（23）箱体上油标尺的安装位置如何确定的？如何测量箱内油面高度？

（24）为了避免或减少油面波动有干扰，油标尺应放在高速轴一侧还是低速轴一侧，为什么？

（25）放油螺塞的作用是什么？如何确定放油螺塞的位置？它为什么用细牙螺纹或圆锥管螺纹？为什么油塞上的螺纹有退刀槽？

（26）通气器的作用是什么？设计选用的通气器有何特点？通气器应安装在哪个部位？

（27）吊环、吊钩有哪几种形式，设计时应注意什么问题？

（28）是否允许用箱盖上的吊环螺钉或吊耳来起吊整台减速器，为什么？

（29）减速器上的检查孔的作用是什么？如何设计其位置及大小？

9.2.7 减速器的润滑、密封

（1）轴承盖的主要作用是什么？轴承盖的常用形式有哪几种，各有何优缺点？轴承盖各部分尺寸如何确定？

（2）轴承旁的挡油板起什么作用？

（3）指出装配图中的齿轮和轴承采用了哪种润滑方式？如何选择齿轮和轴承的润滑剂？

（4）单级齿轮传动中，如果齿轮用浸油润滑，大齿轮齿顶圆到油池底的距离至少为多少，为什么？

（5）在减速器中，为什么有的滚动轴承座孔内侧用挡油环，而有的不用挡油环？

（6）挡油环的宽度为何要伸出箱体内壁 2 ~ 3 mm？

（7）如何测定减速器箱体内的油量？传动件的浸油深度如何确定？

（8）当轴承采用油润滑时，如何从结构上保证供油充分？

（9）油沟中的润滑油如何进入轴承？有些减速器箱座剖分面的油沟伸向内壁面，这样的油沟起何作用？

（10）箱体剖分面的油沟如何加工？设计油沟时应注意哪些问题？

（11）如果发现嵌入式轴承端盖漏油，需要采取哪些措施改善密封？

（12）装配图中设计中采用的密封形式是什么？

（13）安装时能否在减速器上下箱体接合面处加垫片来防止箱内润滑油的泄漏，为什么？如发现接合面处漏油，应采取什么措施？

（14）伸出轴与端盖间的密封装置有哪些结构形式？密封方式如何选择，选择的依据是什么？

（15）毡圈密封槽为何做成梯形槽？

（16）轴承端盖与箱体之间调整垫片的作用是什么？

（17）内包骨架旋转轴唇形密封圈和无骨架式橡胶油封在结构上有何不同？

10 计算机辅助设计

计算机设计包括两方面:其一是利用计算机软件或编写的计算机程序进行零件的设计和计算,由于受到某些条件的限制,一般在学校开展得较少;其二是利用绘图软件进行计算机辅助绘图,此种形式在高校开展得较多。计算机绘图即是应用计算机软件和硬件,制作符合设计要求的图样,再通过绘图设备自动绘出工程图或将绘图结果传输给相关的加工设备,直接完成零件的加工制造。目前,在发达国家,工程图样都已用计算机来绘制。在机电行业中,20 世纪 90 年代中期有近半数的大、中型企业采用了 CAD 技术,极大地提高了工程绘图的水平。许多科研院所大部分的设计绘图工作均由计算机完成,基本替代了手工绘图。因此,设计人员必须掌握正确的绘图知识和设计计算知识,才能完成正确的设计。

10.1 计算机绘图的硬件系统

10.1.1 系统的基本构成

计算机图形系统的基本构成主要包括三部分:计算机部分(CPU、键盘和图形显示终端);图形输入设备;图形输出设备。

10.1.2 微型计算机图形系统的硬件

微型计算机图形系统的硬件主要包括:PC 机、图形输入设备、图形输出设备、图形终端。

(1) PC 机。微型计算机系统一般要求 CPU 为 486 以上的芯片,主频较高,内存 8M 以上,带硬盘、光驱、键盘。奔腾Ⅱ以上的微机均能满足要求。

(2) 图形输入设备。图形输入设备很多,主要可以分三大类。第一类是定位设备,如常用的鼠标、键盘、光笔、图形输入板等;第二类是数字化仪,能将放在上面的图形用游标尺点取放大的点,经数字化仪之后存储起来;第三类是图像输入设备,如扫描仪、摄像机、录像机等。图形经图像数字化处理后存储或输出。

(3) 图形显示设备。图形显示设备又称图形终端,一般采用带 VGA 显示卡的彩色显示器。目前用于 CAD 系统的显卡要求能够支持 OpenGL 接口标准。显卡的技术指标有图形加速芯片的频率和显卡内存的容量。

(4) 图形输出设备。常见的图形输出设备有打印机和绘图仪等。

10.2 计算机辅助绘图使用的软件

目前,国内外广泛使用的计算机绘图软件有几十种之多。根据软件对计算机硬件环境的要求、软件的性能及应用领域的不同,可以将软件进行归纳分类。

10.2.1 国外计算机绘图软件

（1）AutoCAD。使用最广泛的通用绘图软件当属美国 Autodesk 公司的 AutoCAD；德国西门子公司的智能型绘图软件 Sigrah - design，它以独特的关系型图形数据库及全关联、全参数化的绘图功能令人注目；此外，Intergragh、Microstation 等也有一定的知名度。

（2）三维 CAD。最具代表性的三维 CAD 软件产品为美国 SolidWorks 公司的 SolidWorks。同类产品还有以色列的 Cimatron、美国 Autodesk 公司的 MDT 等。

（3）大型集成化的 CAD 系统软件。这类软件主要运行于图形工作站，功能模块繁多，目前多数能在微机上使用，主要品牌有美国 PTC 公司的 Pro/Engineer、美国 EDS/UG 公司的 UGⅡ、SDRC 公司的 I - DEAS Master Series 等。大型集成化的 CAD 系统软件比较成熟，技术也比较先进，但价格相对较高。

10.2.2 国内计算机绘图软件

（1）国内计算机绘图软件主要有华正的 CAXA 电子图板、中科院凯恩的 PICAD、华中科技大学的 KMCAD 等。这类软件的价格从几百元到近万元不等，自 1992 年陆续进入市场后，由于遵循国家标准、设计绘图速度快、价格相对低廉而占据了越来越大的市场份额。

（2）基于 AutoCAD 平台的二次开发软件。这类软件主要有华中科技大学的“华软 InterCAD”、佳都公司的“通用机械设计 JDACAD”、北京大恒公司的“通用机械 CAD 系统 HNCAD”等。二次开发主要是对 AutoCAD 进行汉化并添加图形库、标注等功能。

10.3 辅助绘图

在减速器设计实例中，当减速器各种零部件的主要参数和结构尺寸确定下来以后，即可开始装配图和主要零件图的设计。一般是先绘制主要零件，再绘制次要零件；先确定零件的中心线和轮廓线，再设计其结构细节；先绘制箱内零件，再绘制箱外零件；先绘制俯视图，再兼顾其他视图。设计完成后，可利用 CAD 绘图软件完成图纸的绘图，如图 10-1、图 10-2 所示。CAD 的使用方法可参考相关教程。

10.4 计算机辅助设计

机械设计中，应根据传动零件的工作条件和主要失效形式，选定零件的材料和热处理方式；依据设计准则，确定零件合理的几何形状和结构尺寸，绘制机械装配图和零件工作图。因此，在零部件工作能力和结构设计中，常需要进行零件的强度、刚度稳定性和热平衡等计算，这些计算可以用计算机辅助完成。利用计算机完成计算通常有两种形式：(1)利用现有的计算软件；(2)利用计算机语言编写零件的计算程序。

10.4.1 使用《机械零件设计手册》的软件版 R2.0

使用《机械零件设计手册》的软件版 R2.0 有以下优点：

（1）自主版权、易学易用。R2.0 具有友好全中文用户界面，操作灵活方便。其设计计算操作步骤简单，易于掌握。

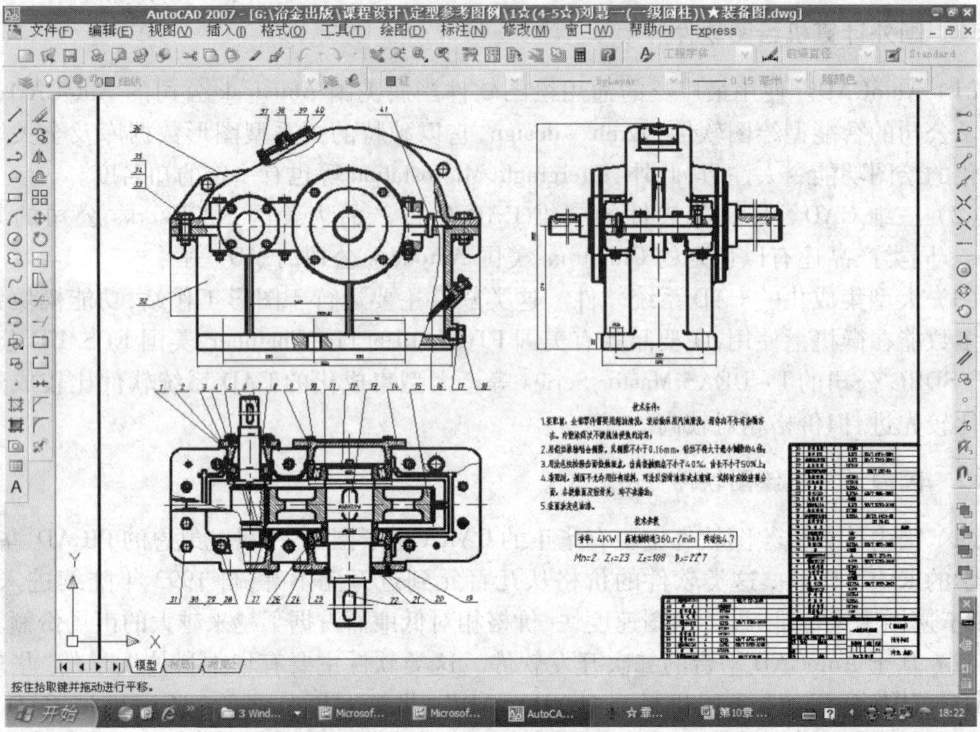

图 10-1　一级圆柱齿轮减速器装配图

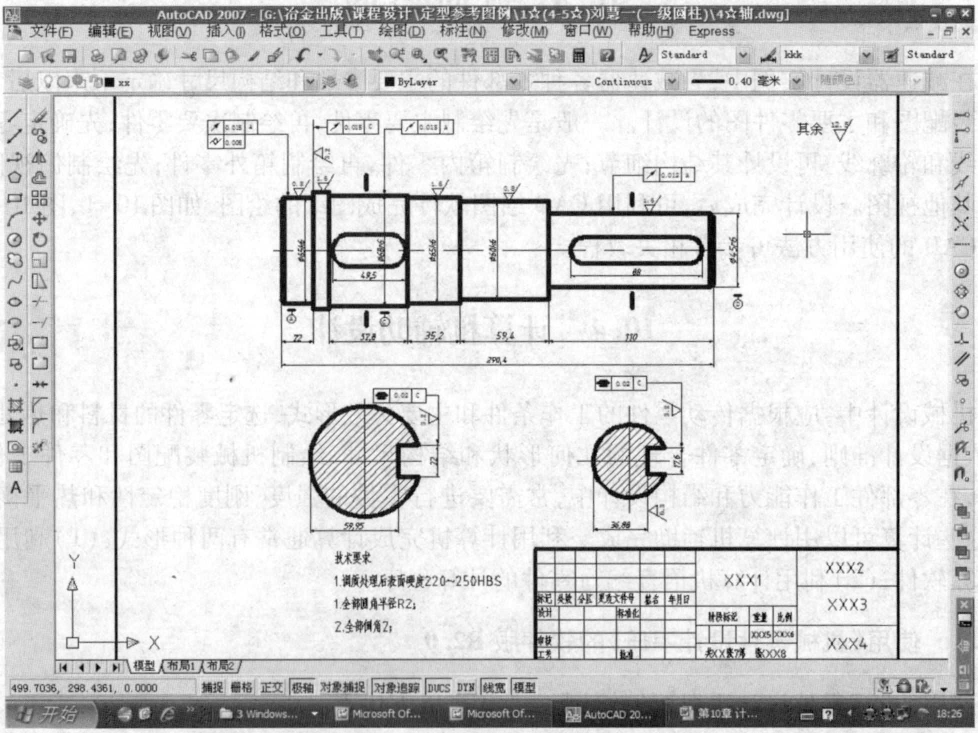

图 10-2　一级圆柱齿轮减速器的输出轴

（2）参数化设计、操作方便。R2.0有强大的零件设计计算程序及工程计算器，能便捷地进行典型零件的设计和常用计算。

（3）体系开放、符合标准。系统具有丰富的数据资料，所有的标准、规范及资料都是以最新颁布的国标、部标及行业标准为蓝本，并能通过联网及时更新资料。

（4）标准件图库、方便实用。有完备的二维及三维标准件图库，可以方便地调出预先定义好的标准件图形或相似图形进行参数化设计。

10.4.2 编写设计机械零件的计算机程序

（1）确定程序的适用范围。在编写程序前，首先要确定本程序的适用范围。如编写齿轮传动的设计程序时，先确定该程序是适合于软齿面还是硬齿面的齿轮，是开式传动还是闭式传动，所用材料及热处理方法，选用的精度等级等。程序的适用范围不同，它的内容也就不相同。

（2）列出所用的计算公式。列出所需要的计算公式，以计算机便于接受的方式对其加以修改。

（3）建立数学模型。做好数表和图线公式化的工作，对需建立数学模型的计算内容应建立数学模型。

（4）确定程序变量名。根据已修改过的计算公式，统计出程序需要的变量数。每个变量都应确定一个相应的程序变量名。在确定程序变量名时，应尽量使其与教材所用的符号一致。为便于对照，在编写程序说明时，应将计算变量名与程序变量名的对应关系列表说明。

（5）画出设计框图。将设计思路和设计过程用计算机框图表达出来。框图可以帮助分析思考各设计步骤之间的关系，它的内容基本可按手算步骤编写。

（6）数表与图线的输入。将数表与图线加以处理，准备编入计算机程序。

（7）编写程序。按框图顺序编写设计计算程序。程序编写应尽可能细致，多方考虑以减少调试时间。

（8）调试并修改程序。将编写好的程序上机调试。

第 2 篇 减速器设计手册

11 常用标准和数据

11.1 图纸格式

国家标准《技术制图 图纸幅面和格式》(GB/T 14689—2008)对图纸的幅面和格式做了具体规定。图纸有留装订边和不留装订边两种格式,如图 11-1 所示。图纸幅面的尺寸见表 11-1。

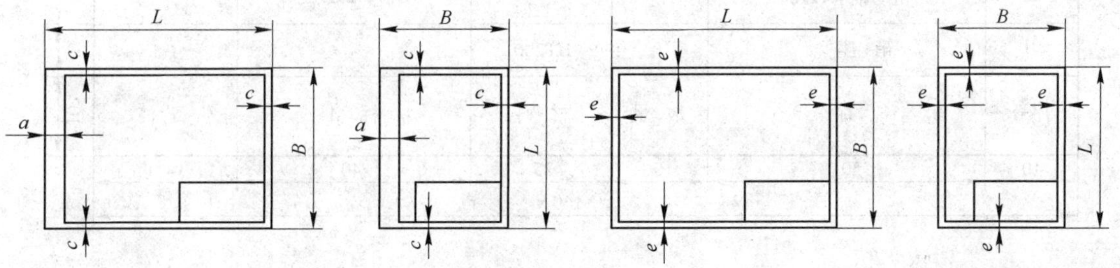

(a) (b)

图 11-1 图纸格式

(a) 留装订边;(b) 不留装订边

表 11-1 图纸幅面(GB/T 14689—2008) mm

基本幅面(第一选择)					加长幅面(第二选择)	
幅面代号	$B\times L$	a	c	e	幅面代号	$B\times L$
A0	840×1189			20	A3×3	420×891
A1	594×841		10		A3×4	420×1189
A2	420×594	25			A4×3	297×630
A3	297×420		5	10	A4×4	297×841
A4	210×297				A4×5	297×1051

注:1. 加长幅面的图框尺寸,按比所选用的基本幅面大一号的图框尺寸确定。例如对 A3×4,按 A2 的图框尺寸确定,即 e 为 10 mm(或 c 为 10 mm)。

2. 加长幅面(第三选择)的尺寸见 GB/T 14689。

在绘图时,图样可以根据需要选择不同比例。国家标准《技术制图 比例》(GB/T 14690—1993)对此也进行了规定,见表 11-2。

表 11-2　图样比例（GB/T 14690—1993）

原值比例	缩小比例	放大比例
1:1	1:2　$1:2\times10^n$ 1:5　$1:5\times10^n$ 1:10　$1:10\times10^n$	5:1　$5\times10^n:1$ 2:1　$2\times10^n:1$ $1\times10^n:1$
	必要时允许选取 1:1.5　$1:1.5\times10^n$ 1:2.5　$1:2.5\times10^n$ 1:3　$1:3\times10^n$ 1:4　$1:4\times10^n$ 1:6　$1:6\times10^n$	必要时允许选取 4:1　$4\times10^n:1$ 2.5:1　$2.5\times10^n:1$

注：n 为正整数。

图 11-2 所示为课程设计中所用明细表格式，图 11-3 所示为装配图或零件图标题栏格式。

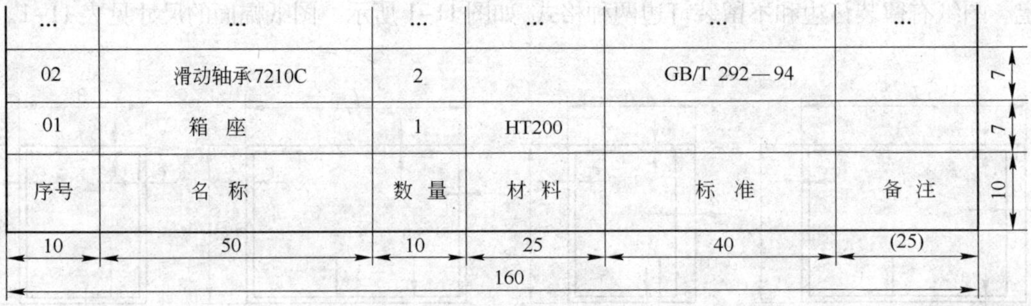

图 11-2　明细表格式（本课程用）

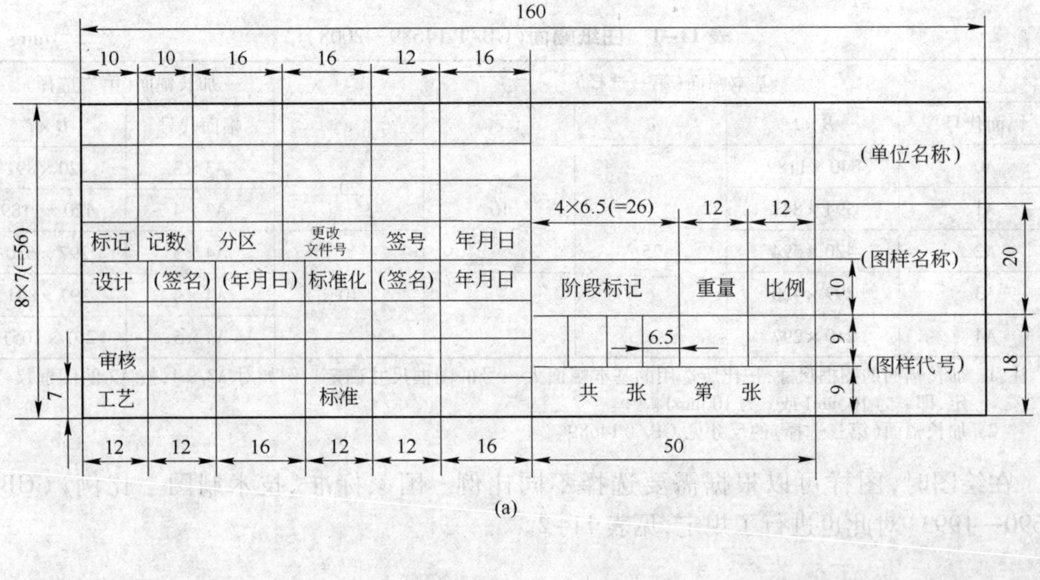

(a)

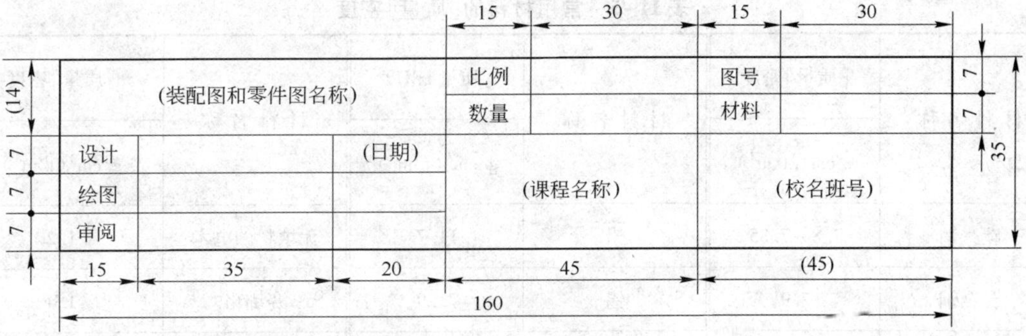

(b)

图 11-3 装配图或零件图标题栏格式(参考)

(a) 标准规定的格式;(b) 学校用简化格式(本课程用)

11.2 常用数据

机械设计中常用数据有熔点、热导率、比热容、膨胀系数、弹性模量、硬度、摩擦系数、标准尺寸等。

表 11-3 所示为常用金属材料的熔点、热导率及比热容。表 11-4 所示为常用材料的线膨胀系数。表 11-5 所示为常用材料的[质量]密度。

表 11-3 一些金属材料的熔点、热导率及比热容

名称	熔点 ℃	热导率 W/(m·K)	比热容 J/(kg·K)	名称	熔点 ℃	热导率 W/(m·K)	比热容 J/(kg·K)
灰铸铁	1200	46.4~92.8	544.3	铝	658	203	904.3
铸钢	1425		489.9	铅	327	34.8	129.8
低碳钢	1400~1500	46.4	502.4	锡	232	62.6	234.5
黄铜	950	92.8	393.6	锌	419	110	393.6
青铜	995	63.8	385.2	镍	1452	59.2	452.2

注:表中的热导率(导热系数)为 0~100℃范围内的值。

表 11-4 材料线[膨]胀系数 α_1 $\times 10^{-6}$℃$^{-1}$

材料	温度范围/℃								
	20	20~100	20~200	20~300	20~400	20~600	20~700	20~900	20~1000
黄铜		17.8	18.8	20.9					
青铜		17.6	17.9	18.2					
铸铝合金	18.44~24.5								
铝合金		22.0~24.0	23.4~24.8	24.0~25.9					
碳钢		10.6~12.2	11.3~13	12.1~13.5	12.9~13.9	13.5~14.3	14.7~15		
铬钢		11.2	11.8	12.4	13	13.6			
3Cr13		10.2	11.1	11.6	11.9	12.3	12.8		
1Cr18Ni9Ti		16.6	17	17.2	17.5	17.9	18.6	19.3	
铸铁		8.7~11.1	8.5~11.6	10.1~12.1	11.5~12.7	12.9~13.2			
镍铬合金		14.5							17.6
砖	9.5								
水泥、混凝土	10~14								
胶木、硬橡皮	64~77								
玻璃		4~11.5							
有机玻璃		130							

表 11-5 常用材料的[质量]密度

材料名称	[质量]密度 g/cm³(t/m³)	材料名称	[质量]密度 g/cm³(t/m³)	材料名称	[质量]密度 g/cm³(t/m³)
碳 钢	7.8~7.85	铅	11.7	无填料的电木	1.2
合金钢	7.9	锡	7.29	赛璐珞	1.4
球墨铸铁	7.3	镁合金	1.74	酚醛层压板	1.3~1.45
灰铸铁	7.0	硅钢片	7.55~7.8	尼龙 6	1.13~1.14
紫 铜	8.9	锡基轴承合金	7.34~7.75	尼龙 66	1.14~1.15
黄 铜	8.4~8.85	铅基轴承合金	9.33~10.67	尼龙 1010	1.04~1.06
锡青铜	8.7~8.9	胶木板、纤维板	1.3~1.4	纵纤维木材	0.7~0.9
无锡青铜	7.5~8.2	玻 璃	2.4~2.6	横纤维木材	0.7~0.9
碾压磷青铜	8.8	有机玻璃	1.18~1.19	石灰石、花岗石	2.4~2.6
冷拉青铜	8.8	矿物油	0.92	砌 砖	1.9~2.3
工业用铝	2.7	橡胶石棉板	1.5~2.0	混凝土	1.8~2.45

表 11-6 所示为常用材料的弹性模量、切变模量及泊松比。

表 11-6 常用材料的弹性模量及泊松比

名 称	弹性模量 E/GPa	切变模量 G/GPa	泊松比 μ	名 称	弹性模量 E/GPa	切变模量 G/GPa	泊松比 μ
灰铸铁、白口铸铁	115~160	45	0.23~0.27	铸铝青铜	105	42	0.25
球墨铸铁	151~160	61	0.25~0.29	硬铝合金	71	27	
碳 钢	200~220	81	0.24~0.28	冷拔黄铜	91~99	35~37	0.32~0.42
合金钢	210	81	0.25~0.3	轧制纯铜	110	40	0.31~0.34
铸 钢	175	70~84	0.25~0.29	轧制锌	84	32	0.27
轧制磷青铜	115	42	0.32~0.35	轧制铝	69	26~27	0.32~0.36
轧制锰青铜	110	40	0.35	铅	17	7	0.42

表 11-7 所示为黑色金属洛氏硬度、维氏硬度、布氏硬度的数值对照表。

表 11-7　黑色金属硬度对照表（GB 1172—1999）

洛　氏		维　氏	布氏($F/D^2=30$)		洛　氏		维　氏	布氏($F/D^2=30$)	
HRC	HRA	HV	HBS	HBW	HRC	HRA	HV	HBS	HBW
20.0	60.2	226	225		44.0	72.6	428	413	415
20.5	60.4	228	227		44.5	72.9	435	418	422
21.0	60.7	230	229		45.0	73.2	441	424	428
21.5	61.0	233	232		45.5	73.4	448	430	435
22.0	61.2	235	234		46.0	73.7	454	436	441
22.5	61.5	238	237		46.5	73.9	461	442	448
23.0	61.7	241	240		47.0	74.2	468	449	455
23.5	62.0	244	242		47.5	74.5	475		463
24.0	62.2	247	245		48.0	74.7	482		470
24.5	62.5	250	248		48.5	75.0	489		478
25.0	62.8	253	251		49.0	75.3	497		486
25.5	63.0	256	254		49.5	75.5	504		494
26.0	63.3	259	257		50.0	75.8	512		502
26.5	63.5	262	260		50.5	76.1	520		510
27.0	63.8	266	263		51.0	76.3	527		518
27.5	64.0	269	266		51.5	76.6	535		527
28.0	64.3	273	269		52.0	76.9	544		535
28.5	64.6	276	273		52.5	77.1	552		544
29.0	64.8	280	276		53.0	77.4	561		552
29.5	65.1	284	280		53.5	77.7	569		561
30.0	65.3	288	283		54.0	77.9	578		569
30.5	65.6	292	287		55.0	78.5	596		585
31.0	65.8	296	291		55.5	78.7	606		593
31.5	66.1	300	294		56.0	79.0	615		601
32.0	66.4	304	298		56.5	79.3	625		608
32.5	66.6	308	302		57.0	79.5	635		616
33.0	66.9	313	306		57.5	79.8	645		622
33.5	67.1	317	310		58.0	80.1	655		628
34.0	67.4	321	314		58.5	80.3	666		634
34.5	67.7	326	318		59.0	80.6	676		639
35.0	67.9	331	323		59.5	80.9	687		643
35.5	68.2	335	327		60.0	81.2	698		647
36.0	68.4	340	332		60.5	81.4	710		650
36.5	68.7	345	336		61.0	81.7	721		
37.0	69.0	350	341		61.5	82.0	733		
37.5	69.2	355	345		62.0	82.2	745		
38.0	69.5	360	350		62.5	82.5	757		
38.5	69.7	365	355		63.0	82.8	770		
39.0	70.0	371	360		63.5	83.1	782		
39.5	70.3	376	365		64.0	83.3	795		
40.0	70.5	381	370	370	64.5	83.6	809		
40.5	70.8	387	375	375	65.0	83.9	822		
41.0	71.1	393	380	381	65.5	84.1	836		
41.5	71.3	398	385	386	66.0	84.4	850		
42.0	71.6	404	391	392	66.5	84.7	865		
42.5	71.8	410	396	397	67.0	85.0	879		
43.0	72.1	416	401	403	67.5	85.2	894		
43.5	72.4	422	407	409	68.0	85.5	909		

注：F—试验力，kg；D—钢球直径，mm；($F/D^2=30$)通常指试验力大小为 187.5 kg，钢球直径为 2.5 mm。

表 11-8 所示为常用材料在有、无润滑剂情况下的静摩擦系数和动摩擦系数。

表 11-8　常用材料的摩擦系数

材料名称	摩擦系数 f				材料名称	摩擦系数 f			
	静摩擦		滑动摩擦			静摩擦		滑动摩擦	
	无润滑剂	有润滑剂	无润滑剂	有润滑剂		无润滑剂	有润滑剂	无润滑剂	有润滑剂
钢－钢	0.15	0.1～0.12	0.15	0.05～0.1	钢－夹布胶木			0.22	
钢－低碳钢			0.2	0.1～0.2	青铜－夹布胶木			0.23	
钢－铸铁	0.3		0.18	0.05～0.15	纯铝－钢			0.17	0.02
钢－青铜	0.15	0.1～0.15	0.15	0.1～0.15	青铜－酚醛塑料			0.24	
低碳钢－铸铁	0.2		0.18	0.05～0.15	淬火钢－尼龙 9			0.43	0.023
低碳钢－青铜	0.2		0.18	0.07～0.15	淬火钢－尼龙 1010				0.0395
铸铁－铸铁		0.18	0.15	0.07～0.12	淬火钢－聚碳酸酯			0.30	0.031
铸铁－青铜			0.15～0.2	0.07～0.15	淬火钢－聚甲醛			0.46	0.016
皮革－铸铁	0.3～0.5	0.15	0.6	0.15	粉末冶金－钢			0.4	0.1
橡胶－铸铁			0.8	0.5	粉末冶金淬火钢－铸铁			0.4	0.1

表 11-9 所示为机械中几种常见元件的摩擦系数。

表 11-9　物体的摩擦系数

名称		摩擦系数 f	名称		摩擦系数 f
滑动轴承	液体摩擦	0.001～0.008	滚动轴承	深沟球轴承	0.002～0.004
	半液体摩擦	0.008～0.8		调心球轴承	0.0015
	半干摩擦	0.1～0.5		圆柱滚子轴承	0.002
密封软填料盒中填料与轴的摩擦		0.2		调心滚子轴承	0.004
制动器普通石棉制动带（无润滑）$p=0.2\sim0.6$ MPa		0.35～0.46		角接触球轴承	0.003～0.005
				圆锥滚子轴承	0.008～0.02
离合器装有黄铜丝的压制石棉 $p=0.2\sim1.2$ MPa		0.40～0.43		推力球轴承	0.003

表 11-10 所示为常用法定计量单位及换算关系。

表 11-10 常用法定计量单位及换算关系

量的名称	法定计量单位		非法定计量单位		换算关系
	名称	符号	名称	符号	
转速	转每分	r/min			1 r/min = (1/60) r/s
长度	米	m	埃 英寸	Å in	1 Å = 0.1 nm = 10^{-10} m 1in = 0.0254 m = 25.4 mm
面积	平方米	m^2			
体积、容积	立方米 升	m^3 l, L ($1l = 1\ dm^3$)	立方英尺 加仑(英) 加仑(美)	$1ft^3$ gal(英) gal(美)	$1ft^3 = 0.0283168\ m^3 = 28.3168\ dm^3$ 1gal(英) = 4.54609 dm^3 1gal(美) = 3.78541 dm^3
质量	千克(公斤) 吨	kg t	磅 长吨、英吨	lb	1lb = 0.45359237 kg 1 英吨 = 1 长吨 = 1016.05 kg
力、重力	牛[顿]	N	达因 千克力 吨力	dyn kgf tf	1dyn = 10^{-5} N 1kgf = 9.80665 N 1 tf = 9.80665 × 10^3 N
力矩	牛[顿]米	N · m		kgf · m	1kgf · m = 9.80665 N · m
压力、压强	帕[斯卡]	Pa	巴 标准大气压 约定毫米汞柱 工程大气压	bar atm mmHg at(kgf/cm^2)	1bar = 0.1 MPa = 10^5 Pa(1 Pa = 1 N/m^2) 1atm = 101325 Pa 1mmHg = 133.3224 Pa 1at = 1 kgf/cm^2 = 9.80665 × 10^6 Pa
应力			千克力每平方毫米	kgf/mm^2	1 kgf/mm^2 = 9.80665 × 10^6 Pa
[动力]黏度	帕[斯卡]秒	Pa · s	泊	P	1P = 0.1 Pa · s
运动黏度	二次方米每秒	m^2/s	斯[托克斯]	St	1St = 1 cm^2/s = 10^{-4} m^2/s
能[量], 功热量	焦[耳]	J	千克力米 尔格 热化学卡	kgf · m erg cal_{th}	1kgf · m = 9.80665 J 1erg = 10^{-7} J 1cal_{th} = 4.1840 J
功率	瓦[特]	W	[米制]马力		1[米制]马力 = 735.49875 W
比热容	焦[耳]每千克开[尔文]	J/(kg · K)			
传热系数	瓦[特]每平方米开[尔文]	W/(m^2 · K)			
热导率(导热系数)	瓦[特]每米开[尔文]	W/(m · K)			

表 11-11 所示为结构钢、铸铁和铝合金的极限强度的近似关系。

表 11-11 常用材料极限强度的近似关系

材料名称	极限强度					
	对称应力疲劳极限			脉动应力疲劳极限		
	拉伸疲劳极限 σ_{-1t}	弯曲疲劳极限 σ_{-1}	扭转疲劳极限 τ_{-1}	拉伸脉动疲劳极限 σ_{0t}	弯曲脉动疲劳极限 σ_0	扭转脉动疲劳极限 τ_0
结构钢	$\approx 0.3\sigma_b$	$\approx 0.43\sigma_b$	$\approx 0.25\sigma_b$	$\approx 1.42\sigma_{-1t}$	$\approx 1.33\sigma_{-1}$	$\approx 1.5\tau_{-1}$
铸铁	$\approx 0.225\sigma_b$	$\approx 0.45\sigma_b$	$\approx 0.36\sigma_b$	$\approx 1.42\sigma_{-1t}$	$\approx 1.35\sigma_{-1}$	$\approx 1.35\tau_{-1}$
铝合金	$\approx \frac{\sigma_b}{6} + 73.5$ MPa	$\approx \frac{\sigma_b}{6} + 73.5$ MPa	$\approx (0.55 \sim 0.58)\sigma_{-1}$	$\approx 1.5\sigma_{-1t}$		

表11-12所示为机械制造业中常用的标准尺寸(直径、长度、高度等)系列。本表所用标准(GB 2822—2005)适用于互换性或有系列化要求的主要尺寸(如安装、连接尺寸、有公差要求的配合尺寸,决定产品系列的公称尺寸等)。其他结构尺寸也尽可能采用。

表11-12 标准尺寸(GB 2822—2005) mm

R			R′			R			R′		
R10	R20	R40	R′10	R′20	R′40	R10	R20	R40	R′10	R′20	R′40
2.50	2.50		2.5	2.5				106			105
	2.80			2.8			112	112		110	110
3.15	3.15		3.0	3.0				118			120
	3.55			3.5		125	125	125	125	125	125
4.00	4.00		4.0	4.0				132			130
	4.50			4.5			140	140		140	140
5.00	5.00		5.0	5.0				150			150
	5.60			5.5		160	160	160	160	160	160
6.30	6.30		6.0	6.0				170			170
	7.10			7.0			180	180		180	180
8.00	8.00		8.0	8.0				190			190
	9.00			9.0		200	200	200	200	200	200
10.0	10.0		10.0	10.0				212			210
	11.2			11			224	224		220	220
12.5	12.5	12.5	12	12	12			236			240
		13.2			13	250	250	250	250	250	250
	14.0	14.0		14	14			265			260
		15.0			15		280	280		280	280
16.00	16.0	16.0	16	16	16			300			300
		17.0			17	315	315	315	320	320	320
	18.0	18.0		18	18			335			310
		19.0			19		355	355		360	360
20.0	20.0	20.0	20	20	20			375			380
		21.2			21	400	400	400	400	400	400
	22.4	22.4			22			425			420
		23.6			24		450	450		450	450
25.0	25.0	25.0	25	25	25			475			480
		26.5			26	500	500	500	500	500	500
	28.0	28.0			28			530			530
		30.0			30		560	560		560	560
31.5	31.5	31.5	32	32	32			600			600
		33.5			34	630	630	630	630	630	630
	35.5	35.5		36	36			670			670
		37.5			38		710	710		710	710
40.0	40.0	40.0	40	40	40			750			750
		42.5			42	800	800	800	800	800	800
	45.0	45.0		45	45			850			850
		47.5			48		900	900		900	900
50.0	50.0	50.0	50	50	50			950			950
		53.0			53	1000	1000	1000	1000	1000	1000
	56.0	56.0		56	56			1060			
		60.0			60		1120	1120			
63.0	63.0	63.0	63	63	63			1180			
		67.0			67	1250	1250	1250			
	71.0	71.0		71	71			1320			
		75.0			75		1400	1400			
80.0	80.0	80.0	80	80	80			1500			
		85.0			85	1600	1600	1600			
	90.0	90.0		90	90			1700			
		95.0			95		1800	1800			
100	100	100	100	100	100			1900			

注:1. 选择系列及单个尺寸时,应首先在优先数系R系列中选用标准尺寸,选用顺序为R10、R20、R40。如果必须将数值圆整,可在相应的R′系列中选用标准尺寸。

2. 本标准适用于机械制造业中有互换性或系列化要求的主要尺寸(如安装、连接尺寸,有公差要求的配合尺寸,决定产品系列的公称尺寸等)。其他结构尺寸也应尽可能采用。

3. 本标准不适用于由主要尺寸导出的因变量尺寸、工艺上工序间的尺寸和已有相应标准规定的尺寸。

中心孔的形式主要有 A 型、B 型、C 型、R 型。表 11-13 所示为 A 型、B 型、C 型的形式和尺寸。表 11-14 为这三种形式中心孔的表示方法。

表 11-13　中心孔的有关尺寸（GB/T 145—2001）

d/mm	形式						选择中心孔的参考数据（非标准内容）		
	A/mm		B/mm		C/mm		D_{min}/mm	D_{max}/mm	G/kg
	D★	l_2★	D_2☆	l_2☆	d	D_1			
1.6	3.35	1.52	5.0	1.99			6	>8 ~ 10	0.1×10^3
2.0	4.25	1.95	6.3	2.54			8	>10 ~ 18	0.12×10^3
2.5	5.3	2.42	8.0	3.20			10	>18 ~ 30	0.2×10^3
3.15	6.7	3.07	10.0	4.03	M3	5.8	12	>30 ~ 50	0.5×10^3
4.0	8.5	3.90	12.5	5.05	M4	7.4	15	>50 ~ 80	0.8×10^3
(5.0)	10.6	4.85	16.0	6.41	M5	8.8	20	>80 ~ 120	1.0×10^3
6.3	13.2	5.98	18.0	7.36	M6	10.5	25	>120 ~ 180	1.5×10^3
(8.0)	17.0	7.79	22.4	9.36	M8	13.2	30	>180 ~ 220	2.0×10^3
10.0	21.2	9.70	28.0	11.66	M10	16.3	42	>220 ~ 260	3.0×10^3

注：1. 括号内的尺寸尽量不采用；
2. 表中字母的含义见表 11-14 中的图所示，其中 D_{min} 为原料端部最小直径，D_{max} 为轴状材料最大直径，G 为工件最大质量。
★ 任选其一；☆ 任选其一。

表 11-14　中心孔的表示法（GB/T 4459.5—1999、GB/T 145—2001）

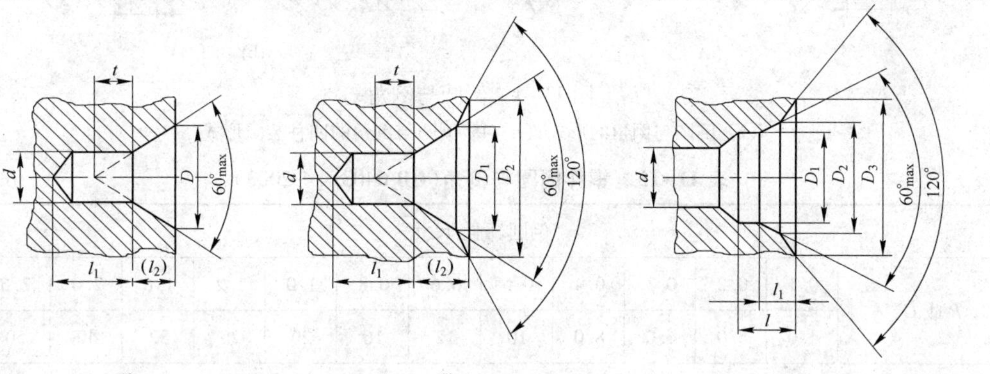

A型　　B型　　C型

要　求	符　号	表示法示例	说　明
在完工的零件上要求保留中心孔	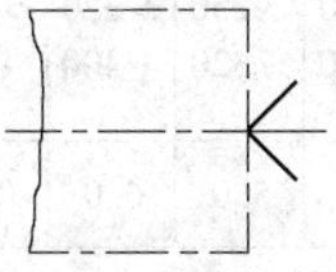	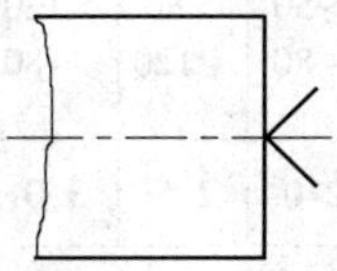	采用 B 型中心孔 $d=2.5$ mm，$D_2=8$ mm 在完工的零件上要求保留
在完工的零件上可以保留中心孔	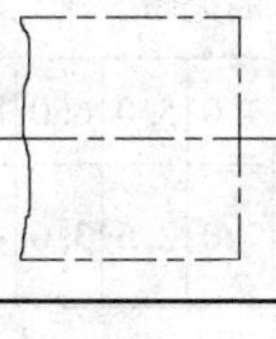	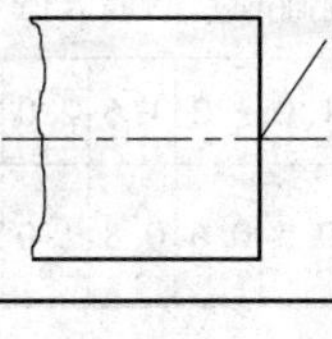	采用 A 型中心孔 $d=4$ mm，$D=8.5$ mm 在完工的零件上是否保留都可以

续表 11-14

要　求	符　号	表示法示例	说　明
在完工的零件上不允许保留中心孔	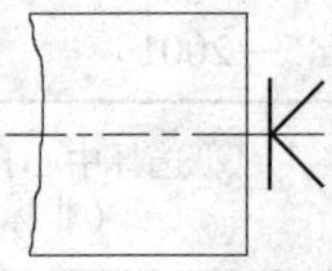	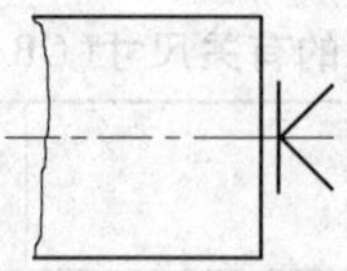 GB/T 4459.5—A1.6/3.35	采用 A 型中心孔 d = 1.6 mm, D = 3.35 mm 在完工的零件上不允许保留

图 11-4 所示为机械切削加工零件的外角和内角的倒角与倒圆角形式。α 一般取 45°，也可采用 30°和 60°。表 11-15 所列为倒圆、倒角的尺寸系列值。表 11-16 所列为圆形零件自由表面过渡圆角的形式及尺寸系列值。表 11-17 所列为圆形零件自由表面过渡圆角半径和静配合连接轴用倒角的形式及相关尺寸数值。

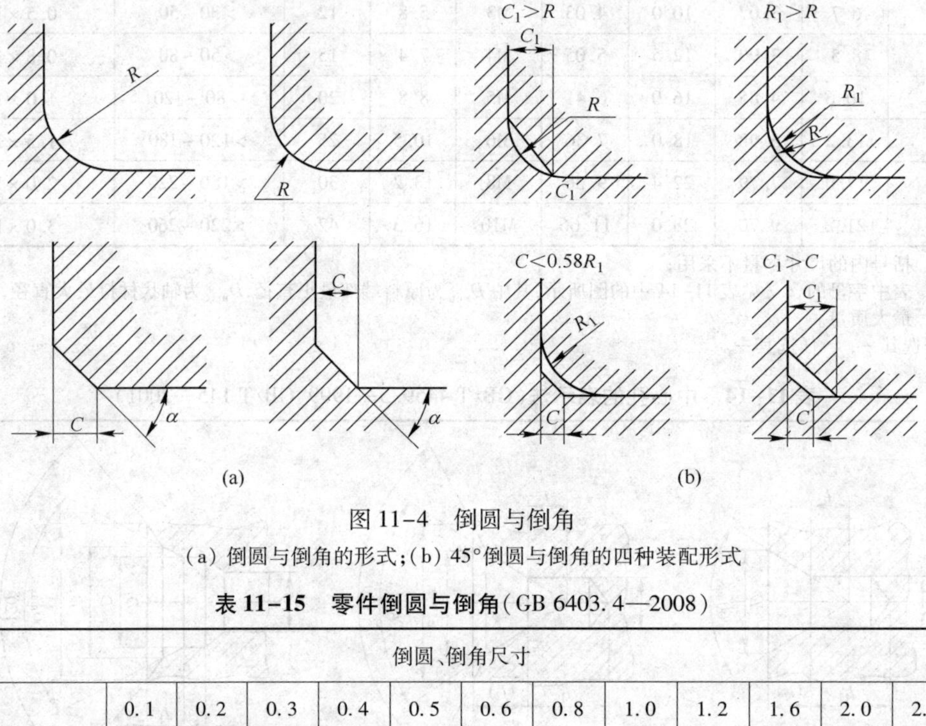

图 11-4　倒圆与倒角

(a) 倒圆与倒角的形式；(b) 45°倒圆与倒角的四种装配形式

表 11-15　零件倒圆与倒角（GB 6403.4—2008）　　mm

倒圆、倒角尺寸

R 或 C	0.1	0.2	0.3	0.4	0.5	0.6	0.8	1.0	1.2	1.6	2.0	2.5	3.0
	4.0	5.0	6.0	8.0	10	12	16	20	25	32	40	50	

与直径 ϕ 相应的倒角 C、倒圆 R 的推荐值

直径	<3	>3 ~6	>6 ~10	>10 ~18	>18 ~30	>30 ~50	>50 ~80	>80 ~120	>120 ~180	>180 ~250	>250 ~320	>320 ~400	>400 ~500	>500 ~630	>630 ~800	>800 ~1000
C 或 R	0.2	0.4	0.6	0.8	1.0	1.6	2.0	2.5	3.0	4.0	5.0	6.0	8.0	10	12	16

内角倒角、外角倒圆时 C 的最大值 C_{max} 与 R_1 的关系

R_1	0.1	0.2	0.3	0.4	0.5	0.6	0.8	1.0	1.2	1.6	2.0	2.5	3.0	4.0	5.0	6.0	8.0	10	12	16	20	25
C_{max} ($C<0.58R_1$)		0.1		0.2		0.3	0.4	0.5	0.6	0.8	1.0	1.2	1.6	2.0	2.5	3.0	4.0	5.0	6.0	8.0	10	12

表 11-16 圆形零件自由表面过渡圆角(参考) mm

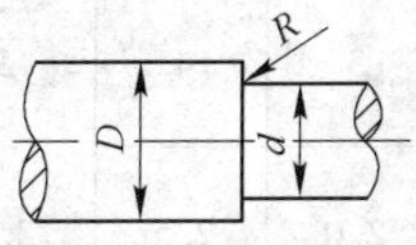

$D-d$	2	5	8	10	15	20	25	30	35	40
R	1	2	3	4	5	8	10	12	12	16
$D-d$	50	55	65	70	90	100	130	140	170	180
R	16	20	20	25	25	30	30	40	40	50

注:尺寸 $D-d$ 是表中数值的中间值时,则按较小尺寸来选取 R。例如:$D-d=98$ mm,则按 90 mm 选 $R=25$ mm。

表 11-17 圆形零件自由表面过渡圆角半径和静配合连接轴用倒角

圆角半径

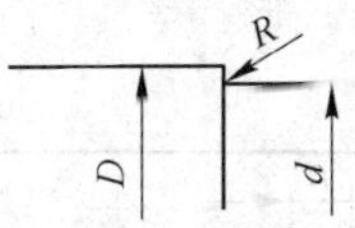

$D-d$ /mm	2	5	8	10	15	20	25	30	35	40	50	55	65	70	90	100
R /mm	1	2	3	4	5	8	10	12	12	16	16	20	20	25	25	30
$D-d$ /mm	130	140	170	180	220	230	290	300	360	370	450	460	540	550	650	660
R /mm	30	40	40	50	50	60	60	80	80	100	100	125	125	160	160	200

静配合连接轴倒角

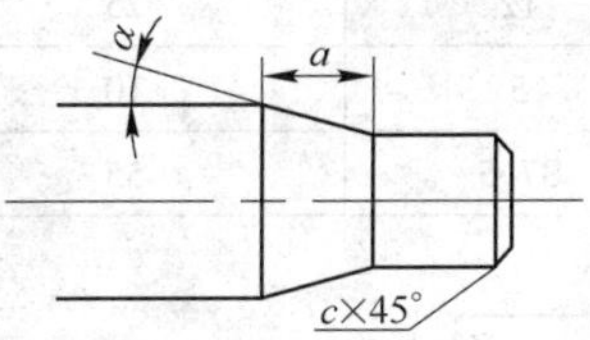

D /mm	≤10	>10 ~18	>18 ~30	>30 ~50	>50 ~80	>80 ~120	>120 ~180	>180 ~260	>260 ~360	>360 ~500
a /mm	1	1.5	2	3	5	5	8	10	10	12
c /mm	0.5	1	1.5	2	2.5	3	4	5	6	8
α	30°				10°					

注:尺寸 $D-d$ 是表中数值的中间值时,则按较小尺寸来选取 R。例如:$D-d=98$ mm,则按 90 mm 选 $R=25$ mm。

GB/T 6403.5—2008 规定了一般结构零件磨削面的砂轮越程槽的形式与尺寸,具体内容见表 11-18 和表 11-19。

表 11-18 回转面及端面砂轮越程槽的形式及尺寸(GB/T 6403.5—2008) mm

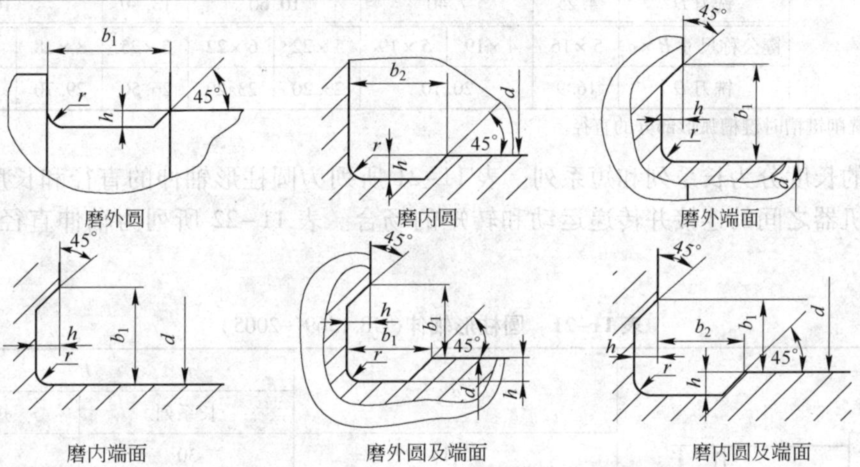

b_1	0.6	1.0	0.6	2.0	3.0	4.0	5.0	8.0	10
b_2	2.0	3.0		4.0		5.0		8.0	10
h	0.1	0.2		0.3	0.4		0.6	0.8	1.2
r	0.2	0.5		0.8	1.0		1.6	2.0	3.0
d	~10			10~50		50~100		100	

注:1. 越程槽内与直线相交处,不允许产生尖角。
2. 越程槽深度 h 与圆弧半径 r,要满足 $r≤3h$。

表 11-19 平面砂轮及 V 形砂轮越程槽(GB/T 6403.5—2008) mm

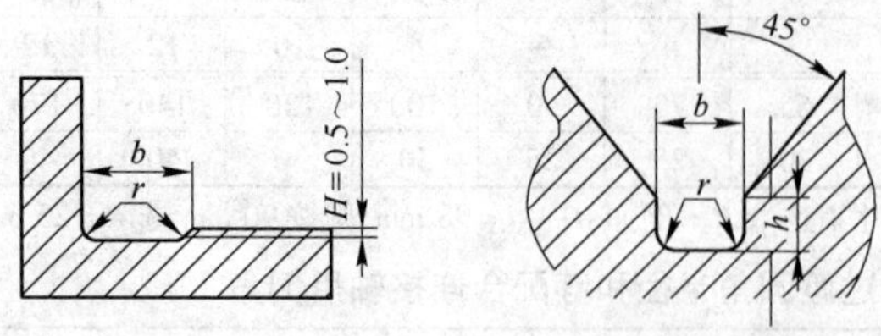

b	2	3	4	5
h	1.6	2.0	2.5	3.0
r	0.5	1.0	1.2	1.6

表 11-20 所示为花键槽和弧形槽端部半径尺寸。

表 11-20 槽端部半径 mm

花键槽	图 例	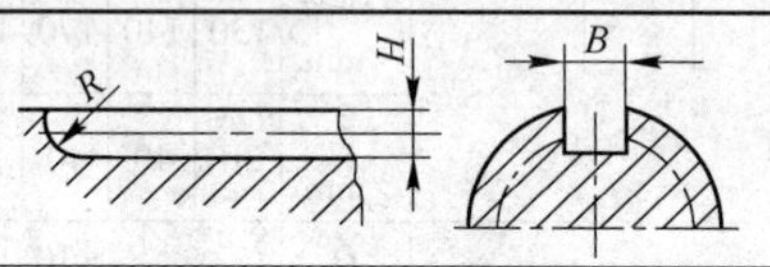							
花键槽	铣削深度 H	5		10		12		25	
花键槽	铣削宽度 B	4		4		5		10	
花键槽	R	20～30		30～37.5		37.5		55	
弧形键槽（摘自 GB/T 1127—1997）	图 例	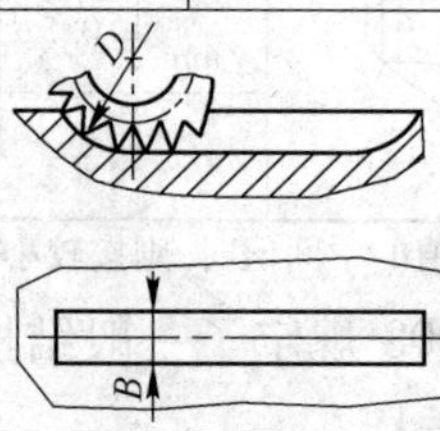							
弧形键槽（摘自 GB/T 1127—1997）	键公称尺寸 B×d	1×4	1.5×7	2×7	2×10	2.5×10	3×13	3×16	4×16
弧形键槽（摘自 GB/T 1127—1997）	铣刀 D	4.25	7.40		10.60		13.80	16.9	
弧形键槽（摘自 GB/T 1127—1997）	键公称尺寸 B×d	5×16	4×19	5×19	5×22	6×22	6×25	8×28	10×32
弧形键槽（摘自 GB/T 1127—1997）	铣刀 D	16.9	20.10		23.20	23.20	26.50	29.70	33.90

注：d 是铣削键槽时键槽弧形部分的直径。

轴伸的长度分为长系列和短系列。表 11-21 所列为圆柱形轴伸的直径和长度系列，适用于一般机器之间的连接并传递运动和转矩的场合。表 11-22 所列为轴伸直径 d 的极限偏差。

表 11-21 圆柱形轴伸(GB 1569—2005) mm

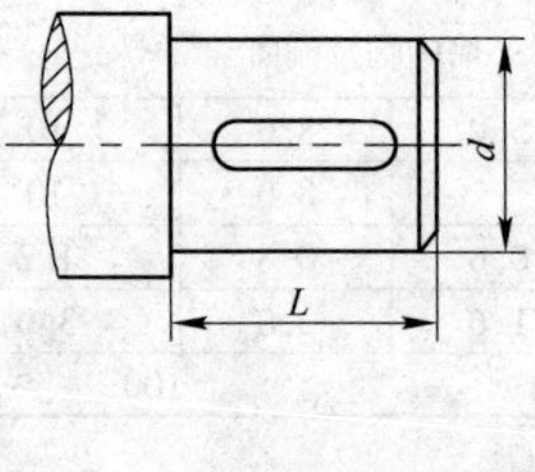

d	L 长系列	L 短系列
12,14	30	25
16,18,19	40	28
20,22,24	50	36
25,28	60	42
30,32,35,38	80	58
40,42,45,48,50,55,56	110	82

续表 11-21

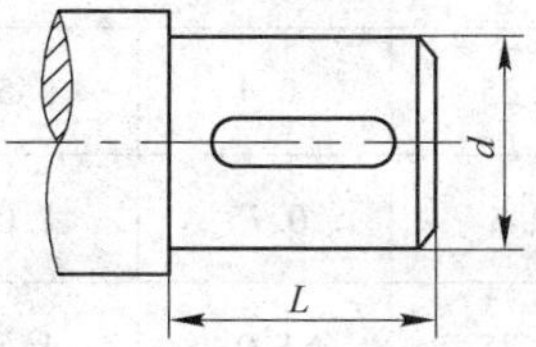

d	L	
	长系列	短系列
60,63,65,70,71,75	140	105
80,85,90,95	170	130
100,110,120,125	210	165
130,140,150	250	200
160,170,180	300	240
190,200,220	350	280
400,420,440,450,460,480,500	650	540
530,560,600,630	800	680

表 11-22　*d* 的极限偏差

d/mm	6～30	32～50	55～630
极限偏差	j6	k6	m6

轴高指从轴伸中心线到机器支承平面间的距离，该距离不包括安装时所用的垫片，但如果机器需要配备绝缘垫片时，其垫片厚度应包括在其中。轴高的基本尺寸按 GB/T 321 分为Ⅰ、Ⅱ、Ⅲ、Ⅳ四个系列。尺寸应符合图 11-5 和表 11-23 和表 11-24 的相关规定。机器轴高应优先选用第Ⅰ系列数值，如不能满足需要时可选用第Ⅱ系列数值，其次选用第Ⅲ系列数值，尽量不采用第Ⅳ数列数值。

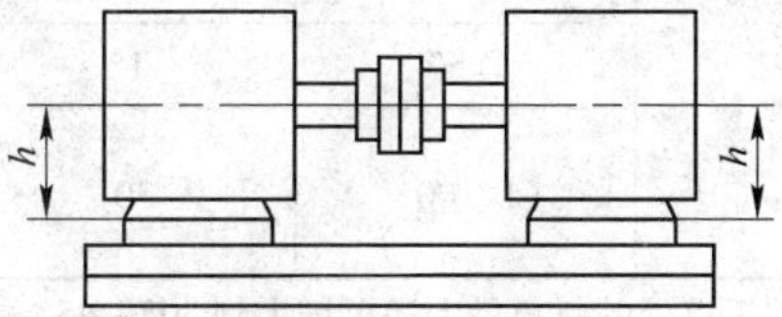

图 11-5　机器轴高

表 11-23　轴高基本尺寸（GB 12217—2005）　mm

系列	轴高的基本尺寸 *h*
Ⅰ	25,40,63,100,160,250,400,630,1000,1600
Ⅱ	25,32,40,50,63,80,100,125,160,200,250,315,400,500,630,800,1000,1250,1600
Ⅲ	25,28,32,36,40,50,56,63,71,80,90,100,112,125,140,160,180,200,225,250,280,315,355,400,450,500,560,630,710,800,900,1000,1120,1250,1400,1600
Ⅳ	25,26,28,30,32,34,36,38,40,42,45,48,50,53,56,60,63,67,71,75,80,85,90,95,100,105,112,118,125,132,140,150,160,170,180,190,200,212,225,236,250,265,280,300,315,335,355,375,400,425,450,475,500,530,560,600,630,670,710,750,800,850,900,950,1000,1060,1120,1180,1250,1320,1400,1500,1600

表 11-24　机器轴高（GB 12217—2005）　mm

系列	轴　高	轴高的极限偏差		平行度公差		
		电动机、从动机器、减速器等	除电动机以外的主动机器	$L<2.5h$	$2.5h \leq L \leq 4h$	$L>4h$
Ⅰ	>50～250	0 −0.5	+0.5 0	0.25	0.4	0.5
Ⅱ	>250～630	0 −1.0	+1.0 0	0.5	0.75	1.0
Ⅲ	>630～1000	0 −1.5	+1.5 0	0.75	1.0	1.5
Ⅳ	>1000	0 −2.0	+2.0 0	1.0	1.5	2.0

注：1. h 不包括安装时所用的垫片。L 为轴的全长。

2. 对于支承平面不在底部的机器，选用极限偏差时应按轴伸轴线到机器底部的距离选取，即假设支承面是在机器底部的最低点。

表 11-25 所示为不同材料应取的铸造斜度标准。表 11-26 为常用材料铸造时选取的壁厚尺寸。

表 11-25　铸造斜度（JB/ZQ 4257—2006）

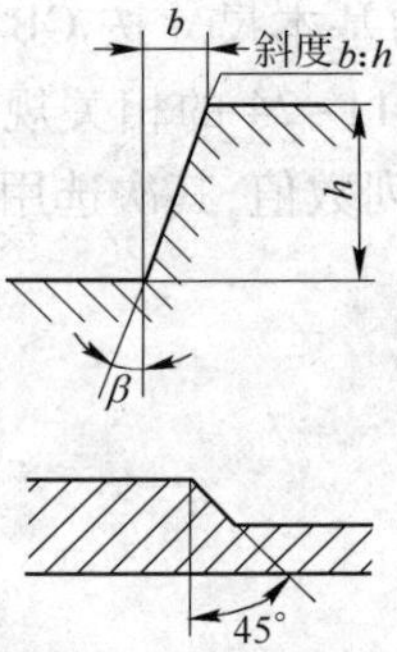

斜　度 $b:h$	角　度 β	使用范围
1:5	11°30′	$h<25$ mm 的钢和铁铸件
1:10 1:20	5°30′ 3°	h 在 25～500 mm 时的钢和铁铸件
1:50	1°	$h>500$ mm 时的钢和铁铸件
1:100	30′	非铁金属铸件

注：当设计不同壁厚的铸件时，在转折点处的斜角最大还可增大到 30°～45°。

表 11-26　铸件最小壁厚（不小于）　mm

铸造方法	铸 件 尺 寸	铸　钢	灰铸铁	球墨铸铁	可锻铸铁	铝合金	铜合金
砂　型	～200×200	8	～6	6	5	3	3～5
	>200×200～500×500	10～12	>6～10	12	8	4	6～8
	>500×500	15～20	15～20			6	

表 11-27 所示为轴肩的图形示例及各部位尺寸的参考值。

表 11-27　轴肩和轴环尺寸（参考）　mm

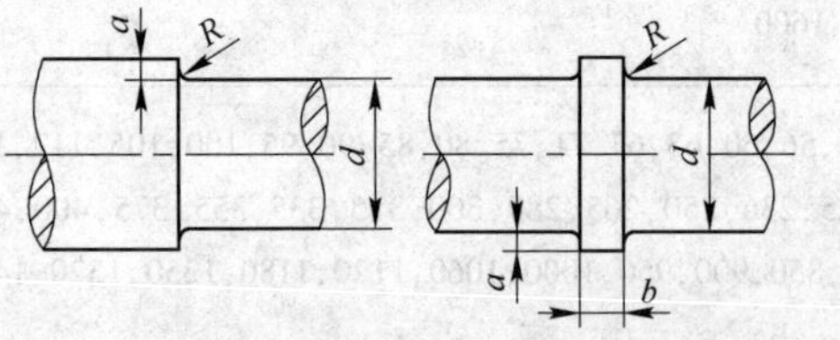

$a=(0.07\sim0.1)d$

$b\approx1.4a$

定位用 $a>R$

表 11-28 所示为铸造过渡斜度，该表摘自标准 JB/ZQ 4254—2006，适用于减速器的机体、机盖、连接管、气缸以及其他各种连接法兰等铸件的过渡部分尺寸。

表 11-28　铸造过渡斜度（JB/ZQ 4254—2006）　　mm

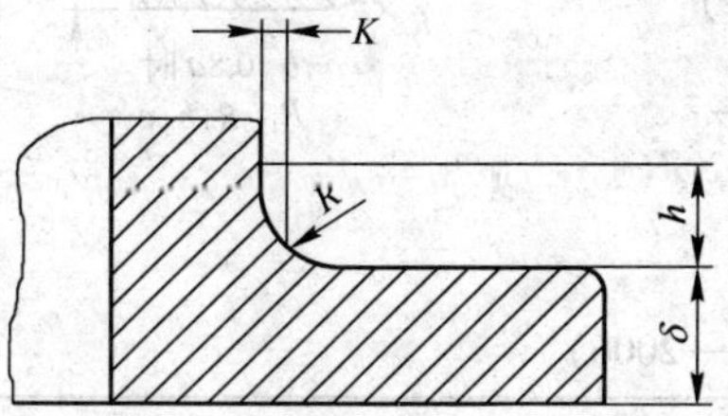

铸铁和铸钢件的壁厚 δ	K	h	R
10～15	3	15	5
>15～20	4	20	5
>20～25	5	25	5
>25～30	6	30	8
>30～35	7	35	8
>35～40	8	40	10
>40～45	9	45	10
>45～50	10	50	10
>50～55	11	55	10
>55～60	12	60	15
>60～65	13	65	15
>65～70	14	70	15
>70～75	15	75	15

铸造外圆角的形式及尺寸见图 11-6 和表 11-29。

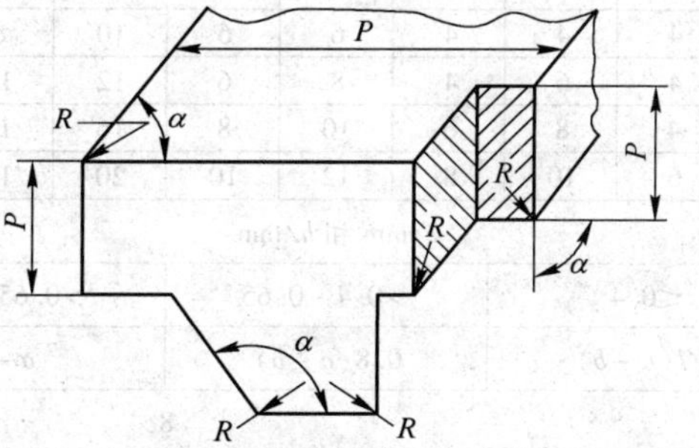

图 11-6　铸造外圆角形式

表 11-29　铸造外圆角（JB/ZQ 4256—2006）

表面的最小边尺寸 P/mm	外圆角 α					
	≤50°	>50°～75°	>75°～105°	>105°～135°	>135°～165°	>165°
	R/mm					
≤25	2	2	2	4	6	8
>25～60	2	4	4	6	10	16
>60～160	4	4	6	8	16	25
>160～250	4	6	8	12	20	30
>250～400	6	8	10	16	25	40
>400～600	6	8	12	20	30	50
>600～1000	8	12	16	25	40	60
>1000～1600	10	16	20	30	50	80
>1600～2500	12	20	25	40	60	100
>2500	16	25	30	50	80	120

注：如一铸件按表可选出许多不同的“R”时，应尽量减少或只取一适当的“R”值以求统一。

铸造内圆角的形式尺寸见图 11-7 和表 11-30。

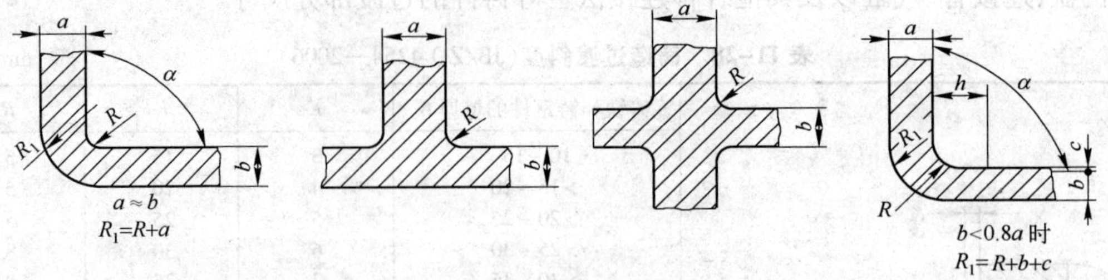

图 11-7 铸造内圆角形式

表 11-30 铸造内圆角（JB/ZQ 4255—2006）

$\frac{a+b}{2}$	内圆角 α											
	<50°		50°~75°		76°~105°		106°~135°		136°~165°		>165	
	钢	铁	钢	铁	钢	铁	钢	铁	钢	铁	钢	铁
	R/mm											
≤8	4	4	4	4	6	4	8	6	16	10	20	16
9~12	4	4	4	4	6	6	10	8	16	12	25	20
13~16	4	4	6	4	8	6	12	10	20	16	30	25
17~20	6	4	8	6	10	8	16	12	25	20	40	30
21~27	6	6	10	8	12	10	20	16	30	25	50	40

c/mm 和 h/mm

b/a		≤0.4	>0.4~0.65	>0.65~0.8	>0.8
c≈		0.7(a−b)	0.8(a−b)	a−b	
h≈	钢	8c			
	铁	9c			

表 11-31 所示为铸件壁厚的过渡形式及尺寸系列数值，表 11-32 所示为壁的连接形式及尺寸数值。

表 11-31 壁厚的过渡形式及尺寸 mm

<table>
<tr><td>图 例</td><td colspan="13">过 渡 尺 寸</td></tr>
<tr><td rowspan="3">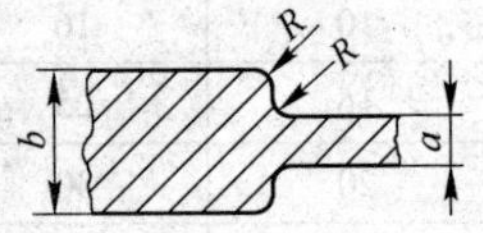
</td><td rowspan="3">b≤2a</td><td>铸 铁</td><td colspan="11">$R \geqslant \left(\frac{1}{3} \sim \frac{1}{2}\right)\left(\frac{a+b}{2}\right)$</td></tr>
<tr><td rowspan="2">铸钢
可锻铸铁
非铁合金</td><td>$\frac{a+b}{2}$</td><td><12</td><td>12~16</td><td>16~20</td><td>20~27</td><td>27~35</td><td>35~45</td><td>45~60</td><td>60~80</td><td>80~110</td><td>110~150</td></tr>
<tr><td>R</td><td>6</td><td>8</td><td>10</td><td>12</td><td>15</td><td>20</td><td>25</td><td>30</td><td>35</td><td>40</td></tr>
<tr><td rowspan="2">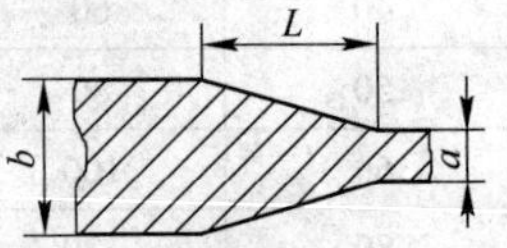
</td><td rowspan="2">b>2a</td><td>铸 铁</td><td colspan="11">$L \geqslant 4(b-a)$</td></tr>
<tr><td>铸 钢</td><td colspan="11">$L \geqslant 5(b-a)$</td></tr>
</table>

续表 11-31

图例	过渡尺寸	
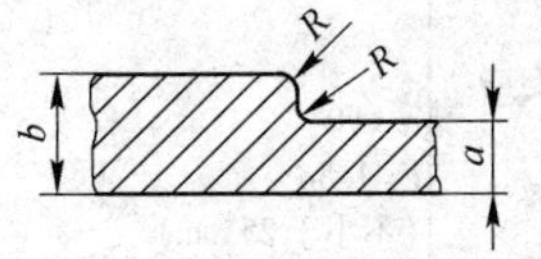	$b \leqslant 1.5a$	$R \geqslant \dfrac{2a+b}{2}$
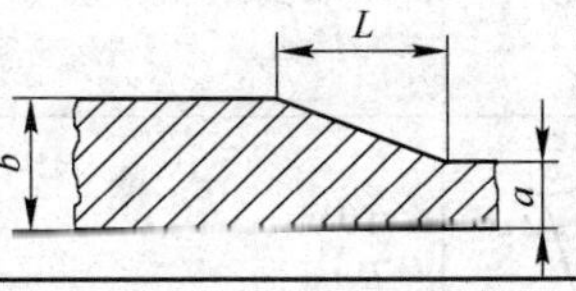	$b > 1.5a$	$L = 4(a+b)$

表 11-32 壁的连接形式及尺寸

	合理的连接结构	连接尺寸		合理的连接结构	连接尺寸
两壁斜向相连	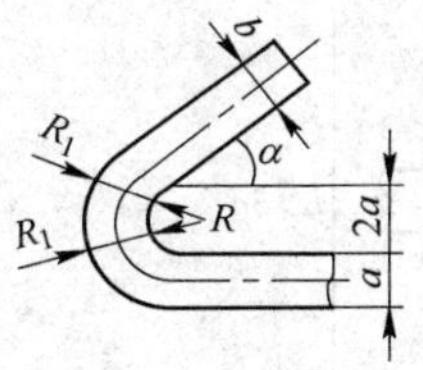	$b = a, \alpha > 75°$ $R = \left(\dfrac{1}{3} \sim \dfrac{1}{2}\right)a$ $R_1 = R + a$	两壁垂直相连	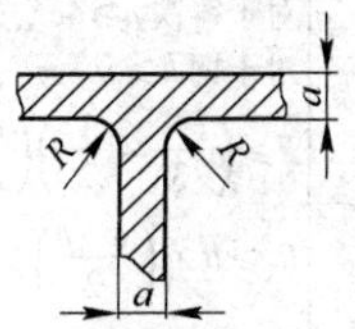 三壁厚相等时	$R = \left(\dfrac{1}{3} \sim \dfrac{1}{2}\right)a$
	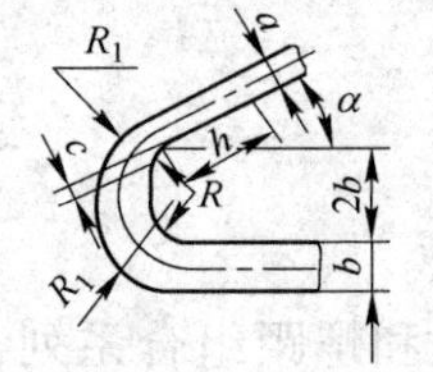	$b > 1.25a$,对于铸铁 $h = 4c$ $c = b - a$,对于铸钢 $h = 5c$ $\alpha < 75°$ $R = \left(\dfrac{1}{3} \sim \dfrac{1}{2}\right)\left(\dfrac{a+b}{2}\right)$ $R_1 = R + b$		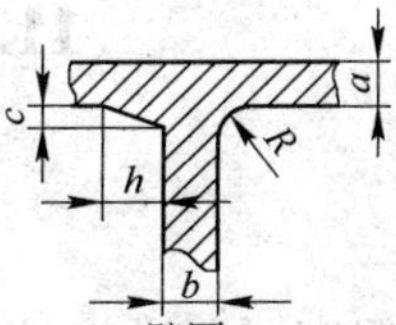 壁厚 $b > a$	$a + c = b, c \approx 3\sqrt{b-a}$ 对于铸铁 $h \geqslant 4c$ 对于钢 $h \geqslant 5c$ $R \geqslant \left(\dfrac{1}{3} \sim \dfrac{1}{2}\right)\left(\dfrac{a+b}{2}\right)$
	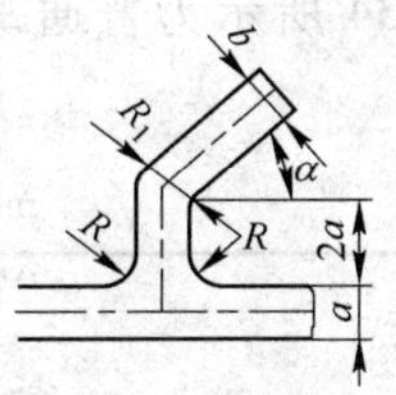	$b \approx 1.25a, \alpha < 75°$ $R = \left(\dfrac{1}{3} \sim \dfrac{1}{2}\right)\left(\dfrac{a+b}{2}\right)$ $R_1 = R + b$		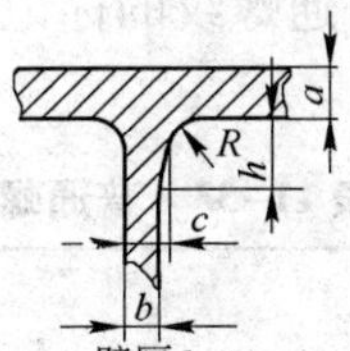 壁厚 $b < a$	$b + 2c \leqslant a, c \approx 3\sqrt{a-b}$ 对于铸铁 $h \geqslant 8c$ 对于钢 $h \geqslant 10c$ $R \geqslant \left(\dfrac{1}{3} \sim \dfrac{1}{2}\right)\left(\dfrac{a+b}{2}\right)$
	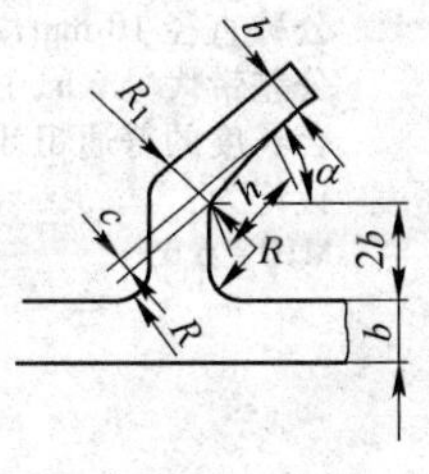	$b \approx 1.25a$,对于铸钢 $h \approx 8c$ $c = \left(\dfrac{b-a}{2}\right)$,对于铸钢 $h \approx 10c$ $\alpha < 75°$ $R = \left(\dfrac{1}{3} \sim \dfrac{1}{2}\right)\left(\dfrac{a+b}{2}\right)$ $R_1 = \left(\dfrac{a+b}{2}\right) + R$		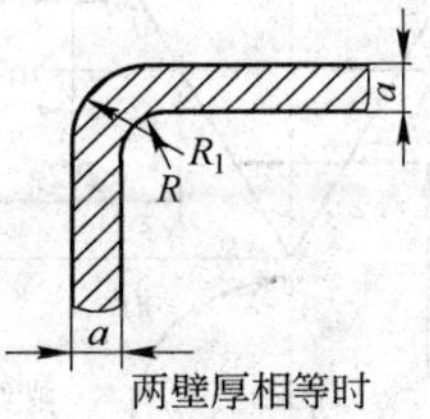 两壁厚相等时	$R \geqslant \left(\dfrac{1}{3} \sim \dfrac{1}{2}\right)a$ $R_1 \geqslant R + a$

续表 11-32

	合理的连接结构	连接尺寸		合理的连接结构	连接尺寸
两壁垂直相连	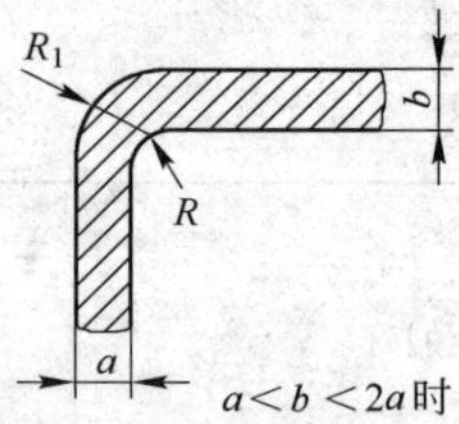 $a<b<2a$时	$R\geqslant\left(\frac{1}{3}\sim\frac{1}{2}\right)\left(\frac{a+b}{2}\right)$ $R_1\geqslant R+\left(\frac{a+b}{2}\right)$	其他	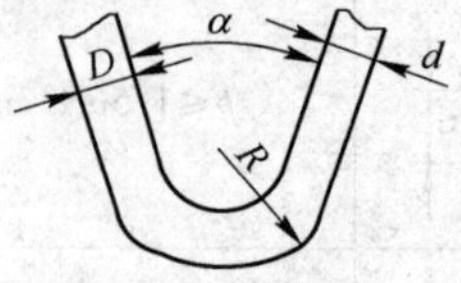 D与d相差不多	$\alpha<90°$ $r=1.5d$ (不小于25 mm) $R=r+d$ 或 $R=1.5r+d$
	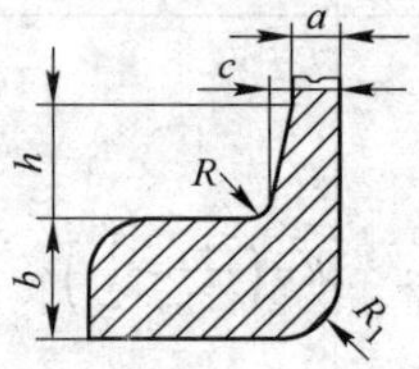	$a+c\leqslant b, c\approx 3\sqrt{b-a}$ 对于铸铁 $h\geqslant 4c$ 对于钢 $h\geqslant 5c$ $R\geqslant\left(\frac{1}{3}\sim\frac{1}{2}\right)\left(\frac{a+b}{2}\right)$ $R_1\geqslant R+\left(\frac{a+b}{2}\right)$		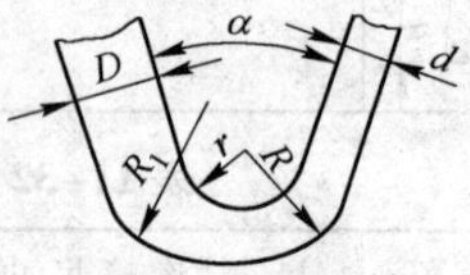 D比d大得多	$\alpha<90°$ $r=\frac{D+d}{2}$ (不小于25 mm) $R=r+d$ 或 $R=r+D$
				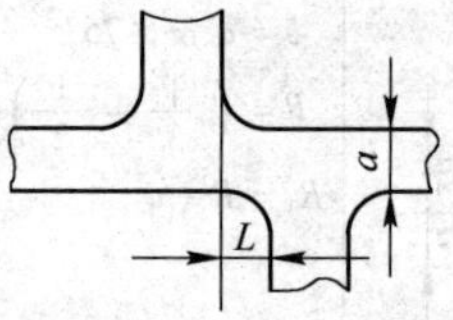	$L>3a$

11.3 螺　　纹

11.3.1 普通螺纹

GB/T 193—2003 规定了普通螺纹(一般用途米制螺纹)的直径和螺距组合系列,同时规定了普通螺纹的基本尺寸。该标准适用于一般用途的机械紧固螺纹连接,其螺纹本身不具有密封功能。

表 11-33 所列为普通螺纹的标记示例、直径、螺距数据。表 11-34 所示为普通螺纹的基本尺寸。

表 11-33　普通螺纹的直径与螺距(GB/T 193—2003)　mm

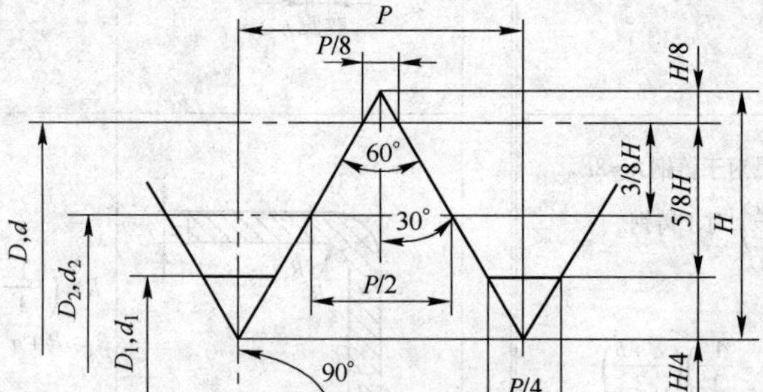

标记示例
公称直径 10 mm、右旋、公差带代号 6 h、中等旋合长度的普通粗牙螺纹标记为:
M10 -6 h

续表 11-33

公称直径 d、D			螺距 P	
第一系列	第二系列	第三系列	粗牙	细 牙
3			0.5	0.35
	3.5		(0.6)	
4			0.7	0.5
	4.5		(0.75)	
5			0.8	
		5.5		
6		7	1	0.75,(0.5)
8			1.25	1,0.75,(0.5)
		9	(1.25)	
10			1.5	1.25,1,0.75,(0.5)
		11	(1.5)	1,0.75,(0.5)
12			1.75	1.5,1.25,1,(0.75),(0.5)
	14		2	1.5,(1.25),1,(0.75),(0.5)
		15		1.5,(1)
16			2	1.5,1,(0.75),(0.5)
		17		1.5,(1)
20	18		2.5	2,1.5,1,(0.75),(0.5)
	22			2,1.5,1,(0.75)
24			3	2,1.5,(1),(0.75)
		25		2,1.5,(1)
		(26)		1.5
	27		3	2,1.5,1,(0.75)

公称直径 d、D			螺距 P	
第一系列	第二系列	第三系列	粗牙	细 牙
		(28)		2,1.5,1
30			3.5	(3),2,1.5,(1),(0.75)
		(32)		2,1.5
	33		3.5	(3),2,1.5,(1),(0.75)
		35		(1.5)
36			4	3,2,1.5,(1)
		(38)		1.5
	39		4	3,2,1.5,(1)
		40		(3)(2)1.5
42	45		4.5	(4),3,2,1.5,(1)
48			5	
		50		(3)(2)1.5
	52		5	(4),3,2,1.5,(1)
		55		(4),(3),2,1.5
56			5.5	4,3,2,1.5,(1)
		58		(4),(3),2,1.5,
	60		(5.5)	4,3,2,1.5,(1)
		62		(4),(3),2,1.5,
64			6	4,3,2,1.5,(1)
		65		(4),(3),2,1.5
	68		6	4,3,2,1.5,(1)
		70		(6),(4),(3),2,1.5

注：1. 优先选用第一系列，其次是第二系列，第三系列尽可能不用。

2. M14×1.25 仅用于火花塞，M35×1.5 仅用于滚动轴承锁紧螺母。

表 11-34　普通螺纹基本尺寸(GB/T 196—2003)

mm

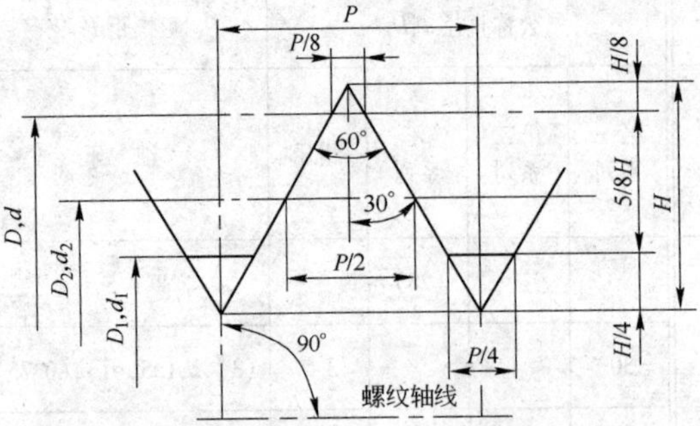

$H=0.866P$

$d_2=d-0.6495P$

$d_1=d-1.0825P$

D、d—内、外螺纹大径

D_2、d_2—内、外螺纹中径

D_1、d_1—内、外螺纹小径

P—螺距

标记示例

M20－6H(公称直径 20 mm 粗牙右旋内螺纹,中径和大径的公差带均为 6H)

M20－6g(公称直径 20 mm 粗牙右旋外螺纹,中径和大径的公差带均为 6g)

M20－6H/6g(上述规格的螺纹副)

M20×2 左－5g6g－S(公称直径 20、螺距 2 的细牙左旋外螺纹,中径、大径的公差带分别为 5g、6g,短旋合长度)

公称直径 D、d 第一系列	公称直径 D、d 第二系列	螺距 P	中径 D_2、d_2	小径 D_1、d_1
3		**0.5**	2.675	2.459
		0.35	2.733	2.621
	3.5	(**0.6**)	3.110	2.850
		0.35	3.273	3.121
4		**0.7**	3.545	3.242
		0.5	3.675	3.459
	4.5	(**0.75**)	4.013	3.688
		0.5	4.175	3.959
5		**0.8**	4.480	4.134
		0.5	4.675	4.459
6		**1**	5.350	4.917
		0.75	5.513	5.188
8		**1.25**	7.188	6.647
		1	7.350	6.917
		0.75	7.513	7.188
10		**1.5**	9.026	8.376
		1.25	9.188	8.647
		1	9.350	8.917
		0.75	9.513	9.188
12		**1.75**	10.863	10.106
		1.5	11.026	10.376
		1.25	11.188	10.647
		1	11.350	10.917
	14	**2**	12.701	11.835
		1.5	13.026	12.376
		1	13.350	12.917
16		**2**	14.701	13.835
		1.5	15.026	14.376
		1	15.350	14.917
	18	**2.5**	16.376	15.294
		2	16.701	15.835

公称直径 D、d 第一系列	公称直径 D、d 第二系列	螺距 P	中径 D_2、d_2	小径 D_1、d_1
	18	1.5	17.026	16.376
		1	17.350	16.917
20		**2.5**	18.376	17.294
		2	18.701	17.835
		1.5	19.026	18.376
		1	19.350	18.917
	22	**2.5**	20.376	19.294
		2	20.701	19.835
		1.5	21.026	20.376
		1	21.350	20.917
24		**3**	22.051	20.752
		2	22.701	21.835
		1.5	23.026	22.376
		1	23.350	22.917
	27	**3**	25.051	23.752
		2	25.701	24.835
		1.5	26.026	25.376
		1	26.350	25.917
30		**3.5**	27.727	26.211
		2	28.701	27.835
		1.5	29.026	28.376
		1	29.350	28.917
	33	**3.5**	30.727	29.211
		2	31.701	30.835
		1.5	32.026	31.376
36		**4**	33.402	31.670
		3	34.051	32.752
		2	34.701	33.835
		1.5	35.026	34.376
	39	**4**	36.402	34.670
		3	37.051	35.572

公称直径 D、d 第一系列	公称直径 D、d 第二系列	螺距 P	中径 D_2、d_2	小径 D_1、d_1
	39	2	37.701	36.835
		1.5	38.026	37.376
42		**4.5**	39.077	37.129
		3	40.051	38.752
		2	40.701	39.835
		1.5	41.026	40.376
	45	**4.5**	42.077	40.129
		3	43.051	41.752
		2	43.701	42.835
		1.5	44.026	43.376
48		**5**	44.752	42.587
		3	46.051	44.752
		2	46.701	45.835
		1.5	47.026	46.376
	52	**5**	48.725	46.587
		3	50.051	48.752
		2	50.701	49.835
		1.5	51.026	50.376
56		**5.5**	52.428	50.046
		4	53.402	51.670
		3	54.051	52.752
		2	54.701	53.835
		1.5	55.026	54.376
	60	(**5.5**)	56.428	54.046
		4	57.402	55.670
		3	58.051	56.752
		2	58.701	57.835
		1.5	59.026	58.376
64		**6**	60.103	57.505
		4	61.402	59.670
		3	62.051	60.752

注:1. "螺距 P"栏中第一个数值(黑体字)为粗牙螺纹,其余为细牙螺距。

2. 优先选用第一系列,其次是第二系列,第三系列(表中未列出)尽可能不用。

3. 括号内尺寸尽可能不用。

11.3.2　梯形螺纹

GB 5796 规定了梯形螺纹的直径和螺距组合系列。该标准适用于一般用途的机械传动和紧固梯形螺纹连接。表 11-35 所示为梯形螺纹的直径、螺距的选取和标记示例。

表 11-35　梯形螺纹的直径与螺距(GB 5796.2—2005)　mm

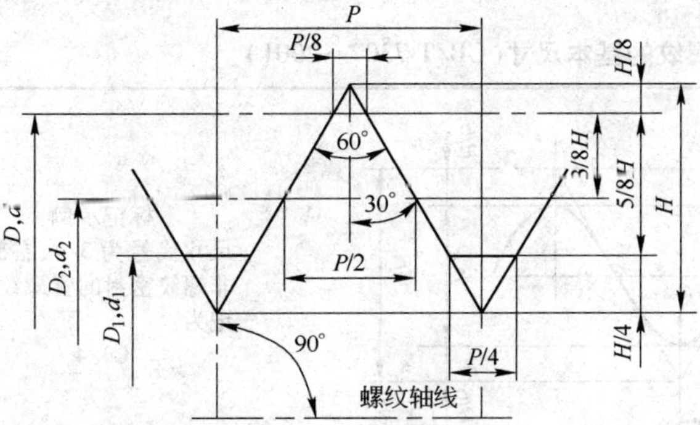

标记示例

公称直径 40 mm、螺距 7 mm、右旋、中径公差带代号 7e、中等旋合长度的外螺纹标记为：

Tr40 ×7 - 7e

公称直径 40 mm、螺距 7 mm、左旋、中径公差带代号 7H、长旋合长度的内螺纹标记为：

Tr40 ×7LH - 7H - L

公称直径			螺距																					
第一系列	第二系列	第三系列	44	40	36	32	28	24	22	20	18	16	14	12	10	9	8	7	6	5	4	3	2	1.5
8																								1.5
	9																						2	1.5
10																							2	1.5
	11																					3	2	
12																						3	2	
	14																					3	2	
16																					4		2	
	18																				4		2	
20																					4		2	
	22																8			5		3		
24																	8			5		3		
	26																8			5		3		
28																	8			5		3		
	30													10				6			3			
32														10					6			3		
	34													10					6			3		
36														10					6			3		
	38													10			7				3			
40														10			7				3			
	42													10			7				3			
44													12				7				3			
	46												12			8					3			
48													12			8					3			
	50												12			8					3			
52													12			8					3			
	55											14			9						3			
60												14			9						3			
	65										16			10						4				
70											16			10						4				
	75										16			10						4				
80											16			10						4				
	85									18			12							4				
90										18			12							4				
	95									18			12							4				
100									20				12							4				
		105								20				12							4			

注：应优先选择第一系列的直径。

11.3.3　管螺纹

GB/T 7307—2001 规定了牙型角为 55°、螺旋副本身不具有密封性的圆柱管螺纹的牙型、尺寸、公差和标记。该标准适用于阀门、管子、管接头、旋塞及其他管路附件的螺纹连接。表 11-36 所示为 55°非密封管螺纹的基本尺寸。

表 11-36　55°非密封管螺纹的基本尺寸(GB/T 7307—2001)

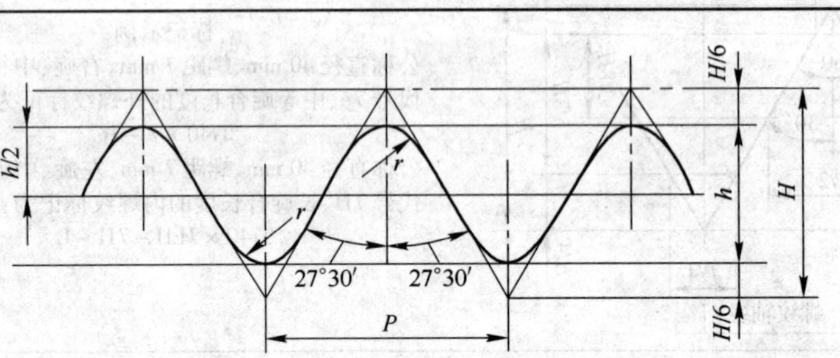

标记示例
尺寸代号为 3/4、右旋、非螺纹密封的管螺纹标记为:
G3/4

尺寸代号	每25.4 mm内的牙数 n	螺距 P /mm	基本直径			尺寸代号	每25.4 mm内的牙数 n	螺距 P /mm	基本直径		
			大径 $d=D$ /mm	中径 $d_2=D_2$ /mm	小径 $d_1=D_1$ /mm				大径 $d=D$ /mm	中径 $d_2=D_2$ /mm	小径 $d_1=D_1$ /mm
1/8	28	0.907	9.728	9.147	8.566	11/4	11	2.309	41.910	40.431	38.952
1/4	19	1.337	13.157	12.301	11.445	11/4		2.309	47.803	46.324	44.845
3/8		1.337	16.662	15.806	14.950	13/4		2.309	53.764	52.267	50.788
1/2	14	1.814	20.955	19.793	18.631	2		2.309	59.614	58.135	56.656
5/8		1.814	22.911	21.749	20.587	21/4		2.309	65.710	64.231	62.752
3/4		1.814	26.441	25.279	24.117	21/2		2.309	75.148	73.705	72.226
7/8		1.814	30.201	29.039	27.877	23/4		2.309	81.534	80.055	78.576
1	11	2.309	33.249	31.770	30.291	3		2.309	87.884	86.405	84.926
11/8		2.319	37.897	36.418	34.939	31/4		2.309	100.330	98.851	97.372

11.4　材　　料

材料按化学组成可分为金属材料和非金属材料。金属材料是现代机械制造业的基本材料,广泛应用于制造生产及生活用品。金属材料之所以获得广泛应用,是由于它具有许多良好的性能。金属材料又可分为黑色金属和有色金属两类。黑色金属材料主要包括钢和铸铁。工业中除大量使用金属材料外,非金属材料如有机高分子材料(包括工程塑料)、无机高分子材料和复合材料在近几十年来发展迅速,也得到愈来愈广泛的应用。

11.4.1　金属热处理

热处理是指金属或合金在固态范围内,通过一定的加热、保温和冷却的方法,以改变金属或合金的内部组织的一种工艺操作。它是改善钢材加工性能，提高产品质量、降低成本、延长使用寿命、充分发挥材料潜力的重要手段。在机械工业中，绝大部分重要的零件和工、模具都必须进行热处理。

按照加热、冷却的特点和材料成分、组织的变化情况，钢的热处理主要分为常用热处理和化学热处理。其中常用的热处理方式有退火、正火、淬火、回火、调质、表面淬火和时效；化学热处理有渗碳、液体氮碳共渗和渗氮。钢的热处理应用和说明见表 11-37。热处理方法的代号见表 11-38。

表 11-37　钢的热处理方法分类

种类	名　称	说　明	应　用
钢的常用热处理	退火（焖火）	退火是将钢件（或钢坯）加热到临界温度以上 30 ~ 50℃，保温一段时间，然后再缓慢地冷却下来（一般用炉冷）	消除铸、锻、焊零件的应力，降低硬度，以易于切削加工，细化金属晶粒，改善组织，增加韧度
	正火（正常化）	正火是将钢件加热到临界温度以上，保温一段时间，然后用空气冷却，冷却速度比退火快（≈100℃/min）	处理低碳和中碳结构钢材及渗碳结构钢材及渗碳零件，使其组织细化，增加强度和韧度，减少应力，改善切削性能
	淬　火	淬火是将钢件加热到临界点以上温度，保温一段时间，然后放入水、盐水或油（个别材料在空气）中急剧冷却，使其得到高硬度	提高钢的硬度和强度极限，但淬火时会引起应力使钢变脆，所以淬火后必须回火
	回　火	回火是将淬硬的钢件加热到临界点以下的温度，保温一段时间，然后在空气中或油中冷却下来	消除淬火后的脆性和应力，提高钢的塑性和冲击韧度
	调　质	淬火后高温回火	使钢获得高的韧度和足够的强度，很多重要零件是经过调质处理的
	表面淬火	使零件表层有高的硬度和耐磨性，而芯部保持原有的强度和硬度	常用来处理轮齿的表面
	时　效	将钢加热到 120 ~ 130℃，长时间保温后，随炉或取出在空气中冷却	消除或减少淬火后的微观应力，防止变形和开裂，稳定工件形状及尺寸以及消除机械加工的残余应力
钢的化学热处理	渗　碳	使表面增碳渗碳层深度为 0.4 ~ 6 mm 或 >6 mm。硬度为 HRC 56 ~ 65	增加钢件的耐磨性能、表面硬度、抗拉强度及疲劳极限。适用于低碳、中碳（$w(C) < 0.40\%$）结构钢的中小型零件和大型的重负荷、受冲击、耐磨的零件
	液体氮氮共渗	使表面增加碳和氮。扩散层深度较浅，为 0.02 ~ 3.0 mm；硬度高，在共渗层为 0.02 ~ 0.04 mm 时具有 HRC 66 ~ 70	增加结构钢、工具钢制件的耐磨性能、表面硬度和疲劳极限，提高刀具的切削性能和使用寿命，适用于要求硬度高、耐磨的中、小型及薄片的零件和刀具等
	渗　氮	表面增氮，氮化层为 0.025 ~ 0.8 mm，而渗氮时间需 40 ~ 50 h，硬度很高（HV1200），耐磨、抗腐蚀性能高	增加钢件的耐磨性能、表面硬度、疲劳极限和抗蚀能力，适用于结构钢和铸铁件，如气缸套、气门座、机床主轴、丝杠等耐磨零件，以及在潮湿碱水和燃烧气体介质的环境中工作的零件，如水泵轴、排气阀等零件

表 11-38 热处理方法代号

热处理方法	代号	标注举例	热处理方法	代号	标注举例
退火	Th 5111		火焰淬火	H	H54—火焰加热淬火回火，硬度为 HRC52～58
正火	Z 5121				
调质	T 5151	T235—调质至 HBS220～240	液体碳氮共渗	Q	Q59—液体碳氮共渗淬火回火，硬度为 HRC56～62
淬火	C 5131	C48—淬火回火，硬度为 HRC40～50			
油冷淬火	Y 5131/e	Y35—油冷淬火回火，硬度为 HRC30～40	渗氮	D 5336	D0.3－900—渗碳深度至 0.3 mm，硬度大于 HV850
高频感应加热淬火	G 5132	G52—高频感应加热淬火回火，硬度为 HRC50～55	渗碳淬火	S－C	S0.5－C59—渗碳层深度为 0.5 mm，淬火后回火，硬度为 HRC56～62
调质高频感应加热淬火	T－G	T－G54—调质后高频感应加热淬火回火，硬度为 HRC52～58	渗碳高频感应加热淬火	S－G	S0.8－G59—渗碳层深度为 0.8 mm，高频感应加热淬火回火，硬度为 HRC56～62
回火	5141				

11.4.2 黑色金属材料

黑色金属材料主要有灰铸铁、球墨铸铁、铸造碳钢、普通碳素结构钢、优质碳素结构钢、弹簧钢和合金结构钢等。其牌号表示、热处理、主要性能及应用举例见表 11－39～表 11–45。

表 11–39 灰铸铁（GB 9439—2009）

牌号	铸件壁厚/mm		最小抗拉强度 σ_b/MPa	硬度 HBS	应用举例
	大于	至			
HT100	2.5	10	130	110～166	盖、外罩、油盘、手轮、手把、支架等
	10	20	100	93～140	
	20	30	90	87～131	
	30	50	80	82～122	
HT150	2.5	10	175	137～205	端盖、汽轮泵体、轴承座、阀壳、管子及管道附件、手枪、一般机床底座、床身及其他复杂零件、滑座、工作台等
	10	20	145	119～179	
	20	30	130	110～166	
	30	50	120	141～157	
HT200	2.5	10	220	157～236	气缸、齿轮、底架、箱体、飞轮、齿条、衬筒、一般机床铸有导轨的床身及中等压力（8 MPa 以下）油缸、液压泵和阀的壳体等
	10	20	195	148～222	
	20	30	170	134～200	
	30	50	160	128～192	
HT250	4.0	10	270	175～262	阀壳、油缸、气缸、联轴器、箱体、齿轮、齿轮箱外壳、飞轮、衬筒、凸轮、轴承座等
	10	20	240	164～246	
	20	30	220	157～236	
	30	50	200	150～225	

续表 11-39

牌　号	铸件壁厚/mm		最小抗拉强度 σ_b/MPa	硬度 HBS	应用举例
	大于	至			
HT300	10	20	290	182~272	齿轮、凸轮、车床卡盘、剪床、压力机的机身、导板、转塔自动车床及其他重负荷机床铸有导轨的本身、高压油缸、液压泵和滑阀的壳体等
	20	30	250	168~251	
	30	50	230	161~241	
HT350	10	20	340	199~299	
	20	30	290	182~272	
	30	50	260	171~257	

注：灰铸铁的硬度由经验关系式计算：当 $\sigma_b \geq 196$ MPa 时，$HBS = RH(100 + 0.438\sigma_b)$；当 $\sigma_b < 196$ MPa 时，$HBS = RH(44 + 0.724\sigma_b)$，RH 一般取 0.80~1.20。

表 11-40　球墨铸铁（GB 1348—2009）

材料牌号	抗拉强度 σ_b/ MPa	屈服强度 $\sigma_{s0.2}$/ MPa	伸长率 δ/%	布氏硬度 HBW	用　途
	最小值			供参考	
QT400-18A	400	250	18	120~175	减速器箱体、管道、阀体、阀盖、压缩机气缸、拨叉、离合器壳等
QT400-15 A	400	250	15	120~180	
QT450-10 A	450	310	10	160~210	油泵齿轮、阀门体、车辆轴瓦、凸轮、犁铧、减速器箱体、轴承座等
QT500-7 A	500	320	7	170~230	
QT600-3 A	600	370	3	190~270	曲轴、凸轮轴、齿轮轴、机床主轴、缸体、缸套、连杆、矿车轮、农机零件等
QT700-2 A	700	420	2	225~305	
QT800-2 A	800	480	2	245~335	
QT900-2 A	900	600	2	280~360	曲轴、凸轮轴、连杆、履带式拖拉机链轨板等

注：表中牌号系由单铸试块测定的性能。

表 11-41　一般工程用铸造碳钢（GB 11352—2009）

牌　号	抗拉强度 σ_b	屈服强度 σ_s 或 $\sigma_{s0.2}$	伸长率 δ_5	根据合同选择			应用举例
				断面收缩率 ψ	冲击吸收功 A_{KV}	冲击吸收功 A_{KU}	
	MPa		%		J		
ZG200~400	400	200	25	40	30	47	各种形状的机件，如机座、变速箱壳等
ZG230~450	450	230	22	32	25	35	铸造平坦的零件，如机座、机盖、箱体、铁砧台、工作温度在 450℃ 以下的管道附件等，焊接性良好
ZG270~500	500	270	18	25	22	27	各种形状的机件，如飞轮、机架、蒸汽锤、桩锤、联轴器、水压机工作缸、横梁等，焊接性尚可
ZG310~570	570	310	15	21	15	24	各种形状的机件，如联轴器、气缸、齿轮、齿轮圈及重负荷机架等
ZG340~640	640	340	10	18	10	16	起重运输机中的齿轮、联轴器及重要的机件等

注：1. 各牌号铸钢的性能适用于厚度为 100 mm 以下的铸件，当厚度超过 100 mm 时，表中规定的屈服强度可供设计使用。
2. 表中冲击吸收功 A_{KU} 的试样缺口为 2 mm。

表 11-42 普通碳素结构钢(GB 700—2006)

牌号	等级	力学性能												冲击试验(V形缺口)		应用举例
		屈服强度①σ_s/MPa,不小于						抗拉强度② σ_b/MPa	伸长率δ/%,不小于					温度/℃	冲击吸收功(纵向)/J 不小于	
		钢材厚度(或直径)/mm							钢材厚度(直径)/mm							
		≤16	>16~40	>40~60	>60~100	>100~150	>150~200		≤40	>40~60	>60~100	>100~150	>150~200			
Q195	—	195	185	—	—	—	—	315~430	33	—	—	—	—	—	—	塑性好,常用其轧制薄板、拉制线材、制定和焊接钢管
Q215	A	215	205	195	185	175	165	335~450	31	30	29	27	26	—	—	金属结构件、拉杆、套圈、铆钉、螺栓、短轴、心轴(载荷不大的)、凸轮、垫圈、渗碳零件及焊接件
	B													+20	27	
Q235	A	235	225	215	205	195	185	370~500	26	25	24	22	21	—	—	金属结构件、心部强度要求不高的渗碳或碳氮共渗零件、吊钩、拉杆、套圈、气缸、齿轮、螺栓、螺母、连杆、轮轴、楔、盖及焊接件
	B													+20	27③	
	C													0		
	D													-20		
Q275	A	275	265	255	245	225	215	410~540	22	21	20	18	17	—	—	轴、轴销、刹车杆、螺母、螺栓、垫圈、连杆、齿轮以及其他强度较高的零件,焊接性尚可
	B													+20	27	
	C													0		
	D													+20		

① Q195 的屈服强度值仅供参考,不作交货条件。

② 厚度大于 100 mm 的钢材,抗拉强度下限允许降低 20 MPa。宽带钢(包括剪切钢板)抗拉强度上限不作交货条件。

③ 厚度小于 25 mm 的 Q235B 级钢材,如供方能保证冲击吸收功值合格,经需方同意,可不作检验。

表 11-43 优质碳素结构钢(GB 699—1999)

牌号	推荐热处理温度/℃			试样毛坯尺寸/mm	力学性能					钢材交货状态硬度HBS		应用举例
					抗拉强度 σ_b	屈服强度 σ_s	伸长率 δ_5	收缩率 ψ	冲击功 A_{KU2}	不大于		
	正火	淬火	回火		MPa		%		J	未热处理	退火钢	
					不小于							
08F	930			25	295	175	35	60		131		用于需塑性好的零件,如管子、垫片、垫圈;心部强度要求不高的渗碳和碳氮共渗零件,如套管、短轴、挡块、支架、靠模、离合器盘
10	930			25	335	205	31	55		137		用于制造拉杆、卡头、钢管垫片、垫圈、铆钉。这种钢无回火脆性,焊接性好,用来制造焊接零件
15	920			25	375	225	27	55		143		用于受力不大、韧性要求较高的零件、渗碳零件、紧固件、冲模锻件及不需要热处理的低负荷零件,如螺栓、螺钉、拉条、法兰盘及化工贮器、蒸汽锅炉
20	910			25	410	245	25	55		156		用于不承受很大应力但要求很大韧性的机械零件,如杠杆、轴套、螺钉、起重钩等;也用于制造压力小于6 MPa、温度小于450℃、在非腐蚀介质中使用的零件,如管子、导管等;还可用于表面硬度高而心部强度要求不大的渗碳与碳氮共渗零件
25	900	870	600	25	450	275	23	50	71	170		用于制造焊接设备以及经锻造、热冲压和机械加工的不承受高应力的零件,如轴、辊子、联轴器、垫圈、螺栓、螺钉及螺母
35	870	850	600	25	530	315	20	45	55	197		用于制造曲轴、转轴、轴销、杠杆、连杆、横梁、链轮、圆盘、套筒钩环、垫圈、螺钉、螺母。这种钢多在正火和调质状态下使用,一般不作焊接用
40	860	840	600	25	570	335	19	45	47	217	187	用于制造辊子、轴、曲柄销、活塞杆、圆盘
45	850	840	600	25	600	355	16	40	39	229	197	用于制造齿轮、齿条、链轮、轴、键、销、蒸汽透平机的叶轮、压缩机及泵的零件、轧辊等。可代替渗碳钢做齿轮、轴、活塞销等,但要经高频或火焰表面淬火
50	830	830	600	25	630	375	14	40	31	241	207	用于制造齿轮、拉杆、轧辊、轴、圆盘
55	820	820	600	25	645	380	13	35		255	217	用于制造齿轮、连杆、轮缘、扁弹簧及轧辊等
60	810			25	675	400	12	35		255	229	用于制造轧辊、轴、轮箍、弹簧、弹簧垫圈、离合器、凸轮、钢绳等
20Mn	910			25	450	275	24	50		197		用于制造凸轮轴、齿轮、联轴器、铰链、拖杆等
30Mn	880	860	600	25	540	315	20	45	63	217	187	用于制造螺栓、螺母、螺钉、杠杆及刹车踏板等

续表 11-43

牌号	推荐热处理温度/℃ 正火	淬火	回火	试样毛坯尺寸/mm	抗拉强度 σ_b /MPa	屈服强度 σ_s /MPa	伸长率 δ_5 /%	收缩率 ψ /%	冲击功 A_{KU2} /J	钢材交货状态硬度HBS 不大于 未热处理	退火钢	应用举例
					不小于							
40Mn	860	840	600	25	590	355	17	45	47	229	207	用于制造承受疲劳负荷的零件，如轴、万向联轴器、曲轴、连杆及在高应力下工作的螺栓、螺母等
50Mn	830	830	600	25	645	390	13	40	31	255	217	用于制造耐磨性能要求很高，在高负荷作用下的热处理零件，如齿轮、齿轮轴、摩擦盘、凸轮和截面在 80 mm^2 以下的心轴等
60Mn	810			25	695	410	11	35		269	229	适用于制造弹簧、弹簧垫圈、弹簧环和片以及冷拔钢丝（直径不大于 7 mm）和发条

注：1. 对于直径或厚度小于 25 mm 的钢材，热处理是在与成品截面尺寸相同的试样上进行。

2. 表中所列正火推荐保温时间不少于 30 min，空冷；淬火推荐保温时间不少于 30 min，水冷；回火推荐保温时间不少于 1 h。

表 11-44 弹簧钢（GB/T 1222—2007）

牌号	热处理 淬火温度/℃	淬火介质	回火温度/℃	力学性能 抗拉强度 σ_b /N/mm^2	屈服强度 σ_s /N/mm^2	断后伸长率 δ /%	δ_{113} /%	断面收缩率 ψ /%	交货状态硬度HBW 不大于 热轧	冷拉+热处理	应用举例
				不小于							
65	840	油	500	981	785		9	35	285	321	调压、调速弹簧，柱塞弹簧，测力弹簧，一般机械的圆、方螺旋弹簧
70	830		480	1030	834		8	30			
65Mn	830	油	540	981	785		8	30	302	321	小尺寸的扁、圆弹簧，坐垫弹簧，发条，离合器簧片，弹簧环，刹车弹簧
55Si2Mn	870	油	480	1275	1177		6	30	302	321	汽车、拖拉机、机车的减振板弹簧和螺旋弹簧，气缸安全阀簧，250℃以下使用的耐热弹簧
55Si2MnB									321		
60Si2Mn							5	25			
60Si2MnA			440	1569	1373			20			
55CrMnA	830～860	油	460～510	1226	1079（$\sigma_{0.2}$）	9		20	321	321	用于车辆、拖拉机上负荷较重、应力较大的板簧和直径较大的螺旋弹簧
60CrMnA			460～520								

续表 11-44

牌号	热处理：淬火温度/℃	热处理：淬火介质	热处理：回火温度/℃	力学性能：抗拉强度 σ_b / N/mm² 不小于	力学性能：屈服强度 σ_s / N/mm² 不小于	断后伸长率 δ / % 不小于	断后伸长率 δ_{113} / % 不小于	断面收缩率 ψ / % 不小于	交货状态硬度 HBW 不大于：热轧	交货状态硬度 HBW 不大于：冷拉+热处理	应用举例
60Si2CrA	870	油	420	1765	1569	6		20	321（热轧+热处理）	321	用于高应力及温度在 300 ~ 350℃ 以下使用的弹簧，如调速器、破碎机、汽轮机汽封用弹簧
60Si2CrVA	850		410	1863	1667						

注：除规定的热处理上下限外，表中热处理允许偏差为：淬火 ±20℃，回火 ±50℃。

表 11-45 合金结构钢（GB/T 3077—1999）

钢号	热处理：淬火 温度/℃	热处理：淬火 冷却剂	热处理：回火 温度/℃	热处理：回火 冷却剂	试样毛坯尺寸/mm	力学性能：抗拉强度 σ_b / MPa 不小于	力学性能：屈服强度 σ_s / MPa 不小于	伸长率 δ_5 / % 不小于	收缩率 ψ / % 不小于	冲击功 A_K / J 不小于	钢材退火或高温回火供应状态的布氏硬度 HBS 不大于	特性及应用举例
20Mn2	850 850	水、油 水、油	200 200	水、空气 水、空气	15	785	590	10	40	47	187	截面小时与 20Cr 相当，用于做渗碳小齿轮、小轴、缸套、链板等，渗碳淬火后硬度为 56 ~ 62HRC
35Mn2	840	水	500	水	25	835	685	12	45	55	207	对于截面较小的零件可替代 40Cr，做直径不大于 15 mm 的重要用途的冷镦螺栓及小轴等，表面淬火后硬度为 40 ~ 50HRC
45Mn2	840	油	550	水、油	25	885	735	10	45	47	217	用于制造在较高应力与磨损条件下的零件。在直径不大于 60 mm 时，与 40Cr 相当。可做万向联轴器、齿轮、齿轮轴、蜗杆、曲轴、连杆、花键轴和摩擦盘等，表面淬火后硬度为 40 ~ 55HRC
35SiMn	900	水	570	水、油	25	885	735	15	45	47	229	除了要求低温（-20℃以下）及冲击韧度很高的情况下，可全面代替 40Cr 作调质钢，亦可部分代替 40CrNi，做中小型轴类、齿轮等零件以及在 430℃以下工作的重要紧固件，表面淬火后硬度为45 ~ 55HRC

续表 11-45

钢号	热处理				试样毛坯尺寸/mm	力学性能					钢材退火或高温回火供应状态的布氏硬度 HBS	特性及应用举例
	淬火		回火			抗拉强度 σ_b	屈服强度 σ_s	伸长率 δ_5	收缩率 ψ	冲击功 A_K		
	温度/℃	冷却剂	温度/℃	冷却剂		MPa		%		J	不大于	
						不小于						
42SiMn	880	水	590	水	25	885	735	15	40	47	229	与35SiMn钢同,可代替40Cr、34CrMo钢做大齿圈,适于做表面淬火件,表面淬火后硬度为45~55HRC
20MnV	880	水、油	200	水、空气	15	785	590	10	40	55	187	相当于20 CrNi的渗碳钢,渗碳淬火后硬度为56~62HRC
20SiMnVB	900	油	200	水、空气	15	1175	980	10	45	55	207	可代替20CrMnTi做高级渗碳齿轮等零件,渗碳淬火后硬度为56~62HRC
40MnB	850	油	500	水、油	25	980	785	10	45	47	207	可代替40 Cr做重要调质件,如齿轮、轴、连杆、螺栓等
37SiMn2MoV	870	水、油	650	水、空气	25	980	835	12	50	63	269	可代替34CrNiMo等做高强度、重负荷轴、曲轴、齿轮、蜗杆等零件,表面淬火后硬度为50~55HRC
20CrMnTi	第一次880 第二次870	油	200	水、空气	15	1080	835	10	45	55	217	强度、韧度均高,是铬镍钢的代用品;用于承受高速、中等或重负荷以及冲击磨损等的重要零件,如渗碳齿轮、凸轮等,渗碳淬火后硬度为56~62HRC
20CrMnMo	850	油	200	水、空气	15	1175	885	10	45	55	217	用于要求表面硬度高,耐磨,心部有较高强度、韧度的零件,如传动齿轮和曲轴等,渗碳淬火后硬度为56~62HRC
38CrMoAl	940	水、油	640	水、油	30	980	835	14	50	71	229	用于要求高耐磨性、高疲劳强度和相当高的强度且热处理变形最小的零件,如镗杆、主轴、蜗杆、齿轮、套筒、套环等,渗氮后表面硬度为1100HV
20Cr	第一次880 第二次780~820	水、油	220	水、空气	15	835	540	10	40	47	179	用于要求心部强度较高、承受磨损、尺寸较大的渗碳零件,如齿轮、齿轮轴、蜗杆、凸轮、活塞销等;也用于速度较大、受中等冲击的调质零件,渗碳淬火后硬度为56~62HRC

续表 11-45

钢号	热处理				试样毛坯尺寸/mm	力学性能					钢材退火或高温回火供应状态的布氏硬度 HBS	特性及应用举例
	淬火		回火			抗拉强度 σ_b	屈服强度 σ_s	伸长率 δ_5	收缩率 ψ	冲击功 A_K		
	温度/℃	冷却剂	温度/℃	冷却剂		MPa		%		J	不大于	
						不小于						
40Cr	850	油	520	水、油	25	980	785	9	45	47	207	用于承受交变负荷、中等速度、中等负荷、强烈磨损而无很大冲击的重要零件，如重要的齿轮、轴、曲轴、连杆、螺栓、螺母等零件，并用于直径大于 400 mm、要求低温冲击韧度的轴与齿轮等，表面淬火后硬度为 48～55HRC
20CrNi	850	水、油	460	水、油	25	785	590	10	50	63	197	用于制造承受较高载荷的渗碳零件，如齿轮、轴、花键轴、活塞销等
20CrNi	820	油	500	水、油	25	980	785	10	45	55	241	用于制造要求强度高、韧性高的零件，如齿轮、轴、链条、连杆等
40CrNiMoA	850	油	600	水、油	25	980	835	12	55	78	269	用于特大截面的重要调质性好的零件，如机床主轴、传动轴、转子轴等

11.4.3 有色金属材料

有色金属材料又称非铁金属材料。在工业生产中，非铁金属材料通常指铝、铜、镁、锌等金属及其合金。与黑色金属材料（如钢、铁）相比，有色金属具有许多特殊的物理、化学和力学性能，因而成为现代工业中不可缺少的材料。有色金属材料种类繁多，在工业中应用最广的是铝、铜及其合金。表 11-46 所列为几种主要的非铁金属牌号及用途。

表 11-46 常用非铁金属牌号及用途

名称		牌号	应用举例
加工黄铜（GB/T 5231—2001）	普通黄铜	H62	销钉、铆钉、螺钉、螺母、垫圈、弹簧等
		H68	复杂的冷冲压件、散热器外壳、弹壳、导管、波纹管、轴承套等
		H90	双金属片、供水和排水管、证章、艺术品等
	铍青铜	QBe2	重要的弹簧及弹性元件，耐磨零件以及在高速、高压和高温下工作的轴承等
	铅青铜	HPb59－1	仪器仪表灯工业部门用的切削加工零件，如销、螺钉、螺母、轴套等

续表 11-46

名称			牌号	应用举例
加工青铜 （GB/T 1173—1995）	锡青铜	加工锡青铜	QSn4-3	弹性元件、管配件、化工机械中的耐磨零件及抗磁零件
			QSn6.5-0.1	弹簧、接触片、振动片、精密仪器中的耐磨零件
		铸造锡青铜	ZCuSn10Pb1	重要的减磨零件，如轴承、轴套、蜗轮、摩擦轮、机床丝杠螺母等
			ZCuSn5Pb5Zn5	中速、中载荷的轴承、轴套、蜗轮等耐磨零件
铸造铝合金 （GB/T 1173—1995）			ZAlSi7Mg	形状复杂的砂型、金属型和压力铸造零件，如飞机、仪器的零件，抽水机壳体，工作温度不超过185℃的汽化器等
			ZAlSi12	形状复杂的砂型、金属型和压力铸造零件，如仪表、抽水机壳体，工作温度在200℃以下要求气密性、承受低负荷的零件
			ZAlSi5Cu2Mg	砂型、金属型和压力铸造的形状复杂，在225℃以下工作的零件，如风冷发动机的汽缸头、机匣、油泵壳体等
			ZAlSi12Cu2Mg1	砂型、金属型铸造的要求高温强度及低膨胀系数的高速内燃机活塞及其他耐热零件

11.4.4 工程塑料

塑料是应用最广泛的有机高分子材料，也是最主要的工程结构材料之一。工程塑料的选用可参考表11-47。

表11-47 常用工程塑料选用参考实例

用途	要求	应用举例	材料
耐磨受力传动零件	要求有较高的强度、刚性、韧性、耐磨性、耐疲劳性，并有较高的热变形温度、尺寸稳定	轴承、齿轮、齿条、蜗轮、凸轮、辊子、联轴器等	尼龙、MC尼龙、聚甲醛、聚碳酸酯、聚酚氧、氯化聚醚、线性聚酯等。这类塑料的拉伸强度都在58.8 kPa以上，使用温度可达80～120℃
减磨自润滑零件	对机械强度要求往往不高，但运动速度较高，故要求具有低的摩擦系数，优异的耐磨性和自润滑性	活塞环、机械动密封圈、填料、轴承等	聚四氯乙烯、聚四氟乙烯填充的聚甲醛、聚全氟乙丙烯（F-46）等，在小载荷、低速时可采用低压聚乙烯
耐高温结构零件	除耐磨受力传动零件和减磨自润滑零件要求外，还必须具有较高的热变形温度及高温抗蠕变形	高温工作的结构传动零件，如汽车分速器盖、轴承、齿轮、活塞环、密封圈、阀门、螺母等	聚砜、聚苯醚、氟塑料（F-4，F-46），聚苯亚胺、聚苯硫醚，以及各种玻璃纤维增强塑料等，这些材料都可在150℃以上使用

11.5　公差与配合

“公差”主要反映零件使用要求与制造要求的矛盾；而“配合”则反映组成机器的零件之间的关系。公差与配合的标准化有利于机器的设计、制造、使用和维修。公差与配合标准不仅是机械工业各部门进行产品设计、工艺设计和制定其他标准的基础，而且是广泛组织协作和专业生产的重要依据。

11.5.1　极限与配合

标准公差等级代号用 IT 和数字组成，标准公差等级分 IT01、IT0、IT1 ~ IT18，共 20 级。基本尺寸至 3150 mm 的标准公差数值（IT1 ~ IT18）见表 11-48。

表 11-48　基本尺寸至 3150 mm 的标准公差数值（GB/T 1800.1—2009）

基本尺寸/mm		标准公差等级																	
		IT1	IT2	IT3	IT4	IT5	IT6	IT7	IT8	IT9	IT10	IT11	IT12	IT13	IT14	IT15	IT16	IT17	IT18
大于	至	μm											mm						
	3	0.8	1.2	2	3	4	6	10	14	25	40	60	0.1	0.14	0.25	0.4	0.6	1	1.4
3	6	1	1.5	2.5	4	5	8	12	18	30	48	75	0.12	0.18	0.3	0.48	0.75	1.2	1.8
6	10	1	1.5	2.5	4	6	9	15	22	36	58	90	0.15	0.22	0.36	0.58	0.9	1.5	2.2
10	18	1.2	2	3	5	8	11	18	27	43	70	110	0.18	0.27	0.43	0.7	1.1	1.8	2.7
18	30	1.5	2.5	4	6	9	13	21	33	52	84	130	0.21	0.33	0.52	0.84	1.3	2.1	3.3
30	50	1.5	2.5	4	7	11	16	25	39	62	100	160	0.25	0.39	0.62	1	1.6	2.5	3.9
50	80	2	3	5	8	13	19	30	46	74	120	190	0.3	0.46	0.74	1.2	1.9	3	4.6
80	120	2.5	4	6	10	15	22	35	54	87	140	220	0.35	0.54	0.87	1.4	2.2	3.5	5.4
120	180	3.5	5	8	12	18	25	40	63	100	160	250	0.4	0.63	1	1.6	2.5	4	6.3
180	250	4.5	7	10	14	20	29	46	72	115	185	290	0.46	0.72	1.15	1.85	2.9	4.6	7.2
250	315	6	8	12	16	23	32	52	81	130	210	320	0.52	0.81	1.3	2.1	3.2	5.2	8.1
315	400	7	9	13	18	25	36	57	89	140	230	360	0.57	0.89	1.4	2.3	3.6	5.7	8.9
400	500	8	10	15	20	27	40	63	97	155	250	400	0.63	0.97	1.55	2.5	4	6.3	9.7
500	630	9	11	16	22	32	44	70	110	175	280	440	0.7	1.1	1.75	2.8	4.4	7	11
630	800	10	13	18	25	36	50	80	125	200	320	500	0.8	1.25	2	3.2	5	8	12.5

注：1. 基本尺寸大于 500 mm 的 IT1 ~ IT5 的数值为试行的。
　　2. 基本尺寸小于或等于 1 mm 时，无 IT14 ~ IT18。

表 11-49 所示为轴的各种基本偏差的应用，表 11-50 所示为公差等级与加工方法的关系。表 11-51 所列为优先配合特性及应用举例。

表11-49 轴的各种基本偏差的应用

配合种类	基本偏差	配合特性及应用
间隙配合	a、b	可得到特别大的间隙,很少应用
	c	可得到很大的间隙,一般适用于缓慢、松弛的动配合。用于工作条件较差(如农业机械)、受力变形或为了便于装配而必须保证有较大的间隙时。推荐配合为H11/c11,其较高级的配合,如H8/c7适用于轴在高温工作的紧密间隙配合,例如内燃机排气阀和导管
	d	一般用于IT7~IT11级,适用于松的转动配合,如密封盖、滑轮、空转带轮等与轴的配合,也适用于大直径滑动轴承配合,如透平机、球磨机、轧辊成型和重型弯曲机及其他重型机械中的一些滑动支承
	e	多用于IT7~IT9级,通常适用于要求有明显间隙、易于转动的支承配合,如大跨距,多支点支承等。高等级的e轴适用于大型、高速、重载支承配合,如涡轮发电机、大型电动机、内燃机、凸轮轴及摇臂支承等
	f	多用于IT6~IT8级的一般转动配合。当温度影响不大时,被广泛用于普通润滑油(或润滑脂)润滑的支承,如齿轮箱、小电动机、泵的转轴与滑动支承的配合
	g	配合间隙很小,制造成本高,除很轻负荷的精密装置外,不推荐用于转动配合。多用于IT5~IT7级,最适合用于不回转的精密滑动配合,也用于插销等定位配合,如精密连杆轴承、活塞、滑阀及连杆销等
	h	多用于IT4~IT11级。广泛用于无相对转动的零件,作为一般的定位配合。若没有温度、变形影响,也用于精密滑动配合
过渡配合	js	为完全对称偏差(±IT/2),平均为稍有间隙的配合,多用于IT4~IT7级,要求间隙比h轴小,并允许略有过盈的定位配合,如联轴器,可用手或木槌装配
	k	平均为没有间隙的配合,适用于IT4~IT7级。推荐用于稍有过盈的定位配合,例如为了消除振动用的定位配合,一般用木槌装配
	m	平均为具有小过盈的过渡配合,使用IT4~IT7级,一般用木槌装配,但在最大过盈时要求相当的压入力
	n	平均过盈比m轴稍大,很少得到间隙,使用IT4~IT7级,用锤或压力机装配,通常推荐用于紧密的组件配合。H6/n5配合为过盈配合
过盈配合	p	与H6孔或H7孔配合时是过盈配合,与H8孔配合时则为过渡配合。对非铁类零件,为较轻的压入配合,易于拆卸。对钢、铸铁或铜、钢组件装配是标准压入配合
	r	对铁类零件为中等打入配合;对铁类零件为轻打入的配合,可拆卸。与H8孔配合,直径在100 mm以上时为过盈配合,直径小时为过渡配合
	s	用于钢和铁制零件的永久性和半永久性装配,可产生相当大的结合力。当用弹性材料(如轻合金)时,配合性质与铁类零件的p轴相当,例如用于套环压装在轴上、阀座与机体等配合。尺寸较大时,为了避免损伤配合表面,需用热胀或冷缩法装配
	t、u、v x、y、z	过盈量依次增大,一般不推荐采用

表 11-50 公差等级与加工方法的关系

加工方法	公差等级(IT)																	
	01	0	1	2	3	4	5	6	7	8	9	10	11	12	13	14	15	16
研 磨	—	—	—	—	—	—	—											
珩						—	—	—	—									
圆磨、平磨							—	—	—	—								
金刚石车、金刚石镗							—	—	—									
拉 削							—	—	—	—								
铰 孔								—	—	—	—	—						
车、镗									—	—	—	—	—					
铣										—	—	—	—					
刨、插												—	—					
钻 孔												—	—	—	—			
滚压、挤压												—	—					
冲 压												—	—	—	—	—		
压 铸													—	—	—	—		
粉末冶金成型								—	—	—								
粉末冶金烧结									—	—	—	—						
砂型铸造、气割																		—
锻 造																	—	

表 11-51 优先配合特性及应用举例

基孔制	基轴制	优先配合特性及应用举例
$\frac{H11}{c11}$	$\frac{K7}{h6}$	间隙非常大,用于很松的、转动很慢的间隙配合,或要求大公差与大间隙的外露组件,或要求装配方便的很松的配合
$\frac{H9}{d9}$	$\frac{N7}{h6}$	间隙很大的自由转动配合,用于精度非主要要求时,或有大的温度变动、高转速或大的轴颈压力时
$\frac{H8}{f8}$	$\frac{F8}{h7}$	间隙不大的转动配合,用于中等转速与中等轴颈压力的精确转动,也用于装配较易的中等定位配合
$\frac{H7}{g6}$	$\frac{G7}{h7}$	间隙很小的滑动配合,用于不希望自由转动但可自由移动和滑动并精密定位的场合,也可用于要求明确的定位配合
$\frac{H7}{h6}$ $\frac{H8}{h7}$ $\frac{H9}{h9}$ $\frac{H11}{h11}$	$\frac{H7}{h6}$ $\frac{H8}{h7}$ $\frac{H9}{h9}$ $\frac{H11}{h11}$	均为间隙定位配合,零件可自由装拆,而工作时一般相对静止不动,在最大实体条件下的间隙为零,在最小实体条件下的间隙由公差等级决定
$\frac{H7}{k6}$	$\frac{C11}{h11}$	过渡配合,用于精密定位
$\frac{H7}{n6}$	$\frac{D9}{h9}$	过渡配合,允许有较大过盈的更精密定位
$\frac{H7^*}{p6}$	$\frac{P7}{h6}$	过盈定位配合,极小过盈配合,用于定位精度特别重要时,能以最好的定位精度达到部件的刚性及对中性要求,而对内孔承受压力无特殊要求,不依靠配合的紧固性传递摩擦负荷
$\frac{H7}{s6}$	$\frac{S7}{h6}$	中等压入配合,适用于一般钢件,或用于薄壁件的冷缩配合,用于铸铁件可得到最紧的配合
$\frac{H7}{u6}$	$\frac{U7}{h6}$	压入配合,适用于可以承受大压入力的零件或不宜承受大压入力的冷缩配合

注:带 * 的配合基本尺寸小于或等于 3 mm 为过渡配合。

表11-52所示为优先配合中轴的极限偏差，表11-53为孔的极限偏差，表11-54为线性尺寸的未注公差值。

表11-52　优先配合中轴的极限偏差（GB/T 1800.2—2009）　μm

基本尺寸/mm		公差带												
		c	d	f	g	h				k	n	p	s	u
大于	至	11	9	7	6	6	7	9	11	6	6	6	6	6
	3	-60 -120	-20 -45	-6 -16	-2 -8	0 -6	0 -10	0 -25	0 -60	+6 0	+10 +4	+12 +6	+20 +14	+24 +18
3	6	-70 -145	-30 -60	-10 -22	-4 -12	0 -8	10 -12	0 -30	0 -75	+9 +1	+16 +8	+20 +12	+27 +19	+31 +23
6	10	-80 -170	-40 -76	-13 -28	-5 -14	0 -9	0 -15	0 -36	0 -90	+10 +1	+19 +10	+24 +15	+32 +23	+37 +28
10 14	14 18	-95 -205	-50 -93	-16 -34	-6 -17	0 -11	0 -18	0 -43	0 -110	+12 +1	+23 +12	+29 +18	+39 +28	+44 +33
18	24	-110 -240	-65 -117	-20 -41	-7 -20	0 -13	0 -21	0 -52	0 -130	+15 +2	+28 +15	+35 +22	+48 +35	+54 +41
24	30													+61 +48
30	40	-120 -280	-80 -142	-25 -50	-9 -25	0 -16	0 -25	0 -62	0 -160	+18 +2	+33 +17	+42 +26	+59 +43	+76 +60
40	50	-130 -290												+86 +70
50	65	140 330	-100 -174	-30 -60	-10 -29	0 -19	0 -30	0 -74	0 -190	+21 +2	+39 +20	+51 +32	+72 +53	+106 +87
65	80	150 340											+78 +59	+121 +102
80	100	-170 -390	-120 -207	-36 -71	-12 -34	0 -22	0 -35	0 -87	0 -220	+25 +3	+45 +23	+59 +37	+93 +71	+146 +124
100	120	-180 -400											+101 +79	+166 +144
120	140	-200 -450											+117 +92	+195 +170
140	160	-210 -460	-145 -245	-43 -83	-14 -39	0 -25	0 -40	0 -100	0 -250	+28 +3	+52 +27	+68 +43	+125 +100	+215 +190
160	180	-230 -480											+133 +108	+235 +210
180	200	-240 -530											+151 +122	+265 +236
200	225	-260 -550	-170 -285	-50 -96	-15 -44	0 -29	0 -46	0 -115	0 -290	+33 +4	+60 +31	+79 +50	+159 +130	+287 +258
225	250	-280 -570											+169 +140	+313 +284

续表 11-52

基本尺寸/mm		公差带												
		c	d	f	g	h				k	n	p	s	u
大于	至	11	9	7	6	6	7	9	11	6	6	6	6	6
250	280	-300 -620	-190 -320	-56 -108	-17 -49	0 -32	0 -52	0 -130	0 -320	+36 +4	+66 +34	+88 +56	+190 +158	+347 +315
280	315	-330 -650											+202 +170	+382 +350
315	355	-360 -720	-210 -350	-62 -119	-18 54	0 -36	0 -57	0 -140	0 -360	+40 +4	+73 +37	+98 +62	+226 +190	+426 +390
355	400	-400 -760											+244 +208	+471 +435
400	450	-440 -840	-230 -385	-68 -131	-20 -60	0 -40	0 -63	0 -155	0 -400	+45 +5	+80 +40	+108 +68	+272 +232	+530 +490
450	500	-480 -980											+292 +252	+580 +540

表 11-53 优先配合中孔的极限偏差(GB/T 1800.2—2009) μm

基本尺寸/mm		公差带												
		C	D	F	G	H				K	N	P	S	U
大于	至	11	9	8	7	7	8	9	11	7	7	7	7	7
	3	+120 +60	+45 +20	+20 +6	+12 +2	+10 0	+14 0	+25 0	+60 0	0 -10	-4 -14	-6 -16	-14 -24	-18 -28
3	6	+145 +70	+60 +30	+28 +10	+16 +4	+12 0	+18 0	+30 0	+75 0	+3 -9	-4 -16	-8 -20	-15 -27	-19 -31
6	10	+170 +80	+76 +40	+35 +13	+20 +5	+15 0	+22 0	+36 0	+90 0	+5 -10	-4 -19	-9 -24	-17 -32	-22 -37
10	14	+205 +95	+93 +50	+43 +16	+24 +6	+18 0	+27 0	+43 0	+110 0	+6 -12	-5 -23	-11 -29	-21 -39	-26 -44
14	18													
18	24	+240 +110	+117 +65	+53 +20	+28 +7	+21 0	+33 0	+52 0	+130 0	+6 -15	-7 -28	-14 -35	-27 -48	-33 -54
24	30													-40 -61
30	40	+280 +120	+142 +80	+64 +25	+34 +9	+25 0	+39 0	+62 0	+160 0	+7 -18	-8 -33	-17 -42	-34 -59	-51 -76
40	50	+290 +130												-61 -86
50	65	+330 +140	+174 +100	+76 +30	+40 +10	+30 0	+46 0	+74 0	+190 0	+9 -21	-9 -39	-21 -51	-42 -72	-76 -106
65	80	+340 +150											-48 -78	-91 -121

续表 11-53

基本尺寸/mm		公差带												
		C	D	F	G	H				K	N	P	S	U
大于	至	11	9	8	7	7	8	9	11	7	7	7	7	7
80	100	+390 +170	+207 +120	+90 +36	+47 +12	+35 0	+54 0	+87 0	+220 0	+10 -25	-10 -45	-24 -59	-58 -93	-111 -146
100	120	+400 +180											-66 -101	-131 -166
120	140	+450 +200	+245 +145	+106 +43	+54 +14	+40 0	+63 0	+100 0	+250 0	+12 -28	-12 -52	-28 -68	-77 -117	-155 -195
140	160	+460 +210											-85 -125	-175 -215
160	180	+480 +230											-93 -133	-195 -235
180	200	+530 +240	+285 +170	+122 +50	+61 +15	+46 0	+72 0	+115 0	+290 0	+13 -33	-14 -60	-33 -79	-105 -151	-219 -265
200	225	+550 +260											-113 -159	-241 -287
225	250	+570 +280											-123 -169	-267 -313
250	280	+620 +300	+320 +190	+137 +56	+69 +17	+52 0	+81 0	+130 0	+320 0	+16 -36	-14 -66	-36 -88	-138 -190	-295 -347
280	315	+650 +330											-150 -202	-330 -382
315	355	+720 +360	+350 +210	+151 +62	+75 +18	+57 0	+89 0	+140 0	+360 0	+17 -40	-16 -73	-41 -98	-169 -226	-369 -426
335	400	+760 +400											-187 -244	-414 -471
400	450	+840 +440	+385 +230	+165 +68	+83 +20	+63 0	+97 0	+155 0	+400 0	+18 -45	-17 -80	-45 -108	-209 -272	-467 -530
450	500	+880 +480											-229 -292	-517 -580

表 11-54　线性尺寸的未注公差(GB/T 1800.2—2009)　mm

公差等级	线性尺寸的极限偏差数值								倒圆半径与倒角高度尺寸的极限偏差数值			
	尺寸分段								尺寸分段			
	0.5 ~3	>3 ~6	>6 ~30	>30 ~120	>120 ~400	>400 ~1000	>1000 ~2000	>2000 ~4000	0.5 ~3	>3 ~6	>6 ~30	>30
f(精密级)	±0.05	±0.05	±0.1	±0.15	±0.2	±0.3	±0.5		±0.2	±0.5	±1	±2
m(中等级)	±0.1	±0.1	±0.2	±0.3	±0.5	±0.8	±1.2	±2				
c(粗糙级)	±0.2	±0.3	±0.5	±0.8	±1.2	±2	±3	±4	±0.4	±1	±2	±4
v(最粗级)		±0.5	±1	±1.5	±2.5	±4	±6	±8				

注:在图样上,技术文件或标准中的表示方法示例:GB/T 1804 - m(表示选用中等级)。

11.5.2 形状和位置公差

形状公差是指单一实际要素的形状所允许的变动全量，位置公差是指实际位置对理想位置的允许变动量。两者简称形位公差。

形状公差用形状公差带表达。形状公差带包括公差带形状、方向、位置和大小等四要素。

形状公差项目有：直线度、平面度、圆度、圆柱度、线轮廓度、平行度、垂直度、倾斜度、同轴度、对称度、圆跳动和全跳动等。

形状和位置公差的每一个项目都规定了专门的符号，如表 11-55 所示。表 11-56 ~ 表 11-59 所示为直线度、平面度、圆度、圆柱度、平行度、垂直度、倾斜度、同轴度、对称度、圆跳动和全跳动公差的标注示例、不同精度等级的主参数值和应用举例。

表 11-55 形状和位置公差特征项目的符号及标法（GB/T 1182—2008）

公差特征项目的符号

公差		特征项目	符号
形状	形状	直线度	—
		平面度	▱
		圆度	○
		圆柱度	⌭
形状或位置	轮廓	线轮廓度	⌒
		面轮廓度	⌓

公差		特征项目	符号
位置	定向	平行度	//
		垂直度	⊥
		倾斜度	∠
	定位	同轴（同心）度	◎
		对称度	⌯
		位置度	⌖
	跳动	圆跳动	↗
		全跳动	⌰

被测要素、基准要素的标注要求及其他附加符号

说明		符号	说明	符号
被测要素的标注	直接		最大实体要求	Ⓜ
	用字母	A	最小实体要求	Ⓛ
基准要素的标注		A	可逆要求	Ⓡ
基准目标的标注		φ2 / A1	延伸公差带	Ⓟ
理论正确尺寸		50	自由状态（非刚性零件）条件	Ⓕ
包容要求		Ⓔ	全周（轮廓）	

公差框格

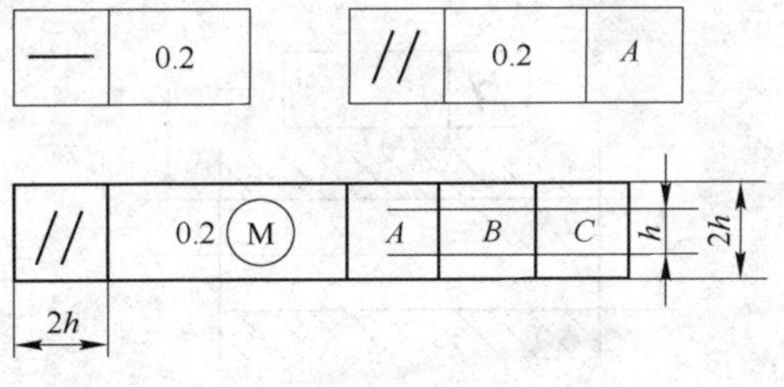

公差要求在矩形方框中给出，该方框由 2 格或多格组成。框格中的内容从左到右按以下次序填写：

——公差特征的符号；

——公差值；

——如需要，用一个或多个字母表示基准要素或基准体系。

（h 为图样中采用字体的高度）

表 11-56 直线度、平面度公差(GB/T 1184—1996)

主参数 L 图例

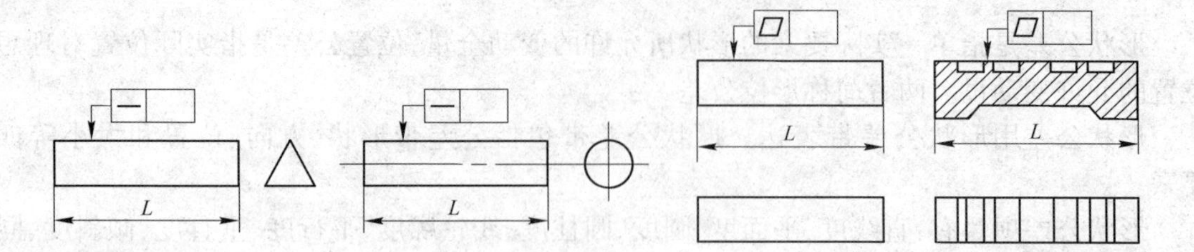

μm

精度等级	主参数 L/mm													应用举例
	≤10	>10 ~16	>16 ~25	>25 ~40	>40 ~63	>63 ~100	>100 ~160	>160 ~250	>250 ~400	>400 ~630	>630 ~1000	>1000 ~1600	>1600 ~2500	
5	2	2.5	3	4	5	6	8	10	12	15	20	25	30	普通精度机床导轨,柴油机进、排气门导杆
6	3	4	5	6	8	10	12	15	20	25	30	40	50	
7	5	6	8	10	12	15	20	25	30	40	50	60	80	轴承体的支撑面,减速器箱体、油泵
8	8	10	12	15	20	25	30	40	50	60	80	100	120	
9	12	15	20	25	30	40	50	60	80	100	120	150	200	辅助机构及手动机械的支承面,液压管件和法兰的连接面
10	20	25	30	40	50	60	80	100	120	150	200	250	300	
11	30	40	50	60	80	100	120	150	200	250	300	400	500	离合器的摩擦片,汽车发动机缸盖接合面
12	60	80	100	120	150	200	250	300	400	500	600	800	1000	

标注示例	说明	标注示例	说明
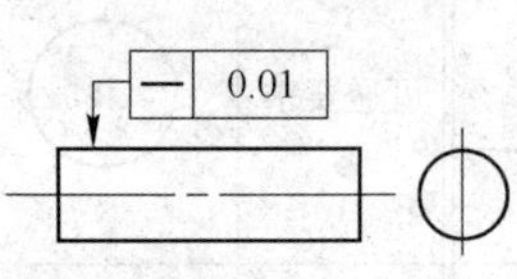	圆柱表面上任一素线必须位于轴向平面内,距离为公差值 0.01 mm 的两平面之间	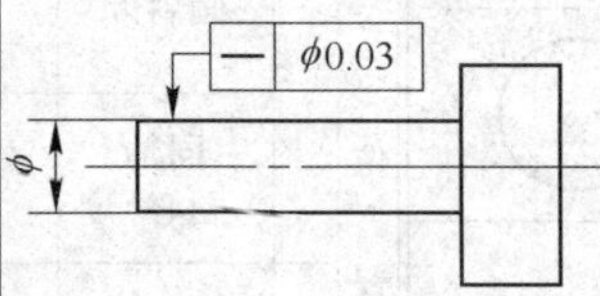	φ 所标圆柱体的轴线必须位于直径为公差值 0.03 mm 的圆柱面内
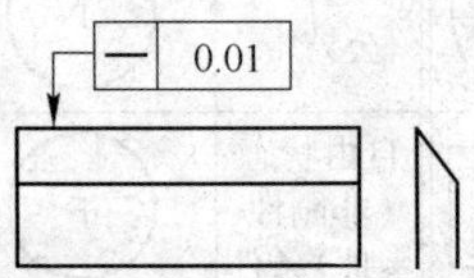	棱线必须位于箭头所示方向,距离为公差值 0.01 mm 的两平行平面内	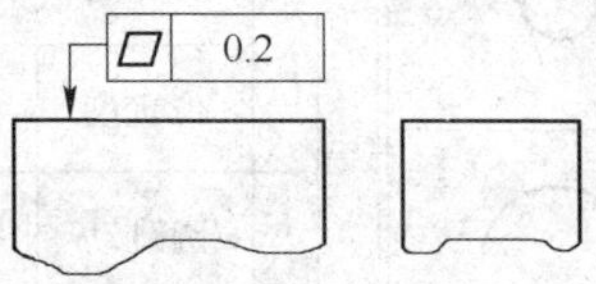	上表面必须位于距离为公差值 0.2 mm 的两平行面内

注:表中“应用举例”非 GB/T 1184—1996 内容,仅供参考。

表 11-57 圆度、圆柱度公差(GB/T 1184—1996)

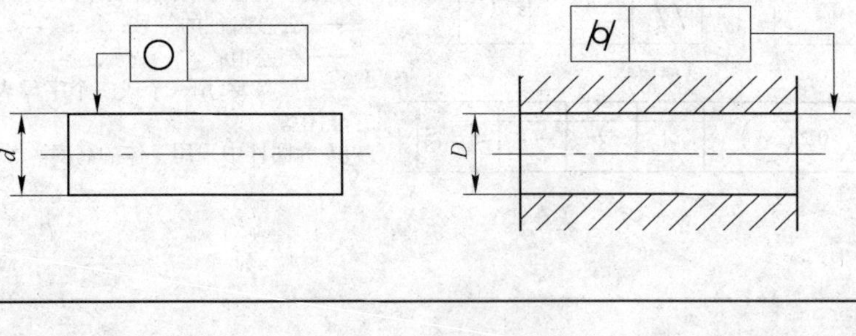

续表 11-57

精度等级	主参数 $d(D)$/mm										应用举例
	>10 ~18	>18 ~30	>30 ~50	>50 ~80	>80 ~120	>120 ~180	>180 ~250	>250 ~315	>315 ~400	>400 ~500	
7	5	6	7	8	10	12	14	16	18	20	发动机的胀圈、活塞销及连杆中装衬套的孔等,千斤顶或压力油缸活塞,水泵及减速器轴颈,液压系统的分配机构,拖拉机气缸体与气缸套配合面,炼胶机冷铸轧辊
8	8	9	11	13	15	18	20	23	25	27	
9	11	13	16	19	22	25	29	32	36	40	起重机、卷扬机用的滑动轴承,带软密封的低压泵的活塞与气缸,通用机械杠杆与拉杆,拖拉机的活塞环与套筒孔
10	18	21	25	30	35	40	46	52	57	63	

标注示例	说明
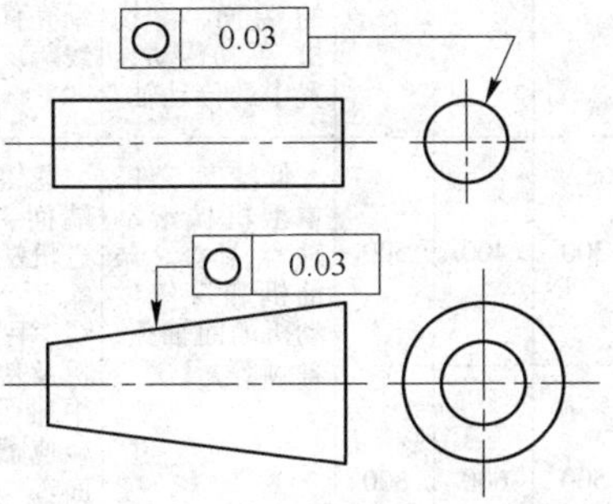	被测圆柱(或圆锥)面任一正截面的圆周必须位于半径差为公差值 0.03 mm 的两同心圆之间
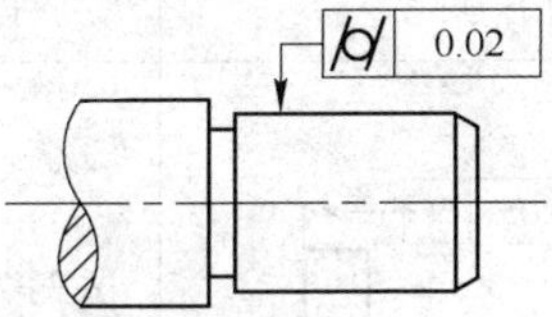	被测圆柱面必须位于半径差为公差值 0.02 mm 的两同轴圆柱面之间

注:表中"应用举例"非 GB/T 1184—1996 内容,仅供参考。

表 11-58 平行度、垂直度、倾斜度公差(GB/T 1184—1996)

主参数 L、$d(D)$图例

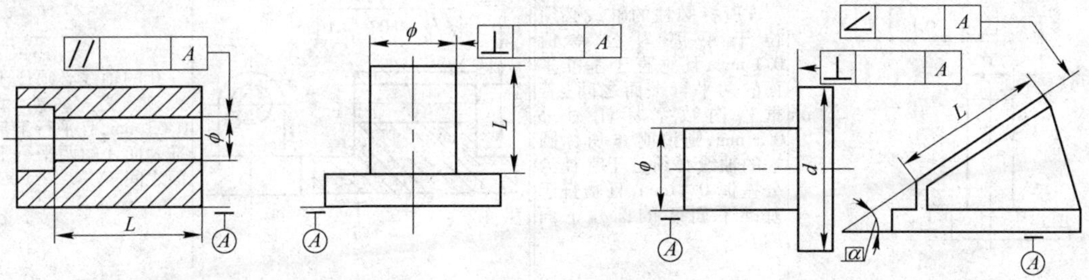

续表 11-58

精度等级	主参数 L、d(D)/mm													应用举例	
	≤10	>10~16	>16~25	>25~40	>40~63	>63~100	>100~160	>160~250	>250~400	>400~630	>630~1000	>1000~1600	>1600~2500	平行度	垂直度
7	12	15	20	25	30	40	50	60	80	100	120	150	200	一般机床零件的工作面或基准面,压力机和锻锤的工作面,中等精度钻模的工作面,一般刀、量、模具。机床一般轴承孔对基准面的要求,床头箱一般孔间要求,气缸轴线,变速器箱孔,主轴花键对定心直径,重型机械轴承盖的端面,卷扬机、手动传动装置中的传动轴	低精度机床主要基准面和工作面、回转工作台端面跳动,一般导轨,主轴箱体孔,刀架、砂轮架及工作台回转中心,机床轴肩、气缸配合面对其轴线,活塞销孔对活塞中心线以及装 P6、P0 级轴承壳体孔的轴线等
8	20	25	30	40	50	60	80	100	120	150	200	250	300		
9	30	40	50	60	80	100	120	150	200	250	300	400	500	低精度零件,重型机械滚动轴承端盖。柴油机和煤气发动机的曲轴孔、轴颈等	花键轴轴肩端面、带式输送机法兰盘等端面对轴心线,手动卷扬机及传动装置中轴承端面、减速器壳体平面等
10	50	60	80	100	120	150	200	250	300	400	500	600	800		

标注示例	说　明	标注示例	说　明
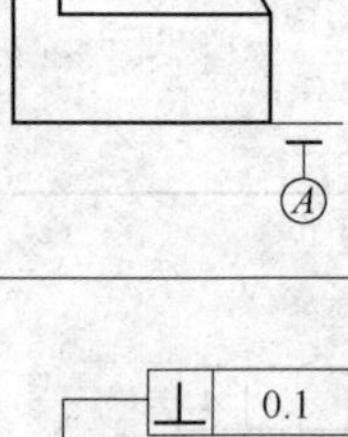	上表面必须位于距离为公差值 0.02 mm,且平行于基准平面 A 的两平行平面之间	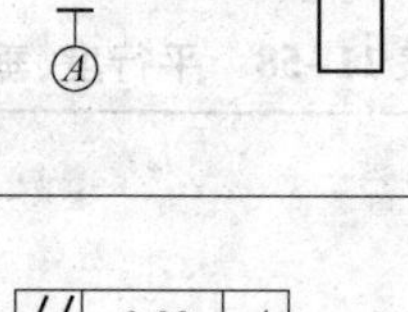	左侧端面必须位于距离为公差值 0.05 mm,且垂直于基准轴线的两平行平面之间
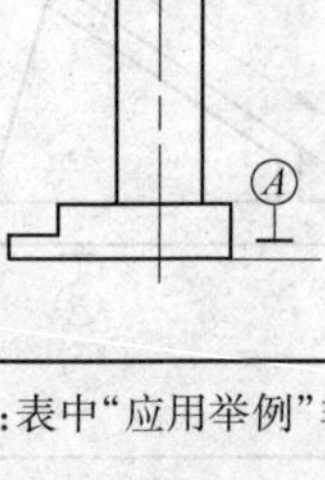	ϕ 所标圆柱的轴线必须位于距离为公差值 0.1 mm,且垂直于基准平面的两平行平面之间(若框格内数字标注为 ϕ0.1 mm,则说明 ϕ 所标圆柱的轴线必须位于直径为公差值 0.1 mm,且垂直于基准平面 A 的圆柱平面内)	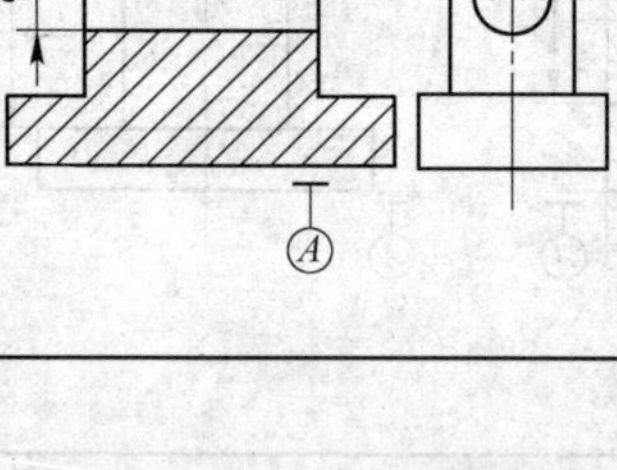	孔的轴线必须位于距离为公差值 0.03 mm,且平行于基准表面 A 的两平行平面之间

注:表中"应用举例"非 GB/T 1184—1996 内容,仅供参考。

表 11-59 同轴度、对称度、圆跳动和全跳动公差(GB/T 1184—1996)

主参数 $d(D)$、B、L 图例

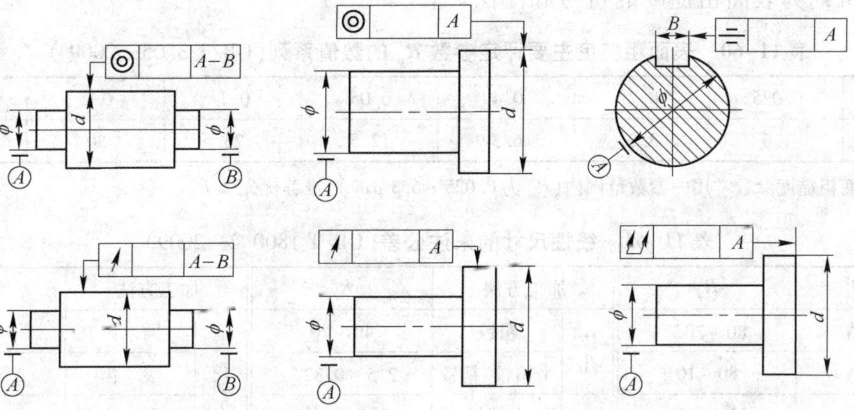

精度等级	主参数 $d(D)$、L、B/mm											应用举例
	>3 ~6	>6 ~10	>10 ~18	>18 ~30	>30 ~50	>50 ~120	>120 ~250	>250 ~500	>500 ~800	>800 ~1250	>1250 ~2000	
7 8	8 12	10 15	12 20	15 25	20 30	25 40	30 50	40 60	50 80	60 100	80 120	8 级和 9 级精度齿轮轴的配合面,拖拉机发动机分配轴颈,普通精度高轴(1000 r/min 以下),长度在 1 m 以下的主传动轴,起重运输机的鼓轮配合孔和导轮的滚动面
9 10	25 50	30 60	40 80	50 100	60 120	80 150	100 200	120 250	150 300	200 400	250 500	10 级和 11 级精度齿轮轴的配合面,发动机气缸套配合面,水泵叶轮,离心泵,泵件,摩托车活塞,自行车中轴

标注示例	说明	标注示例	说明
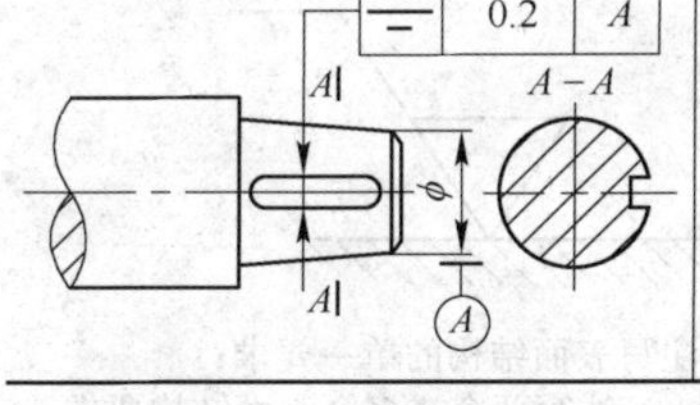	d 的轴线必须位于直径为公差值 0.2 mm,且与公共基准轴线 $A-B$ 同轴的圆柱面内	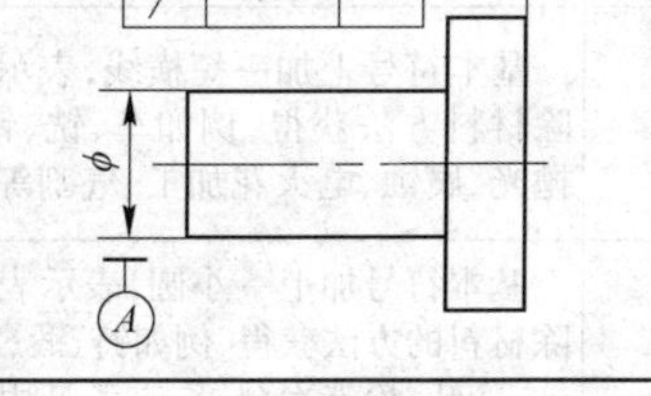	d 圆柱面绕公共基准轴线作无轴向移动旋转一周时,在任一测量平面内的径向跳动量均不得大于公差值 0.02 mm
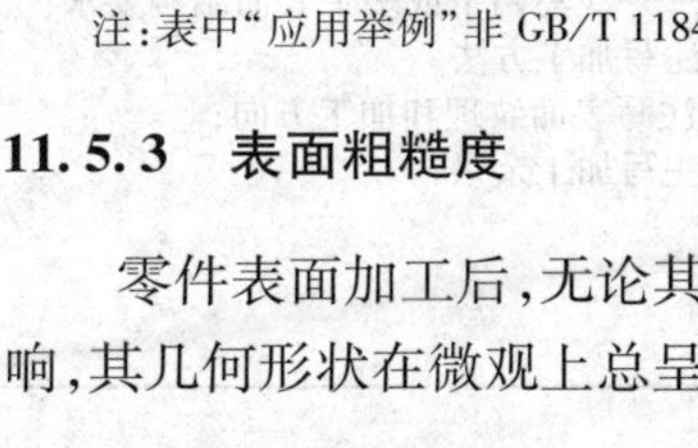	键槽的中心面必须位于距离为公差值 0.2 mm 且相对于基准中心平面 A 对称配置的两平行平面之间	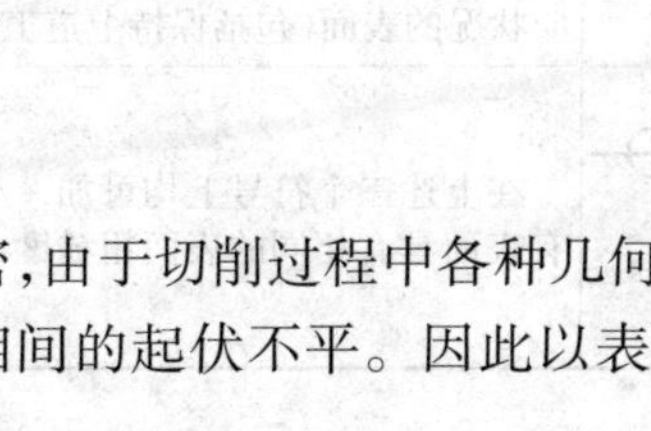	当零件绕基准轴线作无轴向移动旋转一周时,在右端面上任一测量圆柱面内轴向的跳动量均不得大于公差值 0.03 mm。

注:表中"应用举例"非 GB/T 1184—1996 内容,仅供参考。

11.5.3 表面粗糙度

零件表面加工后,无论其加工方法如何精密,由于切削过程中各种几何和物理因素的影响,其几何形状在微观上总呈现出"峰"、"谷"相间的起伏不平。因此以表面粗糙度来描述

微观的几何形状偏差。为了正确地评定表面粗糙度，国家标准规定了表面粗糙度的评定参数，如表 11-60 所示。表 11-61 为不同加工方式对应的线性尺寸的未注公差。表 11-62 和表 11-63 所列为表面粗糙度的符号和注法。

表 11-60　表面粗糙度主要评定参数 R_a 的数值系列（GB/T 3505—2009）　μm

0.012	0.025	0.2	0.4	0.05	0.1	0.2	0.4
0.8	1.6	3.2	6.3	12.5	25	50	100

注：在表面粗糙度参数常用的参数范围内（R_a 为 0.025～6.3 μm），推荐优先选 R_a。

表 11-61　线性尺寸的未注公差（GB/T 1800.2—2009）　μm

加工方法		R_a	加工方法		R_a	加工方法		R_a
砂模铸造		80～20*	铰孔	粗铰	40～20	齿轮加工	插　齿	5～1.25*
模型锻造		80～10		半精铰、精铰	2.5～0.32*		滚　齿	2.5～1.25*
车外圆	粗车	20～10	拉削	半精拉	2.5～0.63		剃　齿	1.25～0.32*
	半精车	10～2.5		精　拉	0.32～0.16	切螺纹	板　牙	10～2.5
	精车	1.25～0.32	刨削	粗　刨	20～10		铣	5～1.25*
镗孔	粗镗	40～10		精　刨	1.25～0.63		磨　削	2.5～0.32*
	半精镗	2.5～0.63*	钳工加工	粗　锉	40～10	镗　磨		0.32～0.04
	精镗	0.63～0.32		细　锉	10～2.5	研　磨		0.63～0.16
圆柱铣和端铣	粗铣	20～5*		刮　削	2.5～0.63	精研磨		0.08～0.02
	精铣	1.25～0.63*		研　磨	1.25～0.08	抛光	一般抛	1.25～0.16
钻孔、扩孔		20～5	插　削		40～2.5		精　抛	0.08～0.04
锪孔、锪端面		5～1.25	磨　削		5～0.01			

注：表中数据是对钢材加工而言。* 为该加工方法可达到 R_a 极限值。

表 11-62　表面粗糙度符号及其注法（GB/T 131—2006）

表面粗糙度符号及意义		表面粗糙度数值及其有关的规定在符号中注写的位置
符　号	意义及说明	
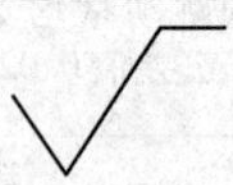	基本符号，表示表面可用任何方法获得，当不加注粗糙度参数值或有关说明（例如表面处理、局部热处理状况等）时，仅适用于简化代号标注	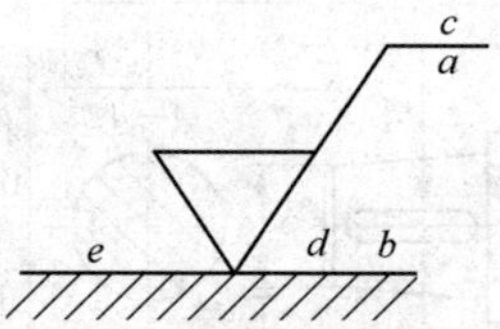 位置 a——注写表面结构的单一要求； 位置 a 和 b——注写两个或多个表面结构要求； 位置 c——注写加工方法 位置 d——注写表面纹理和加工方向； 位置 e——注写加工余量
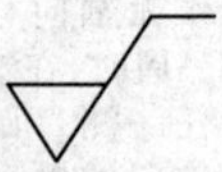	基本符号上加一短横线，表示表面是用去除材料方法获得，例如车、铣、钻、磨、剪切、抛光、腐蚀、电火花加工、气割等	
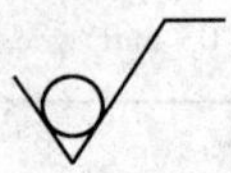	基本符号加上一小圆，表示表面是用不去除材料的方法获得，例如铸、锻、冲压变形、热轧、冷轧、粉末冶金等，或者是用于保持原供应状况的表面（包括保持上道工序的状况）	
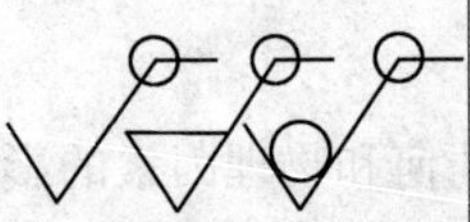	在上述三个符号上均可加一小圈，表示所有表面具有相同的表面粗糙度	

表 11-63　表面粗糙度 R_a 的注法（GB/T 131—2006）

代　号	意　义	代　号	意　义
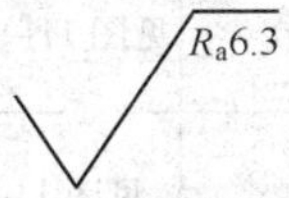	用任何方法获得的表面粗糙度，R_a 的上限值为 6.3 μm	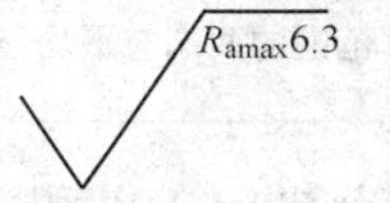	用任何方法获得的表面粗糙度，R_a 的最大值为 6.3 μm
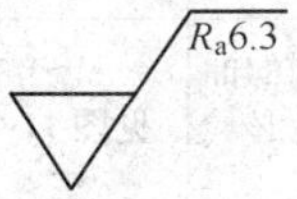	用去除材料的方法获得的表面粗糙度，R_a 的上限值为 6.3 μm	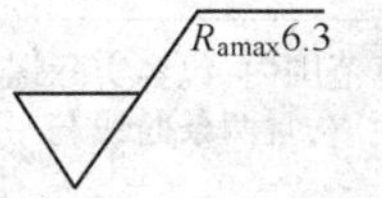	用去除材料的方法获得的表面粗糙度，R_a 的最大值为 6.3 μm
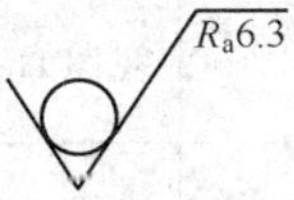	用不去除材料的方法获得的表面粗糙度，R_a 的上限值为 6.3 μm	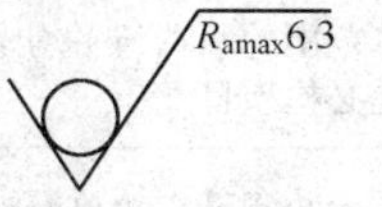	用不去除材料的方法获得的表面粗糙度，R_a 的最大值为 6.3 μm
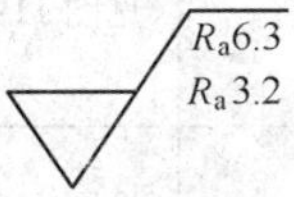	用去除材料的方法获得的表面粗糙度，R_a 的上限值为 6.3 μm，R_a 的下限值为 3.2 μm	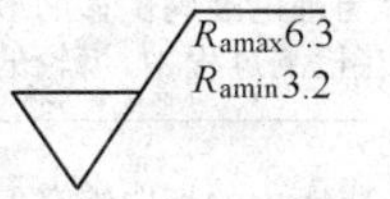	用去除材料的方法获得的表面粗糙度，R_a 的最大值为 6.3 μm，R_a 的最小值为 3.2 μm

11.6　齿轮传动、蜗杆传动偏差

11.6.1　渐开线圆柱齿轮的精度

本节叙述国家标准齿轮传动公差。标准号为 GB/T 10095.1—2008、GB/T 10095.2—2008。在齿轮标准中，齿轮误差、偏差统称为齿轮偏差。

11.6.1.1　渐开线圆柱齿轮精度的定义和代号

表 11-64 所列为渐开线圆柱齿轮轮齿同侧齿面偏差的定义和代号，表 11-65 所列为渐开线圆柱齿轮径向综合偏差、径向跳动的定义和代号。

表 11-64　渐开线圆柱齿轮轮齿同侧齿面偏差的定义和代号（GB/T 10095.1—2008）

序号	名　称	代号	定　义	图　例
1	单个齿距偏差	f_{pt}	在端平面上接近齿高中部的一个与齿轮轴线同心的圆上，实际齿距与理论齿距的代数差	见图 11-8
2	齿距累积偏差	F_{pk}	任意 k 个齿距的实际弧长与理论弧长的代数差。理论上它等于这 k 个齿距的各单个齿距偏差的代数和 注意：除另有规定，F_{pk} 值被限定在不大于 1/8 的圆周上评定。因此，F_{pk} 的允许值适用于齿距数 k 为 2 到小于 $z/8$ 的弧段内。通常，F_{pk} 取 $k=z/8$ 就足够了，对于特殊的应用（如高速齿轮）还需检验较小弧段，并规定相应的 k 数	见图 11-8
3	齿距累积总偏差	F_p	齿轮同侧齿面任意弧段（$1 \leqslant k \leqslant z$）内的最大齿距累积偏差。它表现为齿距累积偏差曲线的总幅值	见图 11-8
4	齿廓总偏差	F_α	在计算范围内，包容实际齿廓迹线的两条设计齿廓迹线间的距离	见图 11-9(a)
5	齿廓形状偏差	$f_{f\alpha}$	在计算范围内，包容实际齿廓迹线的两条与平均齿廓迹线完全相同的曲线间的距离，且两条曲线与平均齿廓迹线的距离为常数	见图 11-9(b)

续表 11-64

序号	名 称	代号	定 义	图 例
6	齿廓倾斜偏差	$f_{H\alpha}$	在计算范围的两端与平均齿廓迹线相交的两条设计齿廓迹线间的距离	见图 11-9(c)
7	螺旋线总偏差	F_{β}	在计算范围内,包容实际螺旋线轨迹的两条设计螺旋线迹线间的距离	见图 11-10
8	螺旋线形状偏差	$f_{f\beta}$	在计算范围内,包容实际螺旋线轨迹的两条与平均螺旋线迹线完全相同的曲线间的距离,且两条曲线与平均螺旋线迹线的距离为常数。该偏差不是必检项目	见图 11-10
9	螺旋线倾斜偏差	$f_{H\beta}$	在计算范围的两端与平均螺旋线迹线相交的设计螺旋线迹线间的距离。该偏差不是必检项目	见图 11-10
10	切向综合总偏差	F_i'	被测齿轮与测量齿轮单面啮合检验时,被测齿轮一转内,齿轮分度圆上实际圆周位移与理论圆周位移的最大差值 注意:在检测过程中,齿轮的同侧齿面处于单面啮合状态	见图 11-11
11	一齿切向综合偏差	f_i'	在一个齿距内的切向综合偏差,但不是必检项目	见图 11-11

表 11-65 渐开线圆柱齿轮径向综合偏差、径向跳动的定义和代号(GB/T 10095.2—2008)

序号	名 称	代号	定 义	图 例
1	径向综合总偏差	F_i''	在径向(双面)综合检验时,产品齿轮的左右齿面同时与测量齿轮接触,并转过一整圈时出现的中心距最大值和最小值之差。它不是必检项目	见图 11-12
2	一齿径向综合偏差	f_i''	在径向(双面)综合检验,当产品齿轮啮合一整圈时,对应一个齿距(360°/z)的径向综合偏差值。它不是必检项目	见图 11-12
3	径向跳动	F_r	测头(球形、圆柱形、砧形)相继置于每个齿槽内时,从它到齿轮轴线的最大和最小径向距离之差。它不是必检项目	见图 11-13

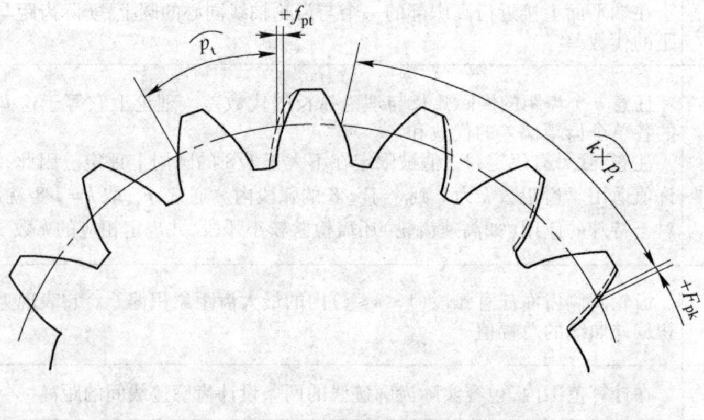

图 11-8 齿距偏差与齿距累积偏差

------理论齿廓;——实际齿廓

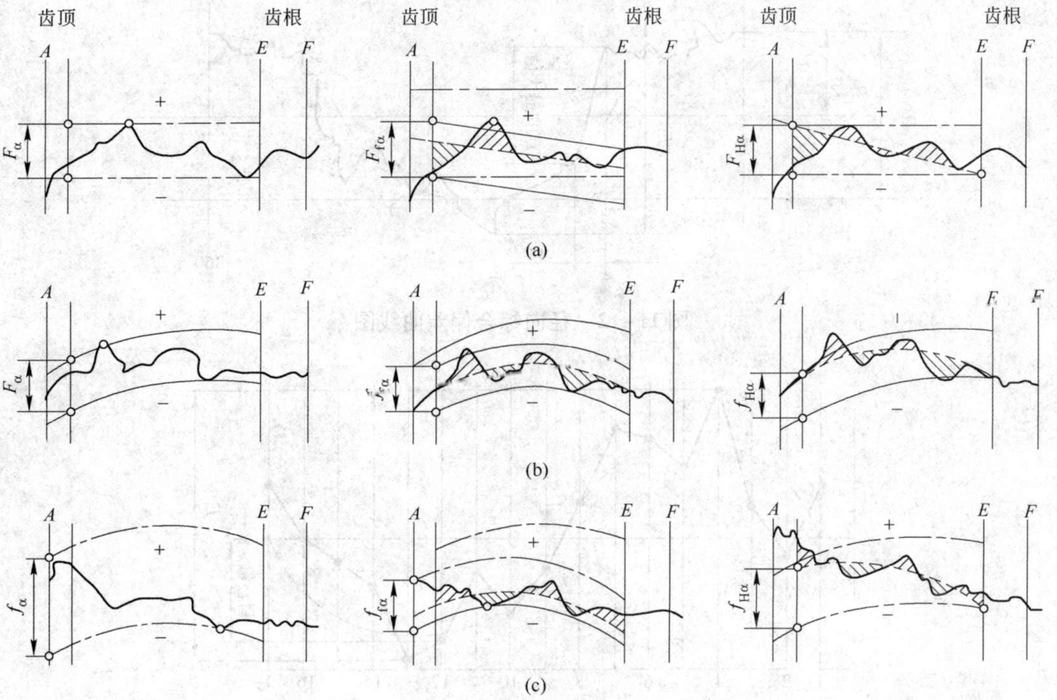

图 11-9 齿廓偏差

（a）齿廓总偏差；（b）齿廓形状偏差；（c）齿廓倾斜偏差

—·— 设计齿廓；〰 实际齿廓；- - - 平均齿廓

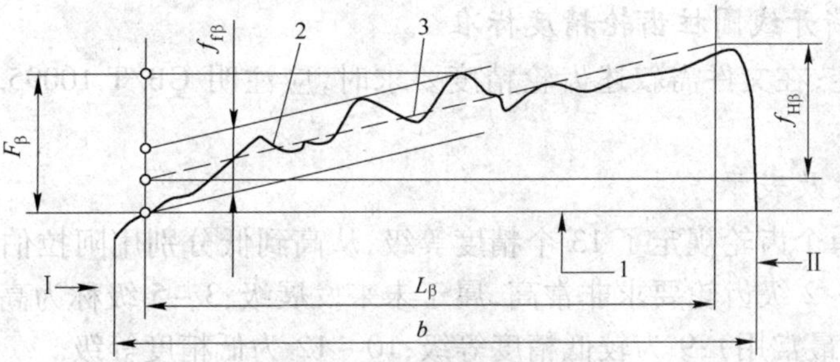

图 11-10 螺旋线偏差

直线 1—没有螺旋线偏差的设计螺旋线迹线；直线 2—有螺旋线偏差的实际螺旋线迹线；
直线 3—平均螺旋线迹线；Ⅰ—基准面；Ⅱ—非基准面

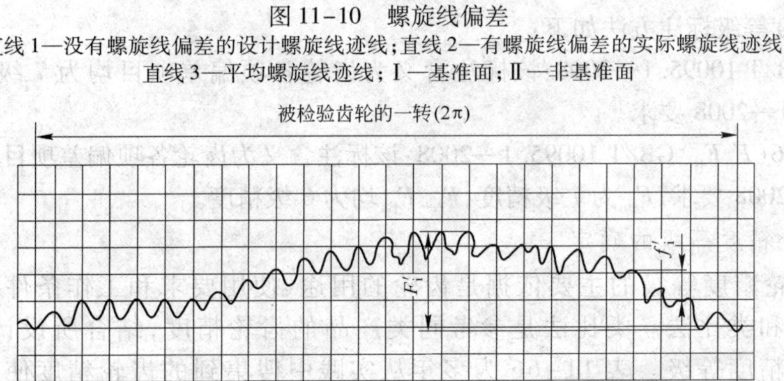

图 11-11 切向综合偏差曲线图

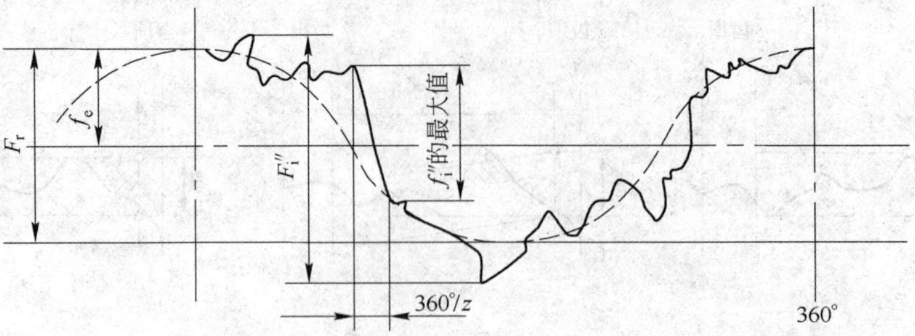

图 11-12　径向综合偏差曲线图

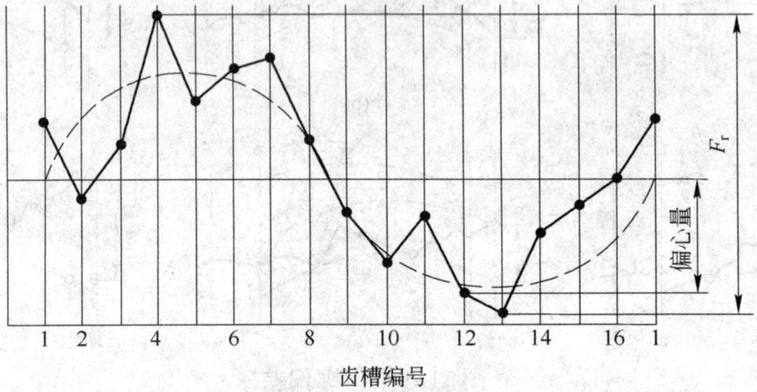

图 11-13　一个齿轮(16 齿)的径向跳动

11.6.1.2　渐开线圆柱齿轮精度标准

国家标准规定,在文件需叙述齿轮精度要求时,应注明 GB/T 10095.1—2008 或 GB/T 10095.2—2008。

A　精度等级及表示方法

国家标准对单个齿轮规定了 13 个精度等级,从高到低分别用阿拉伯数字 0,1,2,3,…,12 表示。其中,0 ~ 2 级齿轮要求非常高,属于未来发展级;3 ~ 5 级称为高精度等级;6 ~ 8 级称为中精度等级(最常用);9 为较低精度等级;10 ~ 12 为低精度等级。

齿轮精度等级标注方法如下:

(1) 7GB/T 10095.1—2008:该标注含义为齿轮各项偏差项目均为 7 级精度,且符合 GB/T10095.1—2008 要求。

(2) $7F_p6(F_\alpha F_\beta)$GB/T 10095.1—2008:该标注含义为齿轮各项偏差项目均应符合 GB/T 10095.1—2008 要求,F_p 为 7 级精度,F_α、F_β 均为 6 级精度。

B　齿轮精度等级的确定

选择齿轮精度等级的主要依据是齿轮的用途、使用要求和工作条件,选择方法一般有计算法和类比法。类比法是参考同类产品的齿轮精度,结合所设计齿轮的具体要求来确定精度等级。表 11-66 为多年从实践中搜集到的齿轮精度使用情况,可供参考。

中等速度和中等载荷的一般齿轮精度等级通常按分度圆处圆周速度来确定精度等级,具体选择参考表 11-67 来确定。

表 11-66 各类机械设备的齿轮精度等级

应用范围	精度等级	应用范围	精度等级
测量齿轮	3~5	拖拉机	6~10
汽轮机、减速器	3~6	一般用途的减速器	6~9
金属切削机床	3~8	轧钢设备小齿轮	6~10
内燃机和电气机车	6~7	矿用绞车	8~10
轻型汽车	5~8	起重机机构	7~10
重型汽车	6~9	农业机械	8~11
航空发动机	4~7		

表 11-67 齿轮精度等级的适用范围

精度等级	圆周速度 $v/\mathrm{m\cdot s^{-1}}$		工作条件与适用范围
	直 齿	斜 齿	
4	$20<v\leqslant35$	$40<v\leqslant70$	(1) 特精密分度机构或在最平稳、无噪声的极高速下工作的传动齿轮； (2) 高速透平传动齿轮； (3) 检测 7 级齿轮的测量齿轮
5	$16<v\leqslant20$	$30<v\leqslant40$	(1) 精密分度机构或在极平稳、无噪声的高速下工作的传动齿轮； (2) 精密机构用齿轮； (3) 透平齿轮； (4) 检测 8 级和 9 级齿轮的测量齿轮
6	$10<v\leqslant16$	$15<v\leqslant30$	(1) 最高效率、无噪声的高速下平稳工作的齿轮传动； (2) 特别重要的航空、汽车齿轮； (3) 读数装置用的特别精密传动齿轮
7	$6<v\leqslant10$	$10<v\leqslant15$	(1) 增速和减速用齿轮传动； (2) 金属切削机床进给机构用齿轮； (3) 高速减速器齿轮； (4) 航空、汽车用齿轮； (5) 读数装置用齿轮
8	$4<v\leqslant6$	$4<v\leqslant10$	(1) 一般机械制造用齿轮； (2) 分度链之外的机床传动齿轮； (3) 航空、汽车用的不重要齿轮； (4) 起重机构用齿轮、农业机械中的重要齿轮； (5) 通用减速器齿轮
9	$v\leqslant4$	$v\leqslant4$	不提出精度要求的粗糙工作齿轮

C 齿厚偏差标注

按照《渐开线圆柱齿轮图样上应注明的尺寸数据》(GB/T 6443—2006)的规定，齿厚(或公法线长度)及其极限偏差值应注写在图样右上角的参数表中，其值可查通用减速器行业标准及机械零件设计手册。

齿厚偏差 E_{sn} 是指在分度圆柱面上齿厚的实际值与公称值之差，如图 11-14 所示。

公法线长度偏差 E_{bn} 是指公法线长度的实际值与公称值之差。

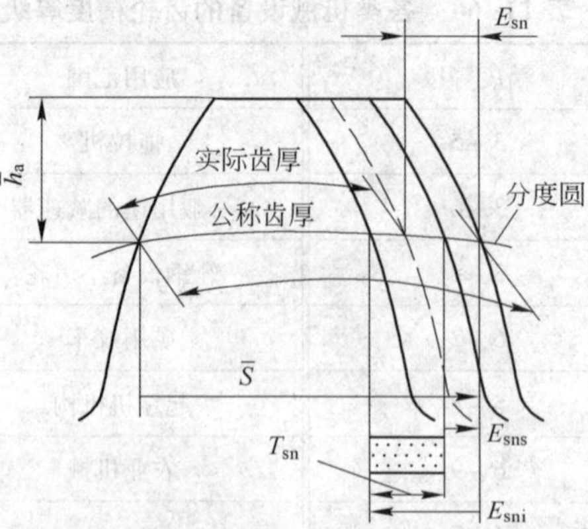

图 11-14 齿厚偏差

11.6.1.3 渐开线圆柱齿轮各项偏差值

表 11-68、表 11-69、表 11-70 分别给出了 F_β、$f_{f\beta}$、$f_{H\beta}$、$\pm f_{pt}$、F_p、F_α、$f_{f\alpha}$、$f_{H\alpha}$、F_r、f_i'/k、F_i''、f_i'' 的偏差值。

表 11-68 F_β、$f_{f\beta}$、$f_{H\beta}$ 偏差允许值（GB/T 10095.1—2008） μm

分度圆直径 d/mm	偏差项目	螺旋线总偏差 F_β				螺旋线形状总偏差 $f_{f\beta}$ 和 $f_{H\beta}$			
	齿宽 b/mm \ 精度等级	5	6	7	8	5	6	7	8
$5 \leqslant d \leqslant 20$	$4 \leqslant b \leqslant 10$	6.0	8.5	12	17	4.4	6.0	8.5	12
	$10 < b \leqslant 20$	7.0	9.5	14	19	4.9	7.0	10	14
$20 < d \leqslant 50$	$4 \leqslant b \leqslant 10$	6.5	9.0	13	18	4.5	6.5	9.0	13
	$10 < b \leqslant 20$	7.0	10	14	20	5.0	7.0	10	14
	$20 < b \leqslant 40$	8.0	11	16	23	6.0	8.0	12	16
$50 < d \leqslant 125$	$4 \leqslant b \leqslant 10$	6.5	9.5	13	19	4.8	6.5	9.5	13
	$10 < b \leqslant 20$	7.5	11	15	21	5.5	7.5	11	15
	$20 < b \leqslant 40$	8.5	12	17	24	6.0	8.0	12	17
	$40 < b \leqslant 80$	10	14	20	28	7.0	10	14	20
$125 < d \leqslant 280$	$4 \leqslant b \leqslant 10$	7.0	10	14	20	5.0	7.0	10	14
	$10 < b \leqslant 20$	8.0	11	16	22	5.5	8.0	11	16
	$20 < b \leqslant 40$	9.0	13	18	25	6.5	9.0	13	18
	$40 < b \leqslant 80$	10	15	21	29	7.5	10	15	21
	$80 < b \leqslant 160$	12	17	25	35	8.5	12	17	25
$280 < d \leqslant 560$	$4 \leqslant b \leqslant 10$	8.5	12	17	24	6.0	8.5	12	17
	$10 < b \leqslant 20$	9.5	13	19	27	7.0	9.5	14	19
	$40 < b \leqslant 80$	11	15	22	31	8.0	11	16	22
	$80 < b \leqslant 160$	13	18	26	36	9.0	13	18	26
	$160 < b \leqslant 250$	15	21	30	43	11	15	22	30

表 11-69 $\pm f_{pt}$、F_p、F_α、$f_{f\alpha}$、$f_{H\alpha}$、F_r、f_i'/k 值偏差允许值（GB/T 10095.1 —2008） μm

分度圆直径 d/mm	偏差项目	单个齿距偏差 $\pm f_{pt}$				齿距累计总偏差 F_p				齿廓总偏差 F_α				齿廓形状偏差 $f_{f\alpha}$				齿廓倾斜极限偏差 $\pm f_{H\alpha}$				径向跳动公差 F_r				f_i'/k 值			
	法向模数 m_n/mm \ 精度等级	5	6	7	8	5	6	7	8	5	6	7	8	5	6	7	8	5	6	7	8	5	6	7	8	5	6	7	8
5≤d≤20	0.5≤d≤2	4.7	6.5	9.5	13	11	16	23	32	4.6	6.5	9.0	13	3.5	5.0	7.0	10	2.9	4.2	6.0	8.5	9.0	13	18	25	14	19	27	38
	2<d≤3.5	5.0	7.5	10	15	12	17	23	33	6.5	9.5	13	19	5.0	7.0	10	14	4.2	6.0	8.5	12	9.5	13	19	27	16	23	32	45
20<d≤50	0.5≤d≤2	5.0	7.0	10	14	14	20	29	41	5.0	7.5	10	15	4.0	5.5	8.0	11	3.3	4.6	6.5	9.5	11	16	23	32	14	20	29	41
	2<d≤3.5	5.5	7.5	11	15	15	21	30	42	7.0	10	14	20	5.5	8.0	11	16	4.5	6.5	9.0	13	12	17	24	34	17	24	34	48
	3.5<d≤6	6.0	8.5	12	17	15	22	31	44	9.0	12	18	25	7.0	9.5	14	19	5.5	8.0	11	16	12	17	25	35	19	27	38	54
50<d≤125	0.5≤d≤2	5.5	7.5	11	15	18	26	37	52	6.0	8.5	12	17	4.5	6.5	9.0	13	3.7	5.5	7.5	11	15	21	29	42	16	22	31	44
	2<d≤3.5	6.0	8.5	12	17	19	27	38	53	8.0	11	16	22	6.0	8.5	12	17	5.0	7.0	10	14	15	21	30	43	18	25	36	51
	3.5<d≤6	6.5	9.0	13	18	19	28	39	55	9.0	13	19	27	7.5	10	15	21	6.0	8.5	12	17	16	22	31	44	20	29	40	57
125<d≤280	0.5≤d≤2	6.0	8.5	12	17	24	35	49	69	7.0	10	14	20	5.5	7.5	11	15	4.4	6.0	9.0	12	20	28	39	55	17	24	34	49
	2<d≤3.5	6.5	9.0	13	18	25	35	50	70	9.0	13	18	25	7.0	9.5	14	19	5.5	8.0	11	16	20	28	40	56	20	28	39	56
	3.5<d≤6	7.0	10	14	20	25	36	51	72	11	15	21	30	8.0	12	16	23	6.5	9.5	13	19	20	29	41	58	22	31	44	62
280<d≤560	0.5≤d≤2	6.5	9.5	13	19	32	46	64	91	8.5	12	17	23	6.5	9.0	13	18	5.5	7.5	11	15	26	36	51	73	19	27	39	54
	2<d≤3.5	7.0	10	14	20	33	46	65	92	10	15	21	29	8.0	11	16	22	6.5	9.0	13	18	26	37	52	74	22	31	44	62
	3.5<d≤6	8.0	11	16	22	33	47	66	94	12	17	24	34	9.0	13	18	26	7.5	11	15	21	27	38	53	75	24	34	48	68

表 11-70　F_i''、f_i'' 公差值（GB/T 10095.2—2008）　μm

分度圆直径 d/mm	公差项目	径向综合总公差 F_i''				一齿径向综合公差 f_i''			
	法向模数 m_n/mm ＼ 精度等级	5	6	7	8	5	6	7	8
5≤d≤20	0.2≤d≤0.5	11	15	21	30	2.0	2.5	3.5	5.0
	0.5<d≤0.8	12	16	23	33	2.5	4.0	5.5	7.5
	0.8<d≤1.0	12	18	25	35	3.5	5.0	7.0	10
	1.0<d≤1.5	14	19	27	38	4.5	6.5	9.0	13
20<d≤50	0.2≤d≤0.5	13	19	26	37	2.0	2.5	3.5	5.0
	0.5<d≤0.8	14	20	28	40	2.5	4.0	5.5	7.5
	0.8<d≤1.0	15	21	30	42	3.5	5.0	7.0	10
	1.0<d≤1.5	16	23	32	45	4.5	6.5	9.0	13
	1.5<d≤2.5	18	26	37	52	6.5	9.5	13	19
50<d≤125	1.0<d≤1.5	19	27	39	55	4.5	6.5	9.0	13
	1.5<d≤2.5	22	31	43	61	6.5	9.5	13	19
	1.5<d≤4.0	25	36	51	72	10	14	20	29
	4.0<d≤6.0	31	44	62	88	15	22	31	44
	6.0<d≤10	40	57	80	114	24	34	48	67
125<d≤280	1.0<d≤1.5	24	34	48	68	4.5	6.5	9.0	13
	1.5<d≤2.5	26	37	53	75	6.5	9.5	13	19
	1.5<d≤4.0	30	43	61	86	10	15	21	29
	4.0<d≤6.0	36	51	72	102	15	22	31	44
	6.0<d≤10	45	64	90	127	24	34	48	67
280<d≤560	1.0<d≤1.5	30	43	61	86	4.5	6.5	9.0	13
	1.5<d≤2.5	33	46	65	92	6.5	9.5	13	19
	1.5<d≤4.0	37	52	73	104	10	15	21	29
	4.0<d≤6.0	42	60	84	119	15	22	31	44
	6.0<d≤10	51	73	103	145	24	34	48	68

11.6.1.4　齿轮的检验组（推荐）

齿轮精度标准 GB/T 10095.1～2 及 GB/Z 18620.2 等文件中给出了很多偏差项目，作为划分齿轮质量等级的标准一般只有下列几项：齿距偏差 F_p、f_{pt}、F_{pk}，齿廓总偏差 F_α，螺旋线总偏差 F_β，齿厚偏差 E_{sn}。其他参数不是必检项目而是根据需方要求而确定，这充分体现了用户第一的思想。按照我国的生产实践及现有生产和检测水平，特推荐五个检验组（见表 11-71），以便于设计人员按齿轮使用要求、生产批量和检验设备选取其中一个检验组来评定齿轮的精度等级。

表 11-71 齿轮的检验组

检验组	检验项目	精度等级	测量仪器	备 注
1	F_p、F_α、F_β、F_r、E_{sn}或E_{bn}	3~9	齿距仪、齿形仪、齿向仪、摆差测定仪、齿厚卡尺或公法线千分尺	单件小批量
2	F_p、F_{pk}、F_α、F_β、F_r、E_{sn}或E_{bn}	3~9	齿距仪、齿形仪、齿向仪、摆差测定仪、齿厚卡尺或公法线千分尺	单件小批量
3	F''_i、f''_i、E_{sn}或E_{bn}	6~9	双面啮合测量仪、齿厚卡尺或公法线千分尺	大批量
4	f_{pt}、F_r、E_{sn}或E_{bn}	10~12	齿距仪、摆差测定仪、齿厚卡尺或公法线千分尺	
5	F'_i、f'_i、F_β、E_{sn}或E_{bn}	3~6	单啮仪、齿向仪、齿厚卡尺或公法线千分尺	大批量

11.6.2 锥齿轮精度

GB 11365—89 为锥齿轮和准双曲面齿轮精度及公差的国家标准，本标准适用于中点法向模数 $m_n \geqslant 1$ mm 的直齿、斜齿、曲线齿锥齿轮和准双曲面齿轮。

11.6.2.1 定义和代号

推荐的锥齿轮及齿轮副检验项目的名称、代号和定义见表 11-72。

表 11-72 推荐的锥齿轮及齿轮副检验项目的名称、代号和定义

名 称	代号	定 义	名 称	代号	定 义
齿距累积误差 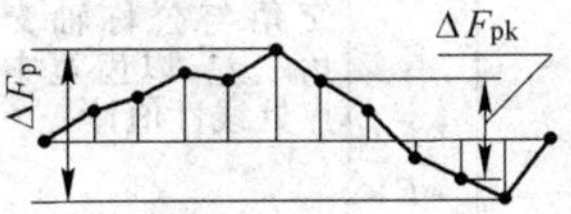	ΔF_p	在重点分度圆①上，任意两个同侧齿面间的实际弧长与公称弧长之差的最大绝对值	齿轮副轴交角综合误差	$\Delta F''_{i\Sigma c}$	齿轮副在分锥顶点重合条件下双面啮合时，在转动的整周期②内，轴交角的最大变动量。以齿宽中点处线性值计
齿圈跳动 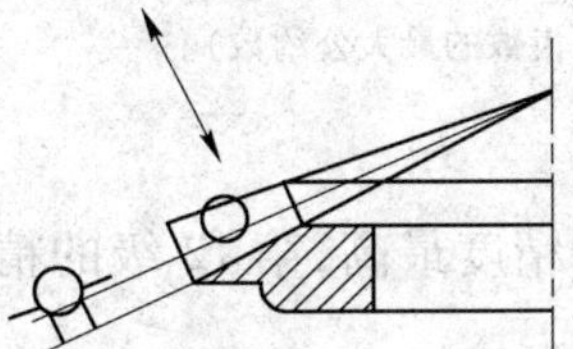 齿圈跳动公差	ΔF_r F_r	齿轮一转范围内，测头在齿槽内与齿面中部双面接触时，沿分锥法向相对齿轮轴向的最大变动量	齿轮副一齿轴交角综合误差	$\Delta f''_{i\Sigma c}$	齿轮副在分锥顶点重合条件下双面啮合时，在一齿距角内，轴交角的最大变动量。在整周期②内取值，以齿宽中点处线性值计
齿距偏差 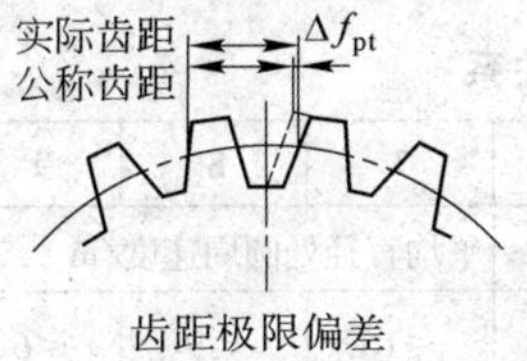 齿距极限偏差	Δf_{pt}	在中点分度圆上，实际齿距与公称齿距之差	齿轮副侧隙变动量	ΔF_{vj}	齿轮副按规定的位置安装后，在转动的整周期②内，法向侧隙的最大值与最小值之差
上偏差 下偏差	$+f_{pt}$ $-f_{pt}$		齿轮副侧隙变动公差	F_{vj}	

续表 11-72

名　称	代号	定　义
齿厚偏差	$\Delta E_{\bar{s}}$	齿宽中点法向弦齿厚的实际值与公称值之差
齿厚极限偏差 上偏差 下偏差 公　差	 $E_{\bar{s}s}$ $E_{\bar{s}i}$ $T_{\bar{s}}$	
接触斑点 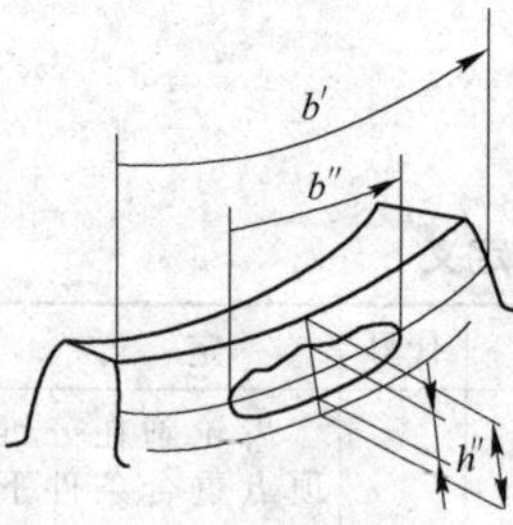 		安装好的齿轮副（或被测齿轮与测量齿轮）在轻微力的制动下运转后，齿面上得到的接触痕迹。 接触斑点包括形状、位置、大小三方面的要求。 接触痕迹的大小按百分比确定： 沿齿长方向——接触痕迹长度 b'' 与工作长度 b' 之比的百分数，即 $(b''/b')\times100\%$；沿齿高方向——接触痕迹高度 h'' 与接触痕迹中部的高度 h' 之比的百分数，$(h''/h')\times100\%$

名　称	代号	定　义
齿圈轴向位移 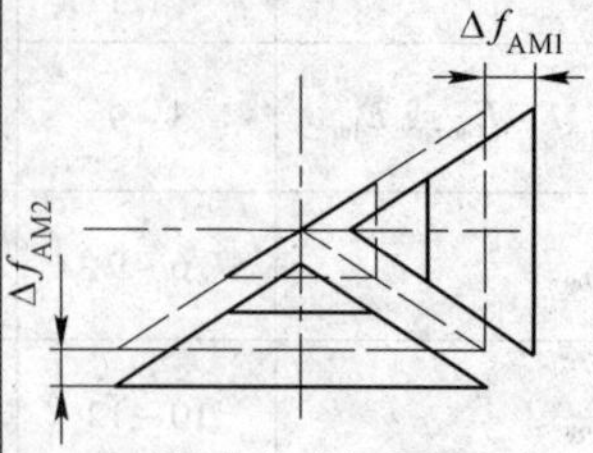 	Δf_{AM}	齿轮装配后，齿圈相对于滚动检查机上确定的最佳啮合位置的轴向位移量
齿圈轴向位移极限偏差 上偏差 下偏差	 $+f_{AM}$ $-f_{AM}$	
齿轮副轴间距偏差 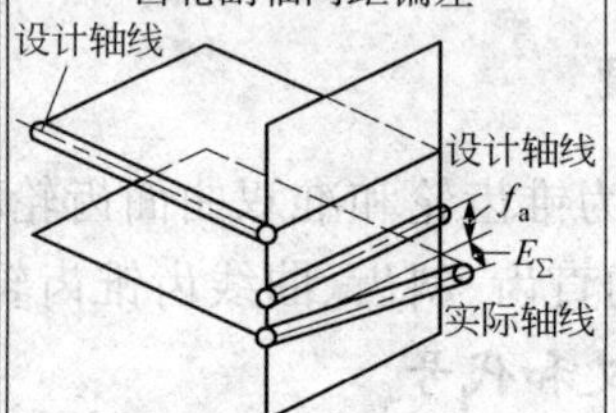 	Δf_a	齿轮副实际轴间距与公称轴间距之差
齿轮副轴间距极限偏差 上偏差 下偏差	 $+f_a$ $-f_a$	
齿轮副轴交角偏差	ΔE_Σ	齿轮副实际轴交角与公称轴交角之差，以齿宽中点处线性值计
齿轮副轴交角极限偏差 上偏差 下偏差	 $+E_\Sigma$ $-E_\Sigma$	

① 允许在齿面中部测量。

② 齿轮副转动整周期按 $n_2=z_1/X$ 计算（n_2 为大轮转数；z_1 为小轮齿数；X 为大、小轮齿数的最大公约数）。

11.6.2.2　精度等级

GB 11365—89 对齿轮及齿轮副规定 12 个精度等级。第 1 级的精度最高，第 12 级的精度最低。

锥齿轮精度应根据传动用途、使用条件、传递功率、圆周速度以及其他技术要求决定。锥齿轮第Ⅱ公差组的精度等级可参考表 11-73 选择。

表 11-73　锥齿轮第Ⅱ公差组精度等级与圆周速度的关系

第Ⅱ公差组精度等级		7	8	9	第Ⅱ公差组精度等级		7	8	9
类别	齿面硬度 HBS	平均直径处圆周速度/m·s⁻¹			类别	齿面硬度 HBS	平均直径处圆周速度/m·s⁻¹		
直齿	≤350	≤7	≤4	≤3	非直齿	≤350	≤16	≤9	≤6
	>350	≤6	≤3	≤2.5		>350	≤13	≤7	≤5

11.6.2.3 公差组与检验项目

GB 11365—89 中将锥齿轮和齿轮副的公差项目分成三个公差组，如表 11–74 所列。根据使用要求，允许各公差组选用不同的精度等级，但对齿轮副中大、小轮的同一公差组，应规定同一精度等级。

表 11–74 锥齿轮和齿轮副的公差组及各检验组的应用

公差组		公差与极限偏差项目			检验组	适用精度范围
		名 称	代号	数 值		
Ⅰ	齿轮	切向综合公差	F'_i	$F_p+1.5f_c$	$\Delta F'_i$	4~8 级
		轴交角综合公差	$F''_{i\Sigma}$	$0.7F''_{i\Sigma c}$	$\Delta F''_{i\Sigma c}$	7~12 级直齿，9~12 级非直齿
		齿距累积公差	F_p	见表 11–77	ΔF_p	7~8 级
		K 个齿距累积公差	F_{pk}		ΔF_p 或 ΔF_{pk}	4~6 级
		齿圈跳动公差	F_r	见表 11–77	ΔF_r	7~12 级，对 7~8 级 d_m① >1600 mm
	齿轮副	齿轮副切向综合公差	F'_{ic}	$F'_{i1}+F'_{i2}$②	$\Delta F'_{ic}$	4~8 级
		齿轮副轴交角综合公差	$F'_{i\Sigma c}$	见表 11–77	$\Delta F''_{i\Sigma c}$	7~12 级直齿，9~12 级非直齿
		齿轮副侧隙变动公差	F_{vj}		$\Delta F''_{vj}$	9~12 级
Ⅱ	齿轮	一齿切向综合公差	f'_i	$0.8(f_{pt}+1.15f_c)$	$\Delta f'_i$	4~8 级
		一齿轴交角综合公差	$f''_{i\Sigma}$	$0.7f'_{i\Sigma c}$	$\Delta f'_{i\Sigma}$	7~12 级直齿，9~12 级非直齿
		周期误差的公差	f'_{zk}	见表 11–76	$\Delta f'_{zk}$	4~8 级，纵向重合度 ε_β 大于界限值③
		齿距极限偏差	$\pm f_{pt}$		Δf_{pt}	7~12 级
		齿形相对误差的公差	f_c		Δf_{pt} 与 Δf_c	4~6 级
	齿轮副	齿轮副一齿切向综合公差	f'_{ic}	$f_{i1}+f_{i2}$	$\Delta f'_{ic}$	4~8 级
		齿轮副一齿轴交角综合公差		见表 11–76	$\Delta f''_{i\Sigma c}$	7~12 级直齿，9~12 级非直齿
		齿轮副周期误差的公差	f'_{zkc}		$\Delta f'_{zkc}$	4~8 级，纵向重合度 ε_β 大于界限值③
		齿轮副齿频周期误差的公差	f'_{zzc}	表 11–79	$\Delta f'_{zzc}$	4~8 级，纵向重合度 ε_β 小于界限值③
Ⅲ	齿轮	接触斑点		表 11–80	接触斑点	4~12 级
	齿轮副					
安装精度	齿轮副	齿圈轴向位移极限偏差	$\pm f_{AM}$④	表 11–78	Δf_{AM}、Δf_a 和 ΔE_Σ	4~12 级。当齿轮副安装在实际装置上时检验
		齿轮副轴间距极限偏差	$\pm f_a$④	表 11–79		
		齿轮副轴交角极限偏差	$\pm E_\Sigma$			

① d_m 为中点分度圆直径。
② 当两齿轮的齿数比为不大于 3 的整数且采用选配时，应将 F'_{ic} 值压缩 25% 或更多。
③ ε_β 的界限值：对第Ⅲ公差组精度等级为 4、5 级，ε_β 为 1.35；6、7 级，ε_β 为 1.55；8 级，ε_β 为 2.0。
④ $\pm f_{AM}$ 属第Ⅱ公差值，$\pm f_a$ 属第Ⅲ公差组。

GB 11365—89 中规定了锥齿轮和齿轮副的各公差组的检验线。根据齿轮的工作要求和生产规模，在各公差组中任选一个检验组评定和验收齿轮和齿轮副的精度等级。锥齿轮的检测项目参见表 11–75。检验组可由订货的供、需双方协商确定。

表 11–75　推荐的锥齿轮和齿轮副的检测项目

类别		锥齿轮			齿轮副			
精度等级		7	8	9	7	8	9	安装精度
公差组	Ⅰ	F_p 或 F_r		F_r	$F''_{i\Sigma c}$		F_{vj}	$\pm f_{AM}$，$\pm f_a$，$\pm E_\Sigma$
	Ⅱ	$\pm f_{pt}$			$F''_{i\Sigma c}$			
	Ⅲ	接触斑点						
侧　隙		E_{ss}^-，E_{si}^-			j_{nmin}			
齿坯公差		外径尺寸极限偏差及轴孔尺寸公差；齿坯顶锥母线跳动和基准端面跳动公差；齿坯轮冠距和顶锥角极限偏差						

各检测项目的公差值和极限偏差值可参见表 11–76、表 11–77、表 11–78。

表 11–76　锥齿轮的 $\pm f_{pt}$、f_c 和齿轮副的 $F''_{i\Sigma c}$ 值　μm

中点分度圆直径/mm		中点法向模数/mm	齿距极限偏差 $\pm f_{pt}$					齿形相对误差的公差 f_c			齿轮副—齿轴交角综合公差 $f''_{i\Sigma c}$			
			精度等级											
大于	到		6	7	8	9	10	6	7	8	7	8	9	10
	125	1～3.5	10	14	20	28	40	5	8	10	28	40	53	67
		>3.5～6.3	13	18	25	36	50	6	9	13	36	50	60	75
		>6.3～10	14	20	28	40	56	8	11	17	40	56	71	90
		>10～16	17	24	34	48	67	10	15	22	48	67	85	105
125	400	1～3.5	11	16	22	32	45	7	9	13	32	45	60	75
		>3.5～6.3	14	20	28	40	56	8	11	15	40	56	67	80
		>6.3～10	16	22	32	45	63	9	13	19	45	63	80	100
		>10～16	18	25	36	50	71	11	17	25	50	71	90	120
400	800	1～3.5	13	18	25	36	50	9	12	18	36	50	67	80
		>3.5～6.3	14	20	28	40	56	10	14	20	40	56	75	90
		>6.3～10	18	25	36	50	71	11	16	24	50	71	85	105
		>10～16	20	28	40	56	80	13	20	30	56	80	100	130

表 11–77　锥齿轮的 F_p、F_{pk}、F_r 和齿轮副的 $F''_{i\Sigma c}$、F_{vj} 值　μm

齿距累积公差 F_p 和 K 个齿距累积公差 F_{pk}①						
L/min		精度等级				
大于	到	6	7	8	9	10
	11.2	11	16	22	32	45
11.2	20	16	22	32	45	63
20	32	20	28	40	56	80
32	50	22	32	45	63	90
50	80	25	36	50	71	100
80	160	32	45	63	90	125
160	315	45	63	90	125	180
315	630	63	90	125	180	250
630	1000	80	112	160	224	315

中点分度圆直径/mm		中点法向模数/mm	齿圈跳动公差 F_r				齿轮副综合交角综合公差 $F''_{i\Sigma c}$				侧隙变动公差 F_{vj}②	
			精度等级									
大于	到		7	8	9	10	7	8	9	10	9	10
	125	1～3.5	36	45	56	71	67	85	110	130	75	90
		>3.5～6.3	40	50	63	80	75	95	120	150	80	100
		>6.3～10	45	56	71	90	85	105	130	170	90	120
		>10～16	50	63	80	100	100	120	150	190	105	130
125	400	1～3.5	50	63	80	100	100	125	160	190	110	140
		>3.5～6.3	56	71	90	112	105	130	170	200	120	150
		>6.3～10	63	80	100	125	120	150	180	220	130	160
		>10～16	71	90	112	140	130	160	200	250	140	170
400	800	1～3.5	63	80	100	125	130	160	200	260	140	180
		>3.5～6.3	71	90	112	140	140	170	220	280	150	190
		>6.3～10	80	100	125	160	150	190	240	300	160	200
		>10～16	90	112	140	180	160	200	260	320	180	220

① F_p 和 F_{pk} 按中点分度圆弧长 L 查表。查 F_p 时，取 $L=\frac{1}{2}\pi d=\frac{\pi m_n z}{2\cos\beta}$；查 F_{pk} 时，取 $L=\frac{K\pi m_n}{\cos\beta}$（没有特殊要求时，$K$ 值取 $z/6$ 或最接近的整齿数）。

② F_{vj} 取大小轮中点分度圆直径之和的一半作为查表直径。对于齿数比为整数且不大于 3（1、2、3）的齿轮副，当采用选配时可将 F_{vj} 值缩小 25% 或更多。

表 11-78 齿圈轴向位移极限偏差 $\pm f_{AM}$ 值 μm

中点锥距/mm		分锥角/(°)		精度等级																			
				6				7				8				9				10			
				中点法面模数																			
大于	到	大于	到	1~3.5	>3.5~6.3	>6.3~10	>10~16	1~3.5	>3.5~6.3	>6.3~10	>10~16	1~3.5	>3.5~6.3	>6.3~10	>10~16	1~3.5	>3.5~6.3	>6.3~10	>10~16	1~3.5	>3.5~6.3	>6.3~10	>10~16
	50		20	14	8			20	11			28	16			40	22			56	32		
		20	45	12	6.7			17	9.5			24	13			34	19			48	26		
		45		5	2.8			71	4			10	5.6			14	8			20	11		
50	100		20	48	26	17	13	67	38	24	18	95	53	34	26	140	75	50	38	190	105	71	50
		20	45	40	22	15	11	56	32	21	16	80	45	30	22	120	63	42	30	160	90	60	45
		45		17	9.5	6	4.5	24	13	8.5	6.7	34	17	12	9	48	26	17	13	67	38	24	18
100	200		20	105	60	38	28	150	80	53	40	200	120	75	56	300	160	105	80	420	240	150	110
		20	45	90	50	32	24	130	71	45	34	180	100	63	48	260	140	90	67	360	190	130	95
		45		38	21	13	10	53	30	19	14	75	40	26	20	105	60	38	28	150	80	53	40
200	400		20	240	130	85	60	340	180	120	85	480	250	170	120	670	360	240	170	950	500	320	240
		20	45	200	105	71	50	280	150	100	71	400	210	140	100	560	300	200	150	800	420	280	200
		45		85	45	30	21	120	63	40	30	170	90	60	42	240	130	85	60	340	180	120	85
400	800		20	530	280	180	130	750	400	250	180	1050	560	360	260	1500	800	500	380	2100	1100	710	500
		20	45	450	240	150	110	630	340	210	160	900	480	300	220	1300	670	440	300	1700	950	600	440
		45		190	100	63	45	270	140	90	67	380	200	125	90	530	280	180	130	750	400	250	180

注:表中数值用于 $\alpha=20°$ 的非修形齿轮。对修形齿轮,允许采用低一级的 $\pm f_{AM}$ 值;当 $\alpha \neq 20°$ 时,表中数值乘以 $\sin20°/\sin\alpha$。

当齿轮副安装在实际位置上时,应检验安装误差的项目 Δf_{AM}、ΔE_{Σ}、Δf_a。$\pm f_{AM}$ 值参见表 11-78,$\pm E_{\Sigma}$、$\pm f_a$ 值参见表 11-79。表 11-80 所列为接触斑点。

表 11-79 锥齿轮副的 $\pm E_{\Sigma}$、$\pm f_a$ 值 μm

轴交角极限偏差 $\pm E_{\Sigma}$ ①							轴间距极限偏差 $\pm f_a$ ②					
中点锥距/mm	小轮分锥角/(°)	最小法向侧隙种类					中点锥距/mm	精度等级				
		h、e	d	c	b	a		6	7	8	9	10
≤50	≤15	7.5	11	18	30	45	≤50	12	18	28	36	67
	>15~25	10	16	26	42	63						
	>25	12	19	30	50	80						
>50~100	≤15	10	16	26	42	63	>50~100	15	20	30	45	75
	>15~25	12	19	30	50	80						
	>25	15	22	32	60	95						
>100~200	≤15	12	19	30	50	80	>100~200	18	25	36	55	90
	>15~25	17	26	45	71	110						
	>25	20	32	50	80	125						
>200~400	≤15	15	22	32	60	95	>200~400	25	30	45	75	120
	>15~25	24	36	56	90	140						
	>25	26	40	63	100	160						
>400~800	≤15	20	32	50	80	125	>400~800	30	36	60	90	150
	>15~25	28	45	71	110	180						
	>25	34	56	85	140	220						

① E_{Σ} 值的公差带位置相对于零线可以不对称或取在一侧,适用于 $\alpha=20°$ 的正交齿轮副。
② f_a 值用于无纵向修形的齿轮副。对纵向修形的齿轮副允许采用低一级的 $\pm f_a$ 值。

表 11-80 接触斑点

精度等级	6、7	8、9	10	对齿面修形的齿轮，在齿面大端、小端和齿顶边缘处不允许出现接触斑点；对齿面不修形的齿轮，其接触斑点大小不小于表中平均值
沿齿长方向/%	50～70	35～65	25～55	
沿齿高方向/%	55～75	40～70	30～60	

11.6.2.4 齿轮副侧隙

GB 11365—89 中规定齿轮副的最小法向侧隙种类为 6 种：a、b、c、d、e 和 h。最小法向侧隙值以 a 为最大，h 为零，如图 11－15 所示。最小法向侧隙种类与精度等级无关；齿轮副法向侧隙公差种类为 5 种：A、B、C、D 和 H。法向侧隙公差种类与精度等级有关。允许不同种类的法向侧隙公差和最小法向侧隙组合。在一般情况下，推荐法向侧隙公差种类与最小法向侧隙种类的对应关系如图 11-15 所示。

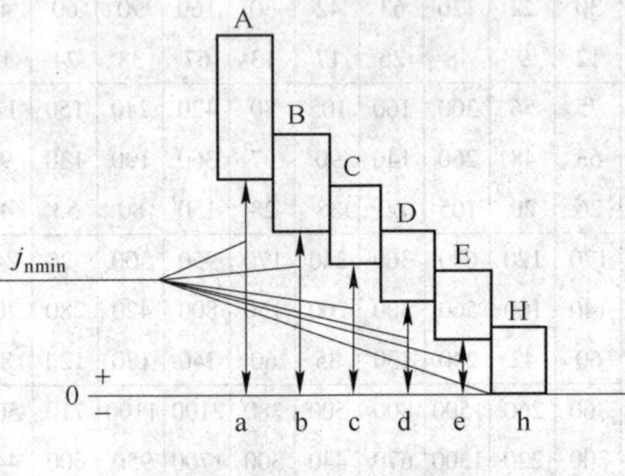

图 11-15 推荐法向侧隙公差种类和最小侧隙种类的对应关系

最小法向侧隙种类确定好后，按表 11－79 和表 11-81 查取 $\pm E_{\sum}$ 和 E_{ss}^-。

最小法向侧隙 j_{nmin} 按表 11-82 确定，但有特殊要求时，j_{nmin} 可不按表 11-82 所列数值确定。此时用线性插值法由表 11-79 和表 11-81 查取 $\pm E_{\sum}$ 和 E_{ss}^-。

齿厚公差 T_s^- 按表 11-83 查取。

最大法向侧隙 j_{nmax} 按式计算：

$$j_{nmax} = (\ |E_{ss1}^- + E_{ss2}^-|\ + T_{s1}^- + T_{s2}^- + E_{s\Delta1}^- + E_{s\Delta2}^-)\cos\alpha_n \qquad (11\text{-}1)$$

式中，$E_{s\Delta}^-$ 为制造误差补偿部分，由表 11-84 查取。

表 11-81 齿厚上的偏差 E_{ss}^- 值 μm

基本值：

中点法向模数/mm	中点分度圆直径/mm											
	≤125			>125～400			>400～800			>800～1600		
	分锥角/(°)											
	≤20	>20～45	>45	≤20	>20～45	>45	≤20	>20～45	>45	≤20	>20～45	>45
1～3.5	−20	−20	−22	−28	−32	−30	−36	−50	−45			
>3.5～6.3	−22	−22	−25	−32	−32	−30	−38	−55	−45	−75	−85	−80
>6.3～10	−25	−25	−28	−36	−36	−34	−40	−55	−50	−80	−90	−85
>10～16	−28	−28	−30	−36	−38	−36	−48	−60	−55	−80	−100	−85

系数：

最小法向侧隙种类	第Ⅱ公差组精度等级 6	7	8	9	10
h	0.9	1.0			
e	1.45	1.6			
d	1.8	2.0	2.2		
c	2.4	2.7	3.0	3.2	
b	3.4	3.8	4.2	4.6	4.9
a	5.0	5.5	6.0	6.6	7.0

注：1. 各最小法向侧隙种类和各精度等级齿轮的 E_{ss}^- 值，由基本值栏查出的数值乘以系数得出。

2. 当轴交角公差带对零线不对称时，E_{ss}^- 数值修正如下：

增大轴交角上偏差时，E_{ss}^- 加上 $(E_{\sum s} - |E_{\sum}|)\tan\alpha$；

减少轴交角上偏差时，E_{ss}^- 减去 $(E_{\sum i} - |E_{\sum}|)\tan\alpha$；

式中，$E_{\sum s}$ 为修改后的轴交角上偏差；$E_{\sum i}$ 为修改后的轴交角下偏差；$E_{\sum}$ 为见表 11-88 中数值；α 为齿形角。

3. 允许把大、小齿轮齿厚上偏差（E_{ss1}^-，E_{ss2}^-）之和重新分配在两个齿轮上。

表 11-82 最小法向侧隙 j_{nmin} 值 μm

中点锥距/mm		小轮分锥角/(°)		最小法向侧隙种类					
大于	到	大于	到	h	e	d	c	b	a
			15	0	15	22	36	58	90
	50	15	25	0	21	33	52	84	130
		25		0	25	39	62	100	160
			15	0	21	33	52	84	130
50	100	15	25	0	25	39	62	100	160
		25		0	30	46	74	120	190
			15	0	25	39	62	100	160
100	200	15	25	0	35	54	87	140	220
		25		0	40	63	100	160	250
			15	0	30	46	74	120	190
200	400	15	25	0	46	72	115	185	290
		25		0	52	81	130	210	320
			15	0	40	63	100	160	250
400	800	15	25	0	57	89	140	230	360
		25		0	70	110	175	280	440

注:正交齿轮副按中点锥距 R 查表。非正交齿轮副按 $R' = R(\sin 2\delta_1 + \sin 2\delta_2)/2$ 算出的 R' 查表(δ_1 和 δ_2 为大小轮分锥角)。

表 11-83 齿厚公差 T_s^- 值 μm

齿圈跳动公差 F_r		法向侧隙公差种类				
大于	到	H	D	C	B	A
	8	21	25	30	40	52
8	10	22	28	34	45	55
10	12	24	30	36	48	60
12	16	26	32	40	52	65
16	20	28	36	45	58	75
20	25	32	42	52	65	85
25	32	38	48	60	75	95
32	40	42	55	70	85	110
40	50	50	65	80	100	130
50	60	60	75	95	120	150
60	80	70	90	110	130	180
80	100	90	110	140	170	220
100	125	110	130	170	200	260
125	160	130	160	200	250	320

表 11-84 最大法向侧隙（j_{nmax}）的制造误差补偿部分 $E_{s\Delta}^{-}$ μm

第Ⅱ公差组精度等级	中点法向模数/mm	中点分度圆直径/mm ≤125			>125~400			>400~800			>800~1600		
		分锥角/(°) ≤20	>20~45	>45	≤20	>20~45	>45	≤20	>20~45	>45	≤20	>20~45	>45
6	1~3.5	18	18	20	25	28	28	32	45	40			
	>3.5~6.3	20	20	22	28	28	28	34	50	40	67	75	72
	>6.3~10	22	22	25	32	32	30	36	50	45	72	80	75
	>10~16	25	25	28	32	34	32	45	55	50	72	90	75
7	1~3.5	20	20	22	28	32	30	36	50	45			
	>3.5~6.3	22	22	25	32	32	30	38	55	45	75	85	80
	>6.3~10	25	25	28	36	36	34	40	55	50	80	90	85
	>10~16	28	28	30	36	38	36	48	60	55	80	100	85
8	1~3.5	22	22	24	30	36	32	40	55	50			
	>3.5~6.3	24	24	28	36	36	32	42	60	50	80	90	85
	>6.3~10	28	28	30	40	40	38	45	60	55	85	100	95
	>10~16	30	30	32	40	42	40	55	65	60	85	110	95
9	1~3.5	24	24	25	32	38	36	45	65	55			
	>3.5~6.3	25	25	30	38	38	36	45	65	55	90	100	95
	>6.3~10	30	30	32	45	45	40	48	65	60	95	110	100
	>10~16	32	32	36	45	45	45	48	70	65	95	120	100

11.6.2.5 齿坯公差

齿坯公差值见表 11-85。

表 11-85 齿坯公差值

齿坯尺寸公差

精度等级	6	7	8	9	10
轴径尺寸公差	IT5	IT6		IT7	
孔径尺寸公差	IT6	IT7		IT8	
外径尺寸极限偏差	0 -IT8			0 -IT9	

齿坯轮冠距和顶锥角极限偏差

中点法向模数/mm	≤1.2	>1.2~10	>10
轮冠距极限偏差/μm	0 -50	0 -75	0 -100
顶锥角极限偏差/(′)	+15 0	+8 0	+8 0

齿坯顶锥母线跳动公差/μm

精度等级		6	7	8	9	10
外径/mm	≤30	15	25		50	
	>30~50	20	30		60	
	>50~120	25	40		80	
	>120~250	30	50		100	
	>250~500	40	60		120	

基准端面跳动公差/μm

精度等级		6	7	8	9	10
基准端面直径/mm	≤30	6	10		15	
	>30~50	8	12		20	
	>50~120	10	15		25	
	>120~250	12	20		30	
	>250~500	15	25		40	

注：当三个公差组精度等级不同时，公差值按最高的精度等级查取。

11.6.3 圆柱蜗杆、蜗轮精度（GB 10089—88）

GB 10089—88 适用于轴交角 Σ 为 90°，模数 $m \geqslant 1$ mm 的圆柱蜗杆、蜗轮及传动，其蜗杆分度圆直径 $d_1 \leqslant 400$ mm，蜗轮分度圆直径 $d_2 \leqslant 400$ mm，基本蜗杆可为阿基米德蜗杆（ZA 蜗杆）、渐开线蜗杆（ZI 蜗杆）、法向直廓蜗杆（ZN 蜗杆）、锥面包络圆柱蜗杆（ZK 蜗杆）和圆弧圆柱蜗杆（ZC 蜗杆）。

11.6.3.1 定义和代号

蜗杆、蜗轮部分误差的定义和代号见表 11-86。

表 11-86 蜗杆、蜗轮部分误差的定义和代号

名称	代号	定义	名称	代号	定义
蜗杆轴向齿距偏差 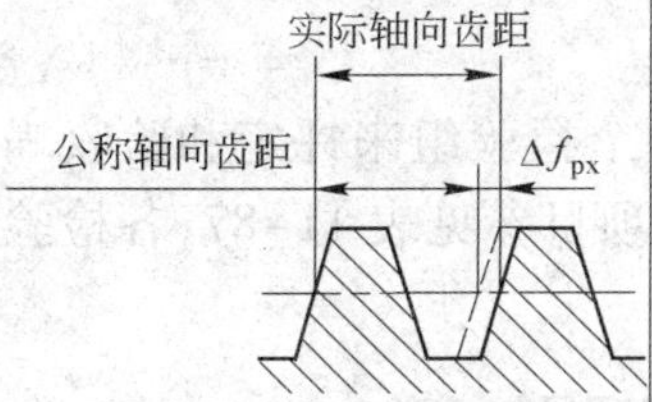 蜗杆轴向齿距极限偏差 上偏差 下偏差	Δf_{px} $+f_{px}$ $-f_{px}$	在蜗杆轴向截面上实际齿距与公称齿距之差	蜗杆齿形误差 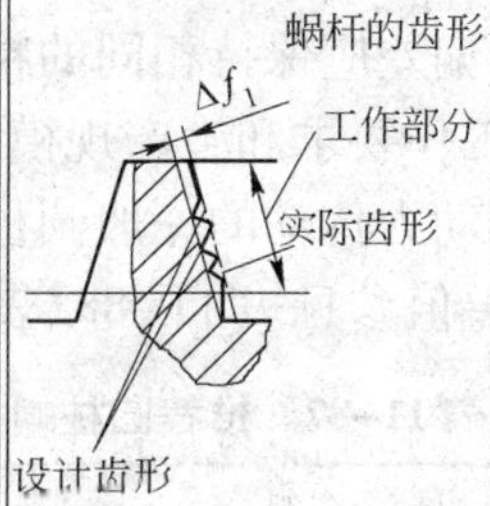 蜗杆齿形公差	Δf_{f1} f_{f1}	在蜗杆轮齿给定截面上的齿形工作部分内,包容实际齿形且距离为最小的两条设计齿形间法向距离。 当两条设计齿形线为非等距离的曲线时,应在靠近齿体内的设计齿形线的法线上确定其两者间的法向距离
蜗杆轴向齿距累积误差 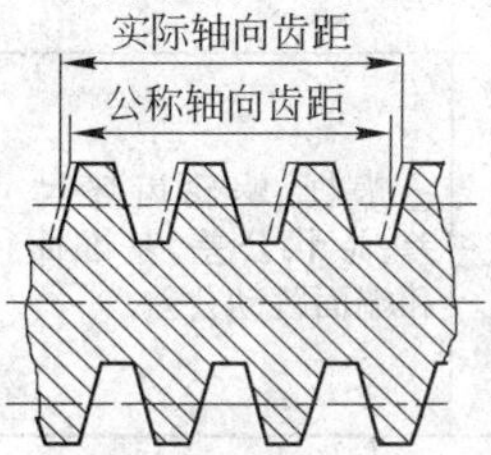 蜗杆轴向齿距累积公差	Δf_{pxL} f_{pxL}	在蜗杆轴向截面上的工作齿宽范围(两端不完整齿部分应除外)内,任意两个同侧齿面间实际轴向距离与公称轴向距离之差的最大绝对值	蜗杆齿槽径向跳动 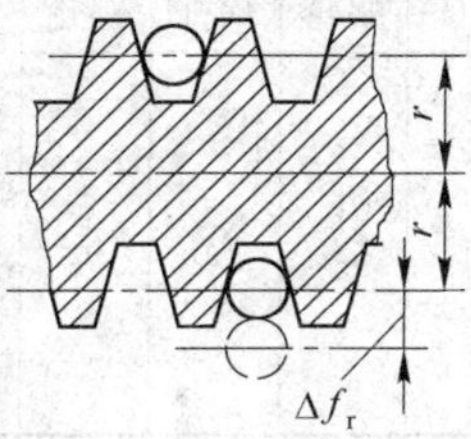 蜗杆齿槽径向跳动公差	Δf_r f_r	在蜗杆任意一转范围内,测头在齿槽内与齿高中部的齿面双面接触,其测头相对于蜗杆轴线的径向最大变动量
蜗杆齿厚偏差 蜗杆齿厚极限偏差 上偏差 下偏差 蜗杆齿厚公差	ΔE_{s1} E_{ss1} E_{si1} T_{s1}	在蜗杆分度圆柱上,法向齿厚的实际值与公称值之差	蜗轮齿厚偏差 蜗轮齿厚极限偏差 上偏差 下偏差 蜗轮齿厚公差	ΔE_{s1} E_{ss2} E_{si2} T_{s2}	在蜗轮中间平面上,分度圆齿厚的实际值与公称值之差
蜗杆副的中心距偏差 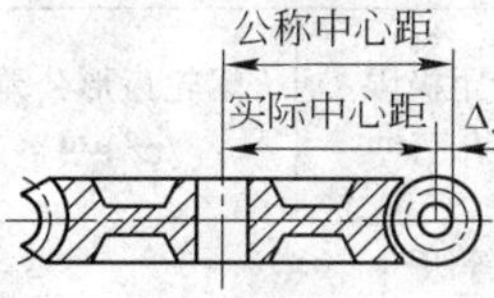 蜗杆副的中心距极限偏差 上偏差 下偏差	Δf_a $+f_a$ $-f_a$	在安装好的蜗杆副中间平面内,实际中心距与公称中心距之差	蜗杆副的中间平面偏差 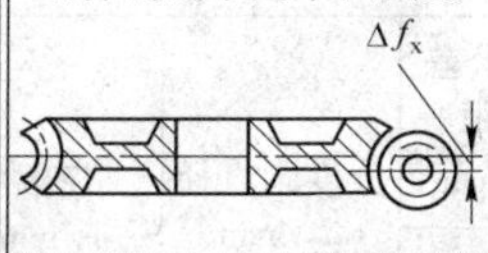 蜗杆副的中间平面极限偏差 上偏差 下偏差	Δf_x $+f_x$ $-f_x$	在安装好的蜗杆副中,蜗轮中间平面与传动中间平面之间的距离
蜗轮齿形误差 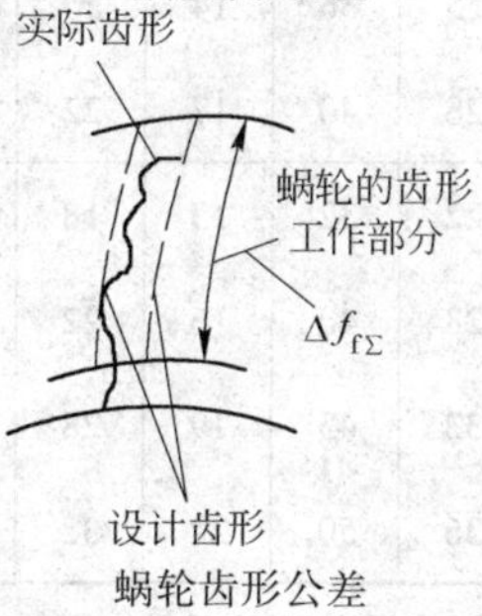 蜗轮齿形公差	Δf_{f2} f_{f2}	在蜗轮轮齿给定截面上的齿形工作部分内,包容实际齿形且距离为最小的两条设计齿形间的法向距离。 当两条设计齿形线为非等距离曲线时,应在靠近齿体内的设计齿形线的法线上确定其两者间的法向距离	蜗杆副的轴交角偏差 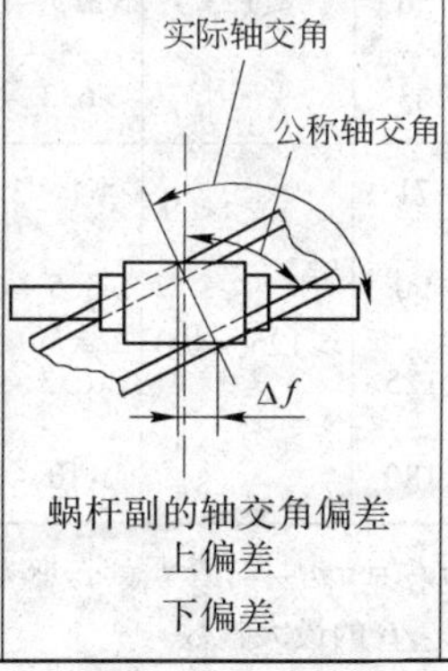 蜗杆副的轴交角偏差 上偏差 下偏差	Δf_{Σ} $+f_{\Sigma}$ $-f_{\Sigma}$	在安装好的蜗杆副中,实际轴交角与公称轴交角之差。 偏差值按蜗轮齿宽确定,以其线性值计

注:推荐的检验项目中的 F_p、F_r、F_{pt}、j_{nmin} 和接触斑点的定义与圆柱齿轮类似,参考表 11-64。

11.6.3.2　精度等级和蜗杆、蜗轮的检验公差

GB 10089—88 对蜗杆传动规定了 12 个精度等级。按公差特性对传动性能的影响将蜗杆传动的公差分为 3 个公差组，根据使用要求允许各组选用不同的精度等级，但在同一公差组中，各项公差与极限偏差应保持相同的精度等级。

根据蜗杆传动的工作要求和生产规模，在各公差组中选定一个检验组来评定和验收蜗杆、蜗轮的精度。对于动力传动的一般圆柱蜗杆传动推荐的检验项目参见表 11-87，各检验项目的公差和极限偏差值参见表 11-88、表 11-89 和表 11-90。

表 11-87　推荐圆柱蜗杆、蜗轮和蜗杆传动的检验项目

项目		蜗杆、蜗轮公差组						蜗杆副				毛坯公差
		Ⅰ		Ⅱ		Ⅲ		对蜗杆	对蜗轮	对箱体	对传动	
		蜗杆	蜗轮	蜗杆	蜗轮	蜗杆	蜗轮					
精度等级	7		F_p									
	8			$\pm f_{px}$、f_{pxL}、f_r	$\pm f_{pt}$	f_{f1}	f_{f2}	E_{ss1} E_{si1}	$\pm f_{a0}$，$\pm f_{x0}$，$\pm f_{\Sigma 0}$，E_{ss2}，E_{si2}	$\pm f_a$，$\pm f_x$，$\pm f_\Sigma$	接触斑点 $\pm f_a$，j_{nmin}	蜗杆、蜗轮齿坯尺寸公差，形状公差，基准面径向和端面跳动公差
	9		F_r									

注：1. $\pm f_{a0}$：加工时的中心距极限偏差，可取 $\pm f_{a0} = \pm 0.75 f_a$；

$\pm f_{x0}$：加工时的中间平面极限偏差，可取 $\pm f_{x0} = \pm 0.75 f_x$；

$\pm f_{\Sigma 0}$：加工时的轴交角极限偏差，可取 $\pm f_{\Sigma 0} = \pm 0.75 f_{\Sigma 0}$；

2. 当蜗杆副的接触斑点有要求时，蜗轮的齿形误差 f_{f2} 可不检验。

3. 此表不属于 GB 10089—88，仅供参考。

表 11-88　蜗轮的公差和极限偏差值

分度弧长 L/mm	第Ⅰ公差组 蜗轮齿距累积公差 F_p 及 k 个齿距累积公差 F_{pk}/μm			分度圆直径 d_2/mm	模数 m/mm	第Ⅱ公差组 蜗轮齿圈径向跳动公差 F_r/μm			第Ⅲ公差组 蜗轮齿距极限偏差 $\pm f_{pt}$/μm			蜗轮齿形公差 f_{f2}/μm		
	精度等级					精度等级								
	7	8	9			7	8	9	7	8	9	7	8	9
>11.2~20	22	32	45	≤125	≥1~3.5	40	50	63	14	20	28	11	14	22
>20~32	28	40	56		>3.5~6.3	50	63	80	18	25	36	14	20	32
>32~50	32	45	63		>6.3~10	56	71	90	20	28	40	17	22	36
>11.2~20	36	50	71	>125~400	≥1~3.5	45	56	71	16	22	32	13	18	28
>11.2~20	45	63	90		>3.5~6.3	56	71	90	20	28	40	16	22	36
>11.2~20	63	90	125		>6.3~10	63	80	100	22	32	45	19	28	45
>11.2~20	90	125	180		>10~16	71	90	112	25	36	50	22	32	50

注：1. 查 F_p 时，取 $L = \pi d_2 = \pi m z_2/2$，查 F_{pk} 时，取 $L = k\pi m$（k 为 2 到小于 $z_2/2$ 的整数）。除特殊情况外，对于 F_{pk}，k 值规定取为小于 $z_2/6$ 的最大整数。

2. 当蜗杆齿形角 $\alpha \neq 20°$ 时，F_r 值为本表公差值乘以 $\sin 20°/\sin\alpha$。

表 11-89 蜗杆的公差和极限偏差值

第Ⅱ公差组													第Ⅲ公差组		
蜗杆齿槽径向跳动公差 f_r①/μm					模数 m/mm	蜗杆轴向齿距极限偏差 $\pm f_{px}$/μm			蜗杆轴向齿距累积公差 f_{pxL}/μm				蜗杆齿形公差 F_{f1}/μm		
分度圆直径 d_1/mm	模数 m/mm	精度等级				精度等级									
		7	8	9		7	8	9	7	8	9		7	8	9
>31.5~50	≥1~10	17	23	32	≥1~3.5	11	14	20	18	18	36		16	22	32
>50~80	≥1~16	18	25	36	>3.5~6.3	14	20	25	24	24	48		22	32	45
>80~125	≥1~16	20	28	40	>6.3~10	17	25	32	32	32	63		28	40	53
>125~180	≥1~25	25	32	45	>10~16	22	32	46	46	40	80		36	53	75

① 当蜗杆齿形角 $\alpha \neq 20°$ 时,f_r 值为本表公差值乘以 $\sin 20°/\sin\alpha$。

表 11-90 传动接触斑点的要求和 $\pm f_a$、$\pm f_x$、$\pm f_\Sigma$ 的值

传动接触斑点的要求①					传动中心距 a/mm	传动中心距极限偏差 $\pm f_a$/μm			传动中间平面极限偏差 $\pm f_x$/μm			传动轴交角极限偏差 $\pm f_\Sigma$/μm			
项目		第Ⅲ公差组精度等级				第Ⅲ公差组精度等级						蜗轮齿宽 b_2/mm	第Ⅲ公差组精度等级		
		7	8	9		7	8	9	7	8	9		7	8	9
接触面积的百分比	沿齿高不小于	55%		45%	>30~50	31		50	25		40	≤30	12	17	24
	沿齿长不小于	50%		40%	>50~80	37		60	30		48	>30~50 >50~80	14 16	19 22	28 32
接触位置	接触斑点痕迹应偏于啮出端,但不允许在齿顶和啮入、啮出端的棱边接触				>80~120 >120~180	44 50		70 80	36 40		56 64				
					>180~250 >180~250 >180~250	58 65 70		92 105 115	47 52 456		74 85 92	>80~120 >120~180 >180~250	19 22 25	24 28 32	36 42 48

① 采用修形齿面的蜗杆传动,接触斑点的要求可不受本表规定的限制。

11.6.3.3 蜗杆传动的侧隙

按蜗杆的最小法向侧隙的大小,用侧隙种类代号(字母)表示,共分 a、b、c、d、e、f、g、h 8 种。其中,以 a 为最大,h 为零,如图 11-16 所示,其值参见表 11-91。侧隙种类与精度等级无关,根据工作条件和使用要求选择。

表 11-91 传动的最小法向侧隙 j_{nmin} 值 μm

传动中心距 a/mm	侧隙种类							
	h	g	f	e	d	c	b	a
>30~50	0	11	16	25	39	62	100	160
>50~80	0	13	19	30	46	74	120	190
>80~120	0	15	22	35	54	87	140	220
>120~180	0	18	25	40	63	100	160	250
>180~250	0	20	29	46	72	115	185	290
>250~315	0	23	32	52	81	130	210	320
>315~400	0	25	36	57	89	140	230	360

注:1. 表中数值系蜗杆传动在 20℃ 时的情况,未计入传动发热和传动弹性变形的影响。
2. 传动的最小圆周侧隙 $j_{tmin} \approx j_{nmin}/(\cos\lambda'\cos\alpha_n)$,式中 λ' 为蜗杆节圆柱导程角;α_n 为蜗杆法向齿形角。

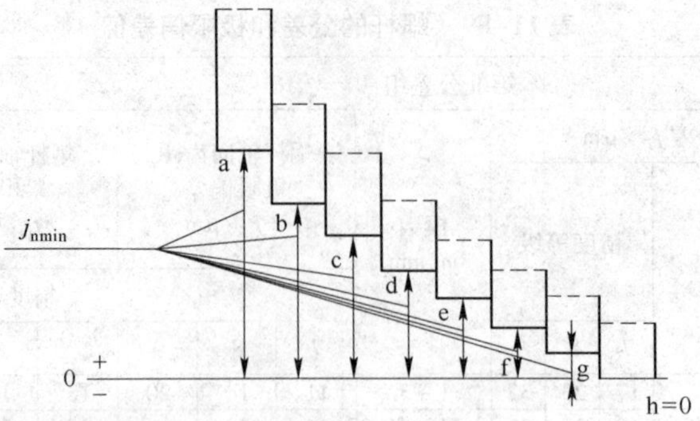

图 11-16　蜗杆副的最小法向侧隙种类

传动的最小法向侧隙由蜗杆齿厚的减薄量来保证，即取蜗杆齿厚上偏差 $E_{ss1}=-(j_{nmin}/\cos\alpha_n+E_{s\Delta})$，齿厚下偏差 $E_{si1}=E_{ss1}-T_{s1}$，$E_{s\Delta}$ 为制造误差的补偿部分。蜗轮齿厚上偏差 $E_{ss2}=0$，下偏差 $E_{si2}=-T_{s2}$。对于可调中心距传动或不要求互换的传动，对蜗轮的齿厚公差可不作规定。

T_{s1}、T_{s2}、$E_{s\Delta}$ 值参见表 11-92 和表 11-93。

表 11-92　蜗杆齿厚公差 T_{s1} 和蜗轮齿厚公差 T_{s2} 值

第Ⅱ公差组精度等级	蜗杆齿厚公差 T_{s1} ①/μm				蜗轮齿厚公差 T_{s2} ②/μm									
	模数 m/mm				蜗轮分度圆直径 d_2/mm									
					≤125			>125~400				>400~800		
					模数 m/mm									
	≥1~3.5	>3.5~6.3	>6.3~10	>10~16	≥1~3.5	>3.5~6.3	>6.3~10	≥1~3.5	>3.5~6.3	>6.3~10	>10~16	>3.5~6.3	>6.3~10	>10~16
7	45	56	71	95	90	110	120	100	120	130	140	120	130	160
8	53	71	90	120	110	130	140	120	140	160	170	140	160	190
9	67	90	110	150	130	160	170	140	170	190	210	170	190	230

① 当传动最小法向侧隙 j_{nmin} 无要求时，允许蜗杆齿厚公差 T_{s1} 增大，最大不超过两倍。

② 在最小法向侧隙能保证的条件下，T_{s2} 公差带允许采用对称分布。

表 11-93　蜗杆齿厚上偏差（E_{ss1}）中的误差补偿部分 $E_{s\Delta}$ 值　μm

传动中心距 a/mm	蜗杆第Ⅱ公差组精度等级											
	7				8				9			
	模数 m/mm											
	≥1~3.5	>3.5~6.3	>6.3~10	>10~16	≥1~3.5	>3.5~6.3	>6.3~10	>10~16	≥1~3.5	>3.5~6.3	>6.3~10	>10~16
>30~50	48	56	63		56	71	85		80	95	115	
>50~80	50	58	65		58	75	90		90	100	120	
>80~120	56	63	71	80	63	78	90	110	95	105	125	160
>120~180	60	68	75	85	68	80	95	115	100	110	130	165
>180~250	71	75	80	90	75	85	100	115	110	120	140	170
>250~315	75	80	85	95	80	90	100	120	120	130	145	180
>315~400	80	85	90	100	85	95	105	125	130	140	155	185

11.6.3.4　齿坯公差和蜗杆、蜗轮的表面粗糙度

表 11-94 所列为齿坯公差值，表 11-95 所列为蜗杆、蜗轮的表面粗糙度 R_a 推荐值。

表 11-94　齿坯公差值

<table>
<tr><td colspan="7">蜗杆、蜗轮齿坯尺寸和形状公差</td><td colspan="4">蜗杆、蜗轮齿坯基准面径向和端面跳动公差/μm</td></tr>
<tr><td colspan="2">精度等级</td><td>6</td><td>7</td><td>8</td><td>9</td><td>10</td><td rowspan="2">基准面直径
d/mm</td><td colspan="3">精度等级</td></tr>
<tr><td rowspan="2">孔</td><td>尺寸公差</td><td>IT6</td><td colspan="2">IT7</td><td colspan="2">IT8</td><td>6</td><td>7~8</td><td>9~10</td></tr>
<tr><td>形状公差</td><td rowspan="2">IT5</td><td colspan="2" rowspan="2">IT6</td><td colspan="2" rowspan="2">IT7</td><td>≤31.5</td><td>4</td><td>7</td><td>10</td></tr>
<tr><td rowspan="2">轴</td><td>尺寸公差</td><td>>31.5~63</td><td>6</td><td>10</td><td>16</td></tr>
<tr><td>形状公差</td><td>IT4</td><td colspan="2">IT5</td><td colspan="2">IT6</td><td>>63~125</td><td>8.5</td><td>14</td><td>22</td></tr>
<tr><td rowspan="3">齿顶圆
直径</td><td>作测量基准</td><td colspan="3">IT8</td><td colspan="2">IT9</td><td>>125~400</td><td>11</td><td>18</td><td>28</td></tr>
<tr><td rowspan="2">不作测
量基准</td><td colspan="5" rowspan="2">尺寸公差按 IT11 确定，但不大于 0.1 mm</td><td>>400~800</td><td>14</td><td>22</td><td>36</td></tr>
<tr><td>>800~1600</td><td>20</td><td>32</td><td>50</td></tr>
</table>

注：1. 当三个公差组的精度等级不同时，按最高精度等级确定公差。
2. 当以齿顶圆作为测量基准时，也即为蜗杆、蜗轮的齿坯基准面。

表 11-95　蜗杆、蜗轮的表面粗糙度 R_a 推荐值

<table>
<tr><td colspan="5">蜗　杆</td><td colspan="5">蜗　轮</td></tr>
<tr><td colspan="2">精度等级</td><td>7</td><td>8</td><td>9</td><td colspan="2">精度等级</td><td>7</td><td>8</td><td>9</td></tr>
<tr><td rowspan="2">R_a</td><td>齿面</td><td>0.8</td><td>1.6</td><td>3.2</td><td rowspan="2">R_a</td><td>齿面</td><td>0.8</td><td>1.6</td><td>3.2</td></tr>
<tr><td>顶圆</td><td>1.6</td><td>1.6</td><td>3.2</td><td>顶圆</td><td>3.2</td><td>3.2</td><td>6.3</td></tr>
</table>

注：本表不属于 GB 10089—88，仅供参考。

12 常用零部件

12.1 Y系列三相异步电动机(JB/T 10391—2002)

Y系列电动机是全封闭自扇冷式笼形三相异步电动机,是按照国际电工委员会(IEC)标准设计的。该电动机具有国际互换性的特点,用于空气中不含易燃、易爆或腐蚀性气体的场所,适用于无特殊要求的机械上。电动机的选择可参考表12-1,电动机尺寸见图12-1和表12-2。

表12-1 Y系列三相异步电动机技术数据(JB/T 10391—2002)

同步转速 $/r\cdot min^{-1}$	电动机型号	功率/kW	满载荷				堵转转矩	质量/kg
			转速 $/r\cdot min^{-1}$	电压/V	电流/A	功率因数	额定转矩	
1500	Y90L-4	1.5	1400	380	3.7	0.79	2.2	27
	Y100L1-4	2.2	1430		5.0	0.82	2.2	34
	Y100L2-4	3.0	1430		6.8	0.81	2.2	38
	Y112M-4	4.0	1440		8.3	0.82	2.2	43
	Y132S-4	5.5	1440		11.6	0.84	2.2	68
	Y132M-4	7.5	1440		15.4	0.85	2.2	81
	Y160M-4	11	1460		22.6	0.84	2.2	123
1000	Y100L-6	1.5	940		4.0	0.74	2.0	33
	Y112M-6	2.2	940		5.6	0.74	2.0	45
	Y132S-6	3.0	960		7.2	0.76	2.0	63
	Y132M1-6	4.0	960		9.4	0.77	2.0	73
	Y132M2-6	5.5	960		12.6	0.78	2.0	84
	Y160M-6	7.5	970		17.0	0.78	2.0	119
	Y160L-6	11	970		24.6	0.78	2.0	147
750	Y132S-8	2.2	710		5.8	0.71	2.0	63
	Y132M-8	3.0	710		7.7	0.72	2.0	79
	Y160M1-8	4.0	720		9.9	0.73	2.0	118
	Y160M2-8	5.5	720		13.3	0.74	2.0	119
	Y160L-8	7.5	720		17.7	0.75	2.0	145
	Y180L-8	11	730		25.1	0.77	1.7	184

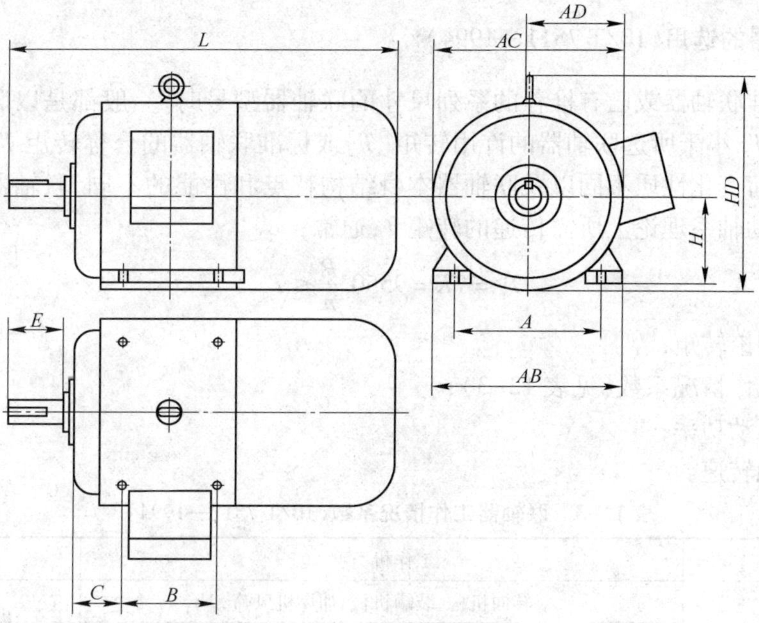

图 12-1 Y 系列三相异步电动机

注:地脚螺栓大径为参数 K,电机输出轴键槽宽为 F,输出轴直径为 D

表 12-2 Y 系列三相异步电动机的外形及安装尺寸(JB/T 10391—2002)

机座号	极数	A	B	C	D	E	F	H	K	L	AB	AC	AD	HD
90L	4	140	125	56	24	50	8	90	10	335	180	175	155	190
100L	4,6	160	140	63	28	60		100	12	380	205	205	180	245
112M	4,6	190	140	70				112		400	245	235	190	265
132S	4,6	216	140	89	38	80	10	132		475	280	270	210	315
132M	4,6,8		178							515				
160M	4,6,8	254	210	108	42	110	12	160	15	600	330	325	255	385
160L	4,6,8		254							645				
180L	4,6,8	279	279	121	48		14	180		710	355	360	285	430

12.2 联 轴 器

联轴器是连接两轴或轴和回转件,在传递运动和动力过程中一同回转而不脱开的一种装置。此外联轴器还具有补偿两轴相对位移、缓冲和减振以及安全防护等功能。

12.2.1 联轴器的选用(JB/T 7511—1994)

在选择标准联轴器或已有推荐的系列尺寸的联轴器型号时,一般都是以联轴器所需传递的计算转矩 T_c 小于所选联轴器的许用转矩[T]或标准联轴器的公称转矩 T_n 为原则。由于传动轴系载荷变化性质不同以及联轴器本身结构特点和性能的不同,联轴器其实传递的转矩不等于转动轴系理论上所需传递的转矩 T,通常:

$$T_c = TK = 9550\frac{P}{n} \leqslant T_n \tag{12-1}$$

式中 T——理论转矩;
K——工作情况系数(见表12-3);
P——驱动功率;
n——轴转速。

表12-3 联轴器工作情况系数(JB/T 7511—1994)

载荷性质	工作机类型	K
均匀载荷	转向机构、装罐机械、加煤机风筛	1.0
	鼓风机、风扇、泵	1.0
	压缩机	1.25~1.5
	液体搅拌设备、酿造蒸馏设备、均匀加载运输机	1.0~1.25
	不均匀加载运输机、提升机	1.25~1.5
	给料机	1.25
	废水处理设备	1.25
	纺织机械	1.25~1.5
	造纸设备(漂白、校平、卷取、清洗)	1.0~1.5
	传动装置	1.25~1.5
	食品机械	1.0~1.25
	印刷机械	1.5
中等冲击载荷	通风机(冷却塔式、引风机)	2.0
	往复式压缩机	1.75~2.25
	搅拌机	1.5~1.75
	提升机(离心式、料斗式、普通货车用)	1.5~2.0
	造纸设备	1.5~2.25
	食品机械(切割、搅拌、搅肉)	1.75~2.0
	木材加工机械	1.5~2.0
	轧制设备(剪切、绕线、成型、压延等)	1.5~2.25
	旋转式粉碎机	2.0~2.25
	起重机、卷扬机	1.5~2.0
	挖泥机及其附属设备	1.5~2.25
	黏土加工设备	1.75~2.0
	洗衣机、锤式粉碎机	2.0
	旋转式筛石机	1.5

续表 12-3

载荷性质	工作机类型	K
重冲击载荷	矿石破碎机	2.75
	往复式给料机、摆动运输机	2.5
	可逆输送辊道	2.5
	初轧机、中厚板轧机、剪切机、冲压机	2.75

12.2.2 常用联轴器

（1）HL 型弹性杆销联轴器。图 12 2 所示为 HL 型弹性柱销联轴器，零件 1 为半联轴器，零件 2 为柱销，零件 3 是挡板，零件 4 是螺栓，零件 5 是垫圈。

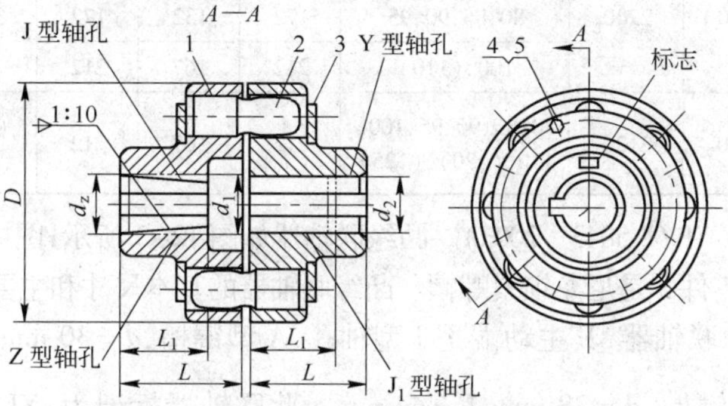

图 12-2 HL 型弹性柱销联轴器

【标记示例】HL7 弹性柱销联轴器，主动端 Z 型轴孔 C 型键槽，$d_1=75$ mm，$L_1=107$ mm；从动端 J 型轴孔 B 型键槽，$d_2=70$ mm，$L=107$ mm。此联轴器标记为：

HL7 联轴器$\dfrac{ZC75\times107}{JB70\times107}$GB/T 5014—2003

弹性柱销联轴器基本尺寸和主要参数可参考表 12-4。

表 12-4 HL 弹性柱销联轴器基本尺寸和主要参数（GB/T 5014—2003）

型号	公称扭矩 /N·m	许用转速 /r·min^{-1} 铁	许用转速 /r·min^{-1} 钢	轴孔直径 d_1、d_2、d_z /mm	轴孔长度/mm Y 型 L	J、J_1、Z 型 L_1	J、J_1、Z 型 L	D /mm	质量 /kg	转动惯量 /kg·m^2
HL1	160	7100	7100	12,14	32	27	32	90	2	0.0064
				16,18,19	42	30	42			
				20,22,(24)	52	38	52			
HL2	315	5600	5600	20,22,24	52	38	52	120	5	0.253
				25,28	62	44	62			
				30,32,(35)	82	60	82			
HL3	630	5000	5000	30,32,35,38	82	60	82	160	8	0.6
HL4	1250	2800	4000	40,42,45,48,50,55,56	112	84	112	195	22	3.4
				(60),(63)	142	107	142			

续表 12-4

型号	公称扭矩 /N·m	许用转速 /r·min^{-1}		轴孔直径 d_1、d_2、d_z /mm	轴孔长度/mm			D /mm	质量 /kg	转动惯量 /kg·m^2
					Y 型	J、J_1、Z 型				
		铁	钢		L	L_1	L			
HL5	2000	2500	3550	50,55,56,60,63,65,70,(71),(75)	142	107	142	220	30	5.4
HL6	3150	2100	2800	60,63,65,70,71,75,80	142	107	142	280	53	15.6
				(85)	172	132	172			
HL7	6300	1700	2240	70,71,75	142	107	142	320	98	41.1
				80,85,90,95	172	132	172			
				100,(110)	212	167	212			
HL8	10000	1600	2120	80,85,90,95,100,110,(120),(125)	212	167	212	360	119	56.5

（2）凸缘联轴器（GB/T 5843—2003）。凸缘联轴器如图 12-3 所示，图中零件 1 和 4 是半联轴器，零件 2 是螺栓，零件 3 是尼龙锁紧螺帽。凸缘联轴器的基本尺寸和主要参数见表 12-5。

【标记示例】YL3 联轴器，其主动端是 J 型轴孔，A 型键槽，$d=30$ mm，$L=60$ mm；其从动端是 J_1 型轴孔，B 型键槽，$d=28$ mm，$L=44$ mm。此联轴器标记为：YL3 联轴器 $\frac{J30\times60}{J_1B28\times44}$ GB/T 5843—2003。

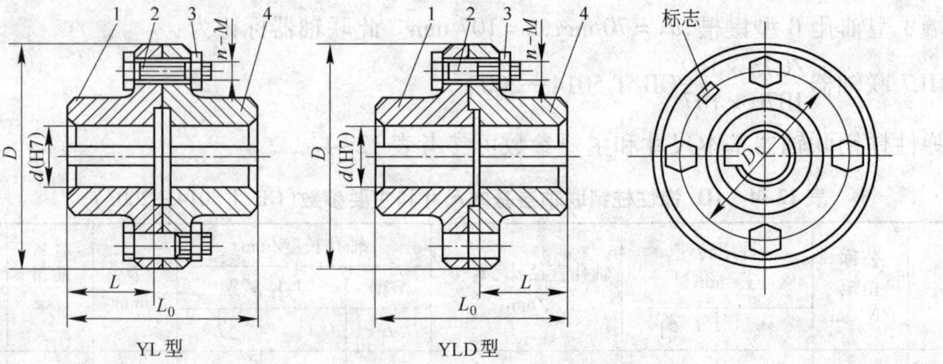

图 12-3　凸缘联轴器

表 12-5　凸缘联轴器基本尺寸和主要参数（GB/T 5843—2003）

型号	公称扭矩 T_n/N·m	许用转速 n /r·min^{-1}		轴孔直径 d/mm	轴孔长度 L/mm		D /mm	D_1 /mm	螺栓直径	L_0/mm		质量 /mg	转动惯量 /kg·m^2
		铁	钢		Y 型	J,J_1 型				Y 型	J,J_1 型		
YL1	10	8100	13000	10,11	25	22	71	53	M6	54	48	0.94	0.0018
YLD1				12,14	32	27				68	58		
				16,18,19	42	30				88	64		
				20,(22)	52	38				108	80		

续表 12-5

型号	公称扭矩 T_n/N·m	许用转速 n /r·min^{-1}		轴孔直径 d/mm	轴孔长度 L/mm		D /mm	D_1 /mm	螺栓直径	L_0/mm		质量 /mg	转动惯量 /kg·m^2
		铁	钢		Y 型	J,J_1 型				Y 型	J,J_1 型		
YL2 YLD2	16	7200	12000	12,14	32	27	80	64	M6	68	58	1.50	0.0035
				16,18,19	42	30				88	64		
				20,(22)	52	38				108	80		
YL3 YLD3	25	6400	10000	14	32	27	90	69	M8	68	58	1.99	0.0060
				16,18,19	42	30				88	64		
				20,22,(24)	52	38				108	80		
				25	62	44				128	92		
YL4 YLD4	40	5700	9500	18,19	42	30	100	80	M8	88	64	2.47	0.0092
				20,22,24	52	38				108	80		
				25,(28)	62	44				128	92		
YL5 YLD5	63	5500	9000	22,24	52	38	105	85	M8	108	80	3.19	0.013
				25,28	62	44				128	92		
				30,(32)	82	60				168	124		
YL6 YLD6	100	5200	8000	24	52	38	110	90	M8	108	80	3.99	0.017
				25,28	62	44				128	92		
				30,32,(35)	82	60				168	124		
YL7 YLD7	160	4800	7600	28	62	44	120	95	M10	128	92	5.66	0.029
				30,32,35,38	82	60				168	124		
				(40)	112	82				228	172		
YL8 YLD8	250	4300	7000	32,35,38	82	60	130	105	M10	169	125	7.29	0.043
				40,42,(45)	112	84				229	173		
YL9 YLD9	400	4100	6800	38	82	60	140	115	M10	169	125	9.53	0.064
				40,42,45,48(50)	112	84				229	173		
YL10 YLD10	630	3600	6000	45,48,50,55,(56)	112	84	160	130	M12	229	173	12.46	0.112
				(60)	142	107				289	219		
YL11 YLD11	1000	3200	5300	50,55,56	112	84	180	150	M12	229	173	17.97	0.205
				60,63,65	142	107				289	219		

(3) LT 型弹性套柱销联轴器(GB/T 4323—2002)。LT 型弹性套柱销联轴器。如图 12-4 所示,零件 1 和 7 是半联轴器,零件 2 是螺母,零件 3 是弹簧垫圈,零件 4 是挡圈,零件 5 是弹性套,零件 6 是柱销。

【标记示例】主动端 Z 型轴孔,C 型键槽,$d_z = 16$ mm,$L = 30$ mm;从动端 J 型轴孔,B 型键

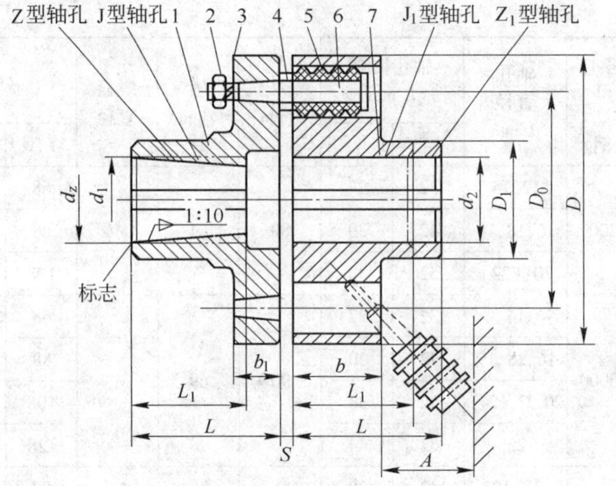

图 12-4 LT 型弹性套柱销联轴器

槽，$d_2=18$ mm，$L=42$ mm。此联轴器标记为：

$$\text{LT3 联轴器}\frac{\text{ZC16}\times 30}{\text{JB18}\times 42}\text{GB/T 4323—2002}$$

LT 型弹性套柱销联轴器基本尺寸和主要参数可参考表 12-6。

表 12-6 LT 型弹性套柱销联轴器基本尺寸和主要参数（GB/T 4323—2002）

型号	公称转矩 /N·m	许用转速 /r·min⁻¹	轴孔直径 d_1,d_2,d_z /mm	轴孔长度/mm			D /mm	A /mm	质量 /kg	转动惯量 /kg·m²
				Y 型	J、J_1、Z 型					
				L	L_1	L				
LT1	6.3	8800	9	20	14	20	71	18	0.82	0.0005
			10,11	25	17	25				
			12,14	32	20	32				
LT2	16	7600	12,14	32	20	32	80	18	1.20	0.0008
			16,18,19	42	30	42				
LT3	31.5	6300	16,18,19	42	30	42	95	35	2.20	0.0023
			20,22	52	38	52				
LT4	63	5700	20,22,24	52	38	52	106	35	2.84	0.0037
			25,28	62	44	62				
LT5	125	4600	25,28	62	44	62	130	45	6.05	0.00120
			30,32,35	82	60	82				
LT6	250	3800	32,35,38	82	60	82	160	45	9.57	0.0280
			40,42	112	84	112				
LT7	500	3600	40,42,45,48	112	84	112	190	45	14.01	0.0550
LT8	710	3000	45,48,50,55,56	112	84	112	224	65	23.12	0.01340
			60,63	142	107	142				
LT9	1000	2850	50,55,56	112	84	112	250	65	30.69	0.2130
			60,63,65,70,71	142	107	142				

续表 12-6

型号	公称转矩 /N·m	许用转速 /r·min^{-1}	轴孔直径 d_1, d_2, d_z /mm	轴孔长度/mm			D /mm	A /mm	质量 /kg	转动惯量 /kg·m^2
				Y 型	J、J_1、Z 型					
				L	L_1	L				
LT10	2000	2300	63,65,70,71,75	142	107	142	315	80	61.40	0.6600
			80,85,90,95	172	132	172				
LT11	4000	1800	80,85,90,95	172	132	172	400	100	120.70	2.1220
			100,110	212	167	212				
LT12	8000	1450	100,110,120,125	212	167	212	475	130	210.34	5.3900
			130	252	202	252				
LT13	16000	1150	120,125	212	167	212	600	180	419.36	17.5800
			130,140,150	252	202	252				
			160,170	302	242	302				

（4）十字滑块联轴器。十字滑块联轴器由两个在端面上开有凹槽的半联轴器和一个两面带有凸牙的中间盘组成。因凸牙可在凹槽中滑动，故可补偿安装及运动时两轴间的相对位移。图 12-5 是十字滑块联轴器结构图。图 12-6 说明此联轴器安装位置偏差要有一定限制。表 12-7 说明联轴器组成部件。表 12-8 是十字滑块联轴器基本尺寸和主要参数。

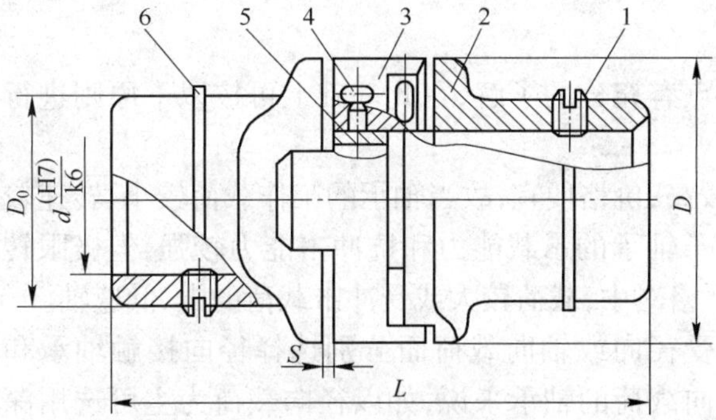

图 12-5　十字滑块联轴器

1—平端紧定螺钉；2—半联轴器；3—圆盘；
4—压配式注油杯；5—套筒；6—锁圈

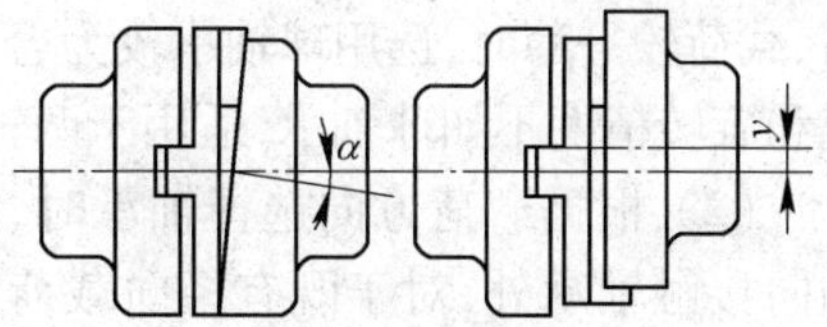

图 12-6　联轴器装配位置偏差

$\alpha \leqslant 30'$；$y \leqslant 0.04d$

表 12-7　十字滑块联轴器部件（JB/ZQ 4384—1986）

序　号	名　称	数　量	材　料
1	平端紧定螺钉 GB 73—85	2	35
2	半联轴器	2	ZG310～570
3	圆　盘	1	45
4	压配式注油杯 GB 1155—89	2	
5	套　筒	1	Q235
6	锁　圈	2	弹簧钢丝

表 12-8 十字滑块联轴器基本尺寸和主要参数(JB/ZQ 4384—1986)

d/mm	许用转矩 /N·m	许用转速 /r·min^{-1}	D_0/mm	D/mm	L/mm	S/mm
15,17,18	120	250	32	70	95	$0.5_{0}^{+0.3}$
20,25,30	250	250	45	90	115	$0.5_{0}^{+0.3}$
36,40	500	250	60	110	160	$0.5_{0}^{+0.3}$
45,50	800	250	80	130	200	$0.5_{0}^{+0.3}$
55,60	1250	250	95	150	240	$0.5_{0}^{+0.3}$
65,70	2000	250	105	170	275	$0.5_{0}^{+0.3}$
75,80	3200	250	115	190	310	$0.5_{0}^{+0.3}$
85,90	5000	250	130	210	355	$1.0_{0}^{+0.5}$
95,100	8000	250	140	240	395	$1.0_{0}^{+0.5}$
110,120	10000	100	170	280	435	$1.0_{0}^{+0.5}$
130,140	16000	100	190	320	485	$1.0_{0}^{+0.5}$
150	20000	100	210	340	550	$1.0_{0}^{+0.5}$

12.3 滚动轴承

12.3.1 滚动轴承类型的选择

选择轴承类型时,应对各类轴承性能特点有充分的了解,在此基础上可按以下原则进行选择:

(1) 球轴承的抗冲击能力弱,极限转速较高,价格便宜,故当轴承的工作载荷较小、转速较高、载荷较平稳时,选用球轴承较为合适。滚子轴承的承载能力和抗冲击能力较强,但极限转速和旋转精度不如球轴承,适用于两轴孔能严格对中,载荷较大或受冲击载荷的中、低速轴。

(2) 根据载荷方向选择轴承时,除只承受径向或轴向载荷而分别选择径向接触轴承和轴向接触轴承外,对于既有径向载荷又有轴向载荷的轴承来说,如以径向载荷为主可选用深沟球轴承;若径向载荷和轴向载荷均较大时,可选用向心角接触轴承;而当径向载荷比轴向载荷大很多或要求轴向变形小时,选用轴向接触轴承和径向接触轴承的组合形式,分别承受轴向和径向载荷较为合理。

(3) 当两轴孔的轴心偏差较大,或轴工作时变形过大,宜选用调心轴承。但调心轴承需要成对使用,否则将失去调心作用。

(4) 考虑拆装方便时,可选用轴承内外圈可分离的轴承,如圆锥滚子轴承等。

(5) 考虑经济性。球轴承比滚子轴承便宜,另外低精度轴承能满足要求时,则不选高精度轴承。

12.3.2 常用滚动轴承

(1) 深沟球轴承(GB/T 276—94)。深沟球轴承主要承受径向载荷,也能承受一定的双向轴向载荷;极限转速较高;高转速时可用来承受不大的纯轴向载荷,承受冲击能力差,适用于刚性较大的轴，常用于中小型机械。图 12-7 所示为深沟球轴承结构和安装尺寸，表 12-9 所列为深沟球轴承基本尺寸和主要参数。

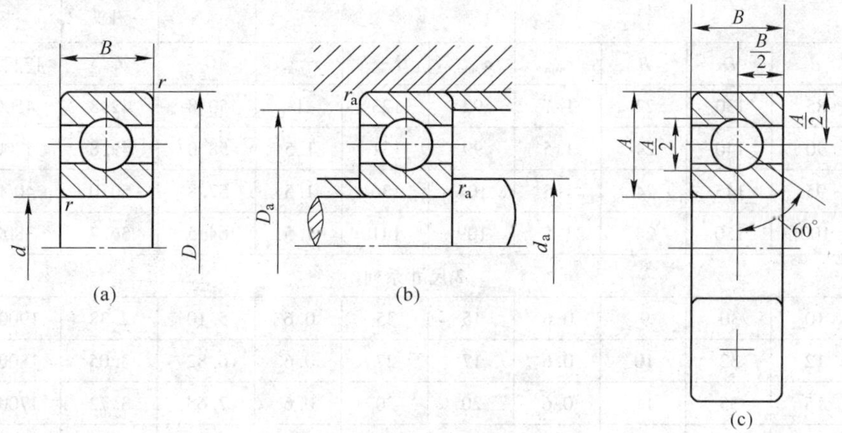

图 12-7　深沟球轴承
(a) 60000 型；(b) 安装尺寸；(c) 简化画法

表 12-9　深沟球轴承基本尺寸和主要参数(GB/T 276—94)

轴承代号	基本尺寸/mm				安装尺寸/mm			基本额定动载荷 /kN	基本额定静载荷 /kN	极限转速 /r·min^{-1}	
	d	D	B	r_{min}	d_{amin}	D_{amax}	r_{amax}	C_r	C_{ro}	脂润滑	油润滑
0 尺寸系列											
6000	10	26	8	0.3	12.4	23.6	0.3	4.58	1.98	20000	28000
6001	12	28	8	0.3	14.4	25.6	0.3	5.10	2.38	19000	26000
6002	15	32	9	0.3	17.4	29.6	0.3	5.58	2.85	18000	24000
6003	17	35	10	0.3	19.4	32.6	0.3	6.00	3.25	17000	22000
6004	20	42	12	0.6	25	37	0.6	9.38	5.02	15000	19000
6005	25	47	12	0.6	30	42	0.6	10.0	5.85	13000	17000
6006	30	55	13	1	36	49	1	13.2	8.30	10000	14000
6007	35	62	14	1	41	56	1	16.2	10.5	9000	12000
6008	40	68	15	1	46	62	1	17.0	11.8	8500	11000
6009	45	75	16	1	51	69	1	21.0	14.8	8000	10000
6010	50	80	16	1	56	74	1	22.0	16.2	7000	9000
6011	55	90	18	1.1	62	83	1	30.2	21.8	6300	8000
6012	60	95	18	1.1	67	88	1	31.5	24.2	6000	7000
6013	65	100	18	1.1	72	93	1	32.0	24.8	5600	7000
6014	70	110	20	1.1	77	103	1	38.5	30.5	5300	6700
6015	75	115	20	1.1	82	108	1	40.2	33.2	5000	6300
6016	80	125	22	1.1	87	118	1	47.5	39.8	4800	6000

续表 12-9

轴承代号	基本尺寸/mm				安装尺寸/mm			基本额定动载荷/kN	基本额定静载荷/kN	极限转速/r·min^{-1}	
	d	D	B	r_{min}	d_{amin}	D_{amax}	r_{amax}	C_r	C_{ro}	脂润滑	油润滑
6017	85	130	22	1.1	92	123	1	50.8	42.8	4500	5600
6018	90	140	24	1.5	99	131	1.5	58.0	49.8	4300	5300
6019	95	145	24	1.5	104	136	1.5	57.8	50.0	4000	5000
6020	100	150	24	1.5	109	141	1.5	64.5	56.2	3800	4800
2尺寸系列											
6200	10	30	9	0.6	15	25	0.6	5.10	2.38	19000	26000
6201	12	32	10	0.6	17	27	0.6	6.82	3.05	18000	24000
6202	15	35	11	0.6	20	30	0.6	7.65	3.72	17000	22000
6203	17	40	12	0.6	22	35	0.6	9.58	4.78	16000	20000
6204	20	47	14	1	26	41	1	12.8	6.65	14000	18000
6205	25	52	15	1	31	46	1	14.0	7.88	12000	16000
6206	30	62	16	1	36	56	1	19.5	11.5	9500	13000
6207	35	72	17	1.1	42	65	1	25.5	15.2	8500	11000
6208	40	80	18	1.1	47	73	1	29.5	18.0	8000	10000
6209	45	85	19	1.1	52	78	1	31.5	20.5	7000	9000
6210	50	90	20	1.1	57	83	1	35.0	23.2	6700	8500
6211	55	100	21	1.5	64	91	1.5	43.2	29.2	6000	7500
6212	60	110	22	1.5	69	101	1.5	47.8	32.8	5600	7000
6213	65	120	23	1.5	74	111	1.5	57.2	40.0	5000	6300
6214	70	125	24	1.5	79	116	1.5	60.8	45.0	4800	6000
6215	75	130	25	1.5	84	121	1.5	66.0	49.5	4500	5600
6216	80	140	26	2	90	130	2	71.5	54.2	4300	5300
6217	85	150	28	2	95	140	2	83.2	63.8	4000	5000
6218	90	160	30	2	100	150	2	95.8	71.5	3800	4800
6219	95	170	32	2.1	107	158	2.1	110	82.8	3600	4500
6220	100	180	34	2.1	112	168	2.1	122	92.8	3400	4300
3尺寸系列											
6300	10	35	11	0.6	15	30	0.6	7.65	3.48	18000	24000
6301	12	37	12	1	18	31	1	9.72	5.08	17000	22000
6302	15	42	13	1	21	36	1	11.5	5.42	16000	20000
6303	17	47	14	1	23	41	1	13.5	6.58	15000	19000
6304	20	52	15	1.1	27	45	1	15.8	7.88	13000	17000
6305	25	62	17	1.1	32	55	1	22.2	11.5	10000	14000
6306	30	72	19	1.1	37	65	1	27.0	15.2	9000	12000

续表 12-9

轴承代号	基本尺寸/mm				安装尺寸/mm			基本额定动载荷/kN	基本额定静载荷/kN	极限转速/r·min^{-1}	
	d	D	B	r_{min}	d_{amin}	D_{amax}	r_{amax}	C_r	C_{ro}	脂润滑	油润滑
6307	35	80	21	1.5	44	71	1.5	33.2	19.2	8000	10000
6308	40	90	23	1.5	49	81	1.5	40.8	24.0	7000	9000
6309	45	100	25	1.5	54	91	1.5	52.8	31.8	6300	8000
6310	50	110	27	2	60	100	2	61.8	38.0	6000	7500
6311	55	120	29	2	65	110	2	71.5	44.8	5300	6700
6312	60	130	31	2.1	72	118	2.1	81.8	51.8	5000	6300
6313	65	140	33	2.1	77	128	2.1	93.8	60.5	4500	5600
6314	70	150	35	2.1	82	138	2.1	105	68.0	4300	5300
6315	75	160	37	2.1	87	148	2.1	112	76.8	4000	5000
6316	80	170	39	2.1	92	158	2.1	122	86.5	3800	4800
6317	85	180	41	3	99	166	3	132	96.5	3600	4500
6318	90	190	43	3	104	176	3	145	108	3400	4300
6319	95	200	45	3	109	186	3	155	122	3200	4000
6320	100	215	47	3	114	201	3	172	140	2800	3600
4 尺寸系列											
6403	17	62	17	1.1	24	55	1	22.5	10.8	11000	15000
6404	20	72	19	1.1	27	65	1	31.0	15.2	9500	13000
6405	25	80	21	1.5	34	71	1.5	38.2	19.2	8500	11000
6406	30	90	23	1.5	39	81	1.5	47.5	24.5	8000	10000
6407	35	100	25	1.5	44	91	1.5	56.8	29.5	6700	8500
6408	40	110	27	2	50	100	2	65.5	37.5	6300	8000
6409	45	120	29	2	55	110	2	77.5	45.5	5600	7000
6410	50	130	31	2.1	62	118	2.1	92.2	55.2	5300	6700
6411	55	140	33	2.1	67	128	2.1	100	62.5	4800	6000
6412	60	150	35	2.1	72	138	2.1	108	70.0	4500	5600
6413	65	160	37	2.1	77	148	2.1	118	78.5	4300	5300
6414	70	180	42	3	84	166	3	140	99.5	3800	4800
6415	75	190	45	3	89	176	3	155	115	3600	4500
6416	80	200	48	4	94	186	3	162	125	3400	4300
6417	85	210	52	4	103	192	4	175	138	3200	4000
6418	90	225	54	4	108	207	4	192	158	2800	3600
6420	100	250	58	4	118	232	4	222	195	2400	3200

（2）角接触球轴承（GB/T 292—94）。角接触球轴承可承受径向载荷和单向轴向载荷，接触角越大，承受轴向载荷能力越大，通常成对使用，高速时用它代替推力球轴承较好，适用于刚性较大、跨距较小的轴，如斜齿轮减速器的支撑。图 12-8 所示为角接触球轴承结构和安装尺寸。表 12-10 是角接触球轴承基本尺寸和主要参数。

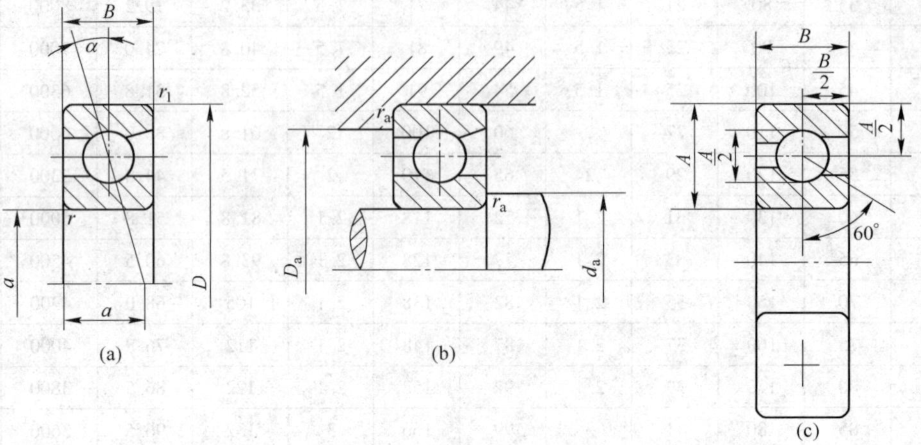

图 12-8　角接触球轴承

（a）70000C（AC）型；（b）安装尺寸；（c）简化画法

表 12-10　角接触球轴承基本尺寸和主要参数（GB/T 292—94）

轴承代号	基本尺寸/mm						安装尺寸/mm			基本额定动载荷 /kN	基本额定静载荷 /kN	极限转速 /r · min⁻¹	
	d	D	B	a	r_{min}	r_{1min}	d_{amin}	D_{amax}	r_{amax}	C_r	C_{ro}	脂润滑	油润滑
0 尺寸系列													
7000C	10	26	8	6.4	0.3	0.15	12.4	23.6	0.3	4.92	2.25	19000	28000
7000AC	10	26	8	8.2	0.3	0.15	12.4	23.6	0.3	4.75	2.12	19000	28000
7001C	12	28	8	6.7	0.3	0.15	14.4	25.6	0.3	5.42	2.65	18000	26000
7001AC	12	28	8	8.7	0.3	0.15	14.4	25.6	0.3	5.2	2.55	18000	26000
7002C	15	32	9	7.6	0.3	0.15	17.4	29.6	0.3	6.25	3.42	17000	24000
7002AC	15	32	9	10	0.3	0.15	17.4	29.6	0.3	5.95	3.25	17000	24000
7003C	17	35	10	8.5	0.3	0.15	19.4	32.6	0.3	6.6	3.85	16000	22000
7003AC	17	35	10	11.1	0.3	0.15	19.4	32.6	0.3	6.30	3.68	16000	22000
7004C	20	42	12	10.2	0.6	0.15	25	37	0.6	10.5	6.08	14000	19000
7004AC	20	42	12	13.2	0.6	0.15	25	37	0.6	10.0	5.78	14000	19000
7005C	25	47	12	10.8	0.6	0.15	30	42	0.6	11.5	7.45	12000	17000
7005AC	25	47	12	14.4	0.6	0.15	30	42	0.6	11.2	7.08	12000	17000
7006C	30	55	13	12.2	1	0.3	36	49	1	15.2	10.2	9500	14000
7006AC	30	55	13	16.4	1	0.3	36	49	1	14.5	9.85	9500	14000

续表 12-10

轴承代号	基本尺寸/mm						安装尺寸/mm			基本额定动载荷/kN	基本额定静载荷/kN	极限转速/r·min^{-1}	
	d	D	B	a	r_{min}	$r_{1\,min}$	$d_{a\,min}$	$D_{a\,max}$	$r_{a\,max}$	C_r	C_{r0}	脂润滑	油润滑
7007C	35	62	14	13.5	1	0.3	41	56	1	19.5	14.2	8500	12000
7007AC	35	62	14	18.3	1	0.3	41	56	1	18.5	13.5	8500	12000
7008C	40	68	15	14.7	1	0.3	46	62	1	20.0	15.2	8000	11000
7008AC	40	68	15	20.1	1	0.3	46	62	1	19.0	14.5	8000	11000
7009C	45	75	16	16	1	0.3	51	69	1	25.8	20.5	7500	10000
7009AC	45	75	16	21.9	1	0.3	51	69	1	25.8	19.5	7500	10000
7010C	50	80	16	16.7	1	0.3	56	74	1	26.5	22.0	6700	9000
7010AC	50	80	16	23.2	1	0.3	56	74	1	25.2	21.0	6700	9000
7011C	55	90	18	18.7	1.1	0.6	62	83	1	37.2	30.5	6000	8000
7011AC	55	90	18	25.9	1.1	0.6	62	83	1	35.2	29.2	6000	8000
7012C	60	95	18	19.4	1.1	0.6	67	88	1	38.2	32.8	5600	7500
7012AC	60	95	18	27.1	1.1	0.6	67	88	1	36.2	31.5	5600	7500
7013C	65	100	18	20.1	1.1	0.6	72	93	1	40.0	35.5	5300	7000
7013AC	65	100	18	28.2	1.1	0.6	72	93	1	38.0	33.8	5300	7000
7014C	70	110	20	22.1	1.1	0.6	77	103	1	48.2	43.5	5000	6700
7014AC	70	110	20	30.9	1.1	0.6	77	103	1	45.8	41.5	5000	6700
7015C	75	115	20	22.7	1.1	0.6	82	108	1	49.5	46.5	4800	6300
7015AC	75	115	20	32.2	1.1	0.6	82	108	1	46.8	44.2	4800	6300
7016C	80	125	22	24.7	1.5	0.6	89	116	1.5	58.5	55.8	4500	6000
7016AC	80	125	22	34.9	1.5	0.6	89	116	1.5	55.5	53.2	4500	6000
7017C	85	130	22	25.4	1.5	0.6	94	121	1.5	62.5	60.2	4300	5600
7017AC	85	130	22	36.1	1.5	0.6	94	121	1.5	59.2	57.2	4300	5600
7018C	90	140	24	27.4	1.5	0.6	99	131	1.5	71.5	69.8	4000	5300
7018AC	90	140	24	38.8	1.5	0.6	99	131	1.5	67.5	66.5	4000	5300
7019C	95	145	24	28.1	1.5	0.6	104	136	1.5	73.5	73.2	3800	5000
7019AC	95	145	24	40	1.5	0.6	104	136	1.5	69.5	69.8	3800	5000
7020C	100	150	24	28.7	1.5	0.6	109	141	1.5	79.2	78.5	3800	5000
7020AC	100	150	24	41.2	1.5	0.6	109	141	1.5	75	74.8	3800	5000
2 尺寸系列													
7200C	10	30	9	7.2	0.6	0.15	15	25	0.6	5.82	2.95	18000	26000
7200AC	10	30	9	9.2	0.6	0.15	15	25	0.6	5.58	2.82	18000	26000
7201C	12	32	10	8	0.6	0.15	17	27	0.6	7.35	3.52	17000	24000
7201AC	12	32	10	10.2	0.6	0.15	17	27	0.6	7.10	3.35	17000	24000
7202C	15	35	11	8.9	0.6	0.15	20	30	0.6	8.68	4.62	16000	22000

续表 12-10

轴承代号	基本尺寸/mm						安装尺寸/mm			基本额定动载荷/kN	基本额定静载荷/kN	极限转速/r·min^{-1}	
	d	D	B	a	r_{min}	$r_{1\,min}$	$d_{a\,min}$	$D_{a\,max}$	$r_{a\,max}$	C_r	C_{ro}	脂润滑	油润滑
7202AC	15	35	11	11.4	0.6	0.15	20	30	0.6	8.35	4.40	16000	22000
7203C	17	40	12	9.9	0.6	0.3	22	35	0.6	10.8	5.95	15000	20000
7203AC	17	40	12	12.8	0.6	0.3	22	35	0.6	10.5	5.65	15000	20000
7204C	20	47	14	11.5	1	0.3	26	41	1	14.5	8.22	13000	18000
7204AC	20	47	14	14.9	1	0.3	26	41	1	14.0	7.82	13000	18000
7205C	25	52	15	12.7	1	0.3	31	46	1	16.5	10.5	11000	16000
7205AC	25	52	15	16.4	1	0.3	31	46	1	15.8	9.88	11000	16000
7206C	30	62	16	14.2	1	0.3	36	56	1	23.0	15.0	9000	13000
7206AC	30	62	16	18.7	1	0.3	36	56	1	22.0	14.2	9000	13000
7207C	35	72	17	15.7	1.1	0.6	42	65	1	30.5	20.0	8000	11000
7207AC	35	72	17	21	1.1	0.6	42	65	1	29.0	19.2	8000	11000
7208C	40	80	18	17	1.1	0.6	47	73	1	36.8	25.8	7500	1000
7208AC	40	80	18	23	1.1	0.6	47	73	1	35.2	24.5	7500	1000
7209C	45	85	19	18.2	1.1	0.6	52	78	1	38.5	28.5	6700	9000
7209AC	45	85	19	24.7	1.1	0.6	52	78	1	36.8	27.2	6700	9000
7210C	50	90	20	19.4	1.1	0.6	57	83	1	42.8	32.0	6300	8500
7210AC	50	90	20	26.3	1.1	0.6	57	83	1	40.8	30.5	6300	8500
7211C	55	100	21	20.9	1.5	0.6	64	91	1.5	52.8	40.5	5600	7500
7211AC	55	100	21	28.6	1.5	0.6	64	91	1.5	50.5	38.5	5600	7500
7212C	60	110	22	22.4	1.5	0.6	69	101	1.5	61.0	48.5	5300	7000
7212AC	60	110	22	30.8	1.5	0.6	69	101	1.5	58.2	46.2	5300	7000
7213C	65	120	23	24.2	1.5	0.6	74	111	1.5	69.8	55.2	4800	6300
7213AC	65	120	23	33.5	1.5	0.6	74	111	1.5	66.5	52.5	4800	6300
7214C	70	125	24	25.3	1.5	0.6	79	116	1.5	70.2	60.0	4500	6000
7214AC	70	125	24	35.1	1.5	0.6	79	116	1.5	69.2	57.5	4500	6000
7215C	75	130	25	26.4	1.5	0.6	84	121	1.5	79.2	65.8	4300	5600
7215AC	75	130	25	36.6	1.5	0.6	84	121	1.5	75.2	63.0	4300	5600
7216C	80	140	26	27.7	2	1	90	130	2	89.5	78.2	4000	5300
7216AC	80	140	26	38.9	2	1	90	130	2	85.0	74.5	4000	5300
7217C	85	150	28	29.9	2	1	95	140	2	99.8	85.0	3800	5000
7217AC	85	150	28	41.6	2	1	95	140	2	94.8	81.5	3800	5000
7218C	90	160	30	31.7	2	1	100	150	2	122	105	3600	4800
7218AC	90	160	30	44.2	2	1	100	150	2	118	100	3600	4800
7219C	95	170	32	33.8	2.1	1.1	107	158	2.1	135	115	3400	4500

续表 12-10

轴承代号	基本尺寸/mm						安装尺寸/mm			基本额定动载荷/kN	基本额定静载荷/kN	极限转速/r·min^{-1}	
	d	D	B	a	r_{min}	r_{1min}	d_{amin}	D_{amax}	r_{amax}	C_r	C_{ro}	脂润滑	油润滑
7219AC	95	170	32	46.9	2.1	1.1	107	158	2.1	128	108	3400	4500
7220C	100	180	34	35.8	2.1	1.1	112	168	2.1	148	128	3200	4300
7220AC	100	180	34	49.7	2.1	1.1	112	168	2.1	142	122	3200	4300
3 尺寸系列													
7301C	12	37	12	8.6	1	0.3	18	31	1	8.10	5.22	16000	22000
7301AC	12	37	12	12	1	0.3	18	31	1	8.08	4.88	16000	22000
7302C	15	42	13	9.6	1	0.3	21	36	1	9.38	5.95	15000	20000
7302AC	15	42	13	13.5	1	0.3	21	36	1	9.08	5.58	15000	20000
7303C	17	47	14	10.4	1	0.3	23	41	1	12.8	8.62	14000	19000
7303AC	17	47	14	14.8	1	0.3	23	41	1	11.5	7.08	14000	19000
7304C	20	52	15	11.3	1.1	0.6	27	45	1	14.2	9.68	12000	17000
7304AC	20	52	15	16.8	1.1	0.6	27	45	1	13.8	9.10	12000	17000
7305C	25	62	17	13.1	1.1	0.6	32	55	1	21.5	15.8	9500	14000
7305AC	25	62	17	19.1	1.1	0.6	32	55	1	20.8	14.8	9500	14000
7306C	30	72	19	15	1.1	0.6	37	65	1	26.5	19.8	8500	12000
7306AC	30	72	19	22.2	1.1	0.6	37	65	1	25.2	18.5	8500	12000
7307C	35	80	21	16.6	1.5	0.6	44	71	1.5	34.2	26.8	7500	10000
7307AC	35	80	21	24.5	1.5	0.6	44	71	1.5	32.8	24.8	7500	10000
7308C	40	90	23	18.5	1.5	0.6	49	81	1.5	40.2	32.3	6700	9000
7308AC	40	90	23	30.5	1.5	0.6	49	81	1.5	38.5	30.5	6700	9000
7309C	45	100	25	20.2	1.5	0.6	54	91	1.5	49.2	39.8	6000	8000
7309AC	45	100	25	30.2	1.5	0.6	54	91	1.5	47.5	37.2	6000	8000
7310C	50	110	27	22	2	1	60	100	2	53.5	47.2	5600	7500
7310AC	50	110	27	33	2	1	60	100	2	55.5	44.5	5600	7500
7311C	55	120	29	23.8	2	1	65	110	2	70.5	60.5	5000	6700
7311AC	55	120	29	35.8	2	1	65	110	2	67.2	56.8	5000	6700
7312C	60	130	31	25.6	2.1	1.1	72	118	2.1	80.5	70.2	4800	6300
7312AC	60	130	31	38.7	2.1	1.1	72	118	2.1	77.8	65.8	4800	6300
7313C	65	140	33	27.4	2.1	1.1	77	128	2.1	91.5	80.5	4300	5600
7313AC	65	140	33	41.5	2.1	1.1	77	128	2.1	89.8	75.5	4300	5600
7314C	70	150	35	29.2	2.1	1.1	82	138	2.1	102	91.5	4000	5300
7314AC	70	150	35	44.3	2.1	1.1	82	138	2.1	98.5	86.0	4000	5300
7315C	75	160	37	31	2.1	1.1	87	148	2.1	112	105	3800	5000
7315AC	75	160	37	47.2	2.1	1.1	87	148	2.1	108	97.0	3800	5000

续表 12-10

轴承代号	基本尺寸/mm						安装尺寸/mm			基本额定动载荷/kN	基本额定静载荷/kN	极限转速/r·min^{-1}	
	d	D	B	a	$r_{\min}$	$r_{1\min}$	$d_{a\min}$	$D_{a\max}$	$r_{a\max}$	C_r	C_{ro}	脂润滑	油润滑
7316C	80	170	39	32.8	2.1	1.1	92	158	2.1	122	118	3600	4800
7316AC	80	170	39	50	2.1	1.1	92	158	2.1	118	108	3600	4800
7317C	85	180	41	34.6	3	1.1	99	166	2.5	132	128	3400	4500
7317AC	85	180	41	52.8	3	1.1	99	166	2.5	125	122	3400	4500
7318C	90	190	43	36.4	3	1.1	104	176	2.5	142	142	3200	4300
7318AC	90	190	43	55.6	3	1.1	104	176	2.5	135	135	3200	4300
7319C	95	200	45	38.2	3	1.1	109	186	2.5	152	158	3000	4000
7319AC	95	200	45	58.5	3	1.1	109	186	2.5	145	148	3000	4000
7320C	100	215	47	40.2	3	1.1	114	201	2.5	162	175	2600	3600
7320AC	100	215	47	61.9	3	1.1	114	201	2.5	165	178	2600	3600
4尺寸系列													
7406AC	30	90	23	26.1	1.5	0.6	39	81	1	42.5	32.2	7500	10000
7407AC	35	100	25	29	1.5	0.6	44	91	1.5	53.8	42.5	6300	8500
7408AC	40	110	27	31.8	2	1	50	100	2	62.0	49.5	6000	8000
7409AC	45	120	29	34.6	2	1	55	110	2	66.8	52.8	5300	7000
7410AC	50	130	31	37.4	2.1	1.1	62	118	2.1	76.5	64.2	5000	6700
7412AC	60	150	35	43.1	2.1	1.1	72	138	2.1	102	90.8	4300	5600
7414AC	70	180	42	51.5	3	1.1	84	166	2.5	125	125	3600	4800
7416AC	80	200	48	58.1	3	1.1	94	186	2.5	152	162	3200	4300

（3）圆锥滚子轴承（GB/T 297—94）。圆锥滚子轴承能同时承受轴向载荷和径向载荷，承载能力大，内外圈可以分离，间隙容易调整，安装方便，适用于成对使用场合。图 12-9 所示为圆锥滚子轴承结构和安装尺寸，表 12-11 所列为圆锥滚子轴承的基本尺寸和主要参数。

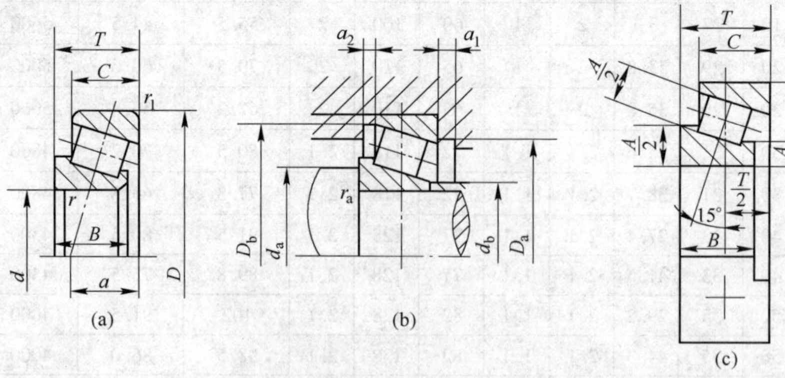

图 12-9 圆锥滚子轴承

（a）30000 型；（b）安装尺寸；（c）简化画法

表 12-11 圆锥滚子轴承基本尺寸和主要参数(GB/T 297—94)

轴承代号	尺寸/mm								安装尺寸/mm									计算系数			基本额定		极限转速/r·min^{-1}	
	d	D	T	B	C	r	r_1	a	d_a	d_b	D_a	D_a	D_b	a_1	a_2	r_a	r_b	e	Y	Y_0	动载荷 C_r	静载荷 C_{r0}	脂润滑	油润滑
						min	min		min	max	min	max	min	min	min	max	max				kN			
02尺寸系列																								
30203	17	40	13.25	12	11	1	1	9.9	23	23	34	34	37	2	2.5	1	1	0.35	1.7	1	20.8	21.8	9000	12000
30204	20	47	15.25	14	12	1	1	11.2	26	27	40	41	43	2	3.5	1	1	0.35	1.7	1	28.2	30.5	8000	10000
30205	25	52	16.25	15	13	1	1	12.5	31	31	44	46	48	2	3.5	1	1	0.37	1.6	0.9	32.2	37.0	7000	9000
30206	30	62	17.25	16	14	1	1	13.8	36	37	53	56	58	2	3.5	1	1	0.37	1.6	0.9	43.2	50.5	6000	7500
30207	35	72	18.25	17	15	1.5	1.5	15.3	42	44	62	65	67	3	3.5	1.5	1.5	0.37	1.6	0.9	54.2	63.5	5300	6700
30208	40	80	19.75	18	16	1.5	1.5	16.9	47	49	69	73	75	3	4	1.5	1.5	0.37	1.6	0.9	63.0	74.0	5000	6300
30209	45	85	20.75	19	16	1.5	1.5	18.6	52	53	74	78	80	3	5	1.5	1.5	0.4	1.5	0.8	67.8	83.5	4500	5600
30210	50	90	21.75	20	17	1.5	1.5	20	57	58	79	83	86	3	5	1.5	1.5	0.42	1.4	0.8	73.2	92.0	4300	5300
30211	55	100	22.75	21	18	2	1.5	21	64	64	88	91	95	4	5	2	1.5	0.4	1.5	0.8	90.8	115	3800	4800
30212	60	110	23.75	22	19	2	1.5	22.3	69	69	96	101	103	4	5	2	1.5	0.4	1.5	0.8	102	130	3600	4500
30213	65	120	24.75	23	20	2	1.5	23.8	74	77	106	111	114	4	5	2	1.5	0.4	1.5	0.8	120	152	3200	4000
30214	70	125	26.25	24	21	2	1.5	25.8	79	81	110	116	119	4	5.5	2	1.5	0.42	1.4	0.8	132	175	3000	3800
30215	75	130	27.25	25	22	2	1.5	27.4	84	85	115	121	125	4	5.5	2	1.5	0.44	1.4	0.8	138	185	2800	3600
30216	80	140	28.25	26	22	2.5	2	28.1	90	90	124	130	133	4	6	2.1	2	0.42	1.4	0.8	160	212	2600	3400
30217	85	150	30.5	28	24	2.5	2	30.3	95	96	132	140	142	5	6.5	2.1	2	0.42	1.4	0.8	178	238	2400	3200
30218	90	160	32.5	30	26	2.5	2	32.3	100	102	140	150	151	5	6.5	2.1	2	0.42	1.4	0.8	200	270	2200	3000
30219	95	170	34.5	32	27	3	2.5	34.2	107	108	149	158	160	5	7.5	2.5	2.1	0.42	1.4	0.8	228	308	2000	2800
30220	100	180	37	34	29	3	2.5	36.4	112	114	157	168	169	5	8	2.5	2.1	0.42	1.4	0.8	255	350	1900	2600

续表 12-11

轴承代号	尺寸/mm								安装尺寸/mm									计算系数			基本额定		极限转速 /r·min^{-1}	
	d	D	T	B	C	r	r_1	a	d_a	d_b	D_a	D_a	D_b	a_1	a_2	r_a	r_b	e	Y	Y_0	动载荷 C_r	静载荷 C_{ro}	脂润滑	油润滑
						min	min		min	max	min	max	min	min	min	max	max				kN			
03尺寸系列																								
30302	15	42	14.25	13	11	1	1	9.6	21	22	36	36	38	2	3.5	1	1	0.29	2.1	1.2	22.8	21.5	9000	12000
30303	17	47	15.25	14	12	1	1	10.4	23	25	40	41	43	3	3.5	1	1	0.29	2.1	1.2	28.2	27.2	8500	11000
30304	20	52	16.25	15	13	1.5	1.5	11.1	27	28	44	45	48	3	3.5	1.5	1.5	0.3	2	1.1	33.0	33.2	7500	9500
30305	25	62	18.25	17	15	1.5	1.5	13	32	34	54	55	58	3	3.5	1.5	1.5	0.3	2	1.1	46.8	48.0	6300	8000
30306	30	72	20.75	19	16	1.5	1.5	15.3	37	40	62	65	66	3	5	1.5	1.5	0.31	1.9	1.1	59.0	63.0	5600	7000
30307	35	80	22.75	21	18	2	1.5	16.8	44	45	70	71	74	3	5	2	1.5	0.31	1.9	1.1	75.2	82.5	5000	6300
30308	40	90	25.25	23	20	2	1.5	19.5	49	52	77	81	84	3	5.5	2	1.5	0.35	1.7	1	90.8	108	4500	5600
30309	45	100	27.25	25	22	2	1.5	21.3	54	59	86	91	94	3	5.5	2	1.5	0.35	1.7	1	108	130	4000	5000
30310	50	110	29.25	27	23	2.5	2	23	60	65	95	100	103	4	6.5	2	2	0.35	1.7	1	130	158	3800	4800
30311	55	120	31.5	29	25	2.5	2	24.9	65	70	104	110	112	4	6.5	2.5	2	0.35	1.7	1	152	188	3400	4300
30312	60	130	33.5	31	26	3	2.5	26.6	72	76	112	118	121	5	7.5	2.5	2.1	0.35	1.7	1	170	210	3200	4000
30313	65	140	36	33	28	3	2.5	28.7	77	83	122	128	131	5	8	2.5	2.1	0.35	1.7	1	195	242	2800	3600
30314	70	150	38	35	30	3	2.5	30.7	82	89	130	138	141	5	8	2.5	2.1	0.35	1.7	1	218	272	2600	3400
30315	75	160	40	37	31	3	2.5	32	87	95	139	148	150	5	9	2.5	2.1	0.35	1.7	1	252	318	2400	3200
30316	80	170	42.5	39	33	3	2.5	34.4	92	102	148	158	160	5	9.5	2.5	2.1	0.35	1.7	1	278	352	2200	3000
30317	85	180	44.5	41	34	4	3	35.9	99	107	156	166	168	6	10.5	3	2.5	0.35	1.7	1	305	388	2000	2800
30318	90	190	46.5	43	36	4	3	37.5	104	113	165	176	178	6	10.5	3	2.5	0.35	1.7	1	342	440	1900	2600
30319	95	200	49.5	45	38	4	3	40.1	109	118	172	186	185	6	11.5	3	2.5	0.35	1.7	1	370	478	1800	2400
30320	100	215	51.5	47	39	4	3	42.2	114	127	184	201	199	6	12.5	3	2.5	0.35	1.7	1	405	525	1600	2000

续表 12-11

轴承代号	尺寸/mm								安装尺寸/mm										计算系数			基本额定		极限转速 /r · min^{-1}	
	d	D	T	B	C	r	r_1	a	d_a	d_b	D_a	D_a	D_b	a_1	a_2	r_a	r_b	e	Y	Y_0	动载荷 C_r	静载荷 C_{r0}	脂润滑	油润滑
						min	min		min	max	min	max	min	min	min	max	max				kN			
22 尺寸系列																								
32206	30	62	21.25	20	17	1	1	15.6	36	36	52	56	58	3	4.5	1	1	0.37	1.6	0.9	51.8	63.8	6000	7500
32207	35	72	24.25	23	19	1.5	1.5	17.9	42	42	61	65	68	3	5.5	1.5	1.5	0.37	1.6	0.9	70.5	89.5	5300	6700
32208	40	80	24.75	23	19	1.5	1.5	18.9	47	48	68	73	75	3	6	1.5	1.5	0.37	1.6	0.9	77.8	97.2	5000	6300
32209	45	85	24.75	23	19	1.5	1.5	20.1	52	53	73	78	81	3	6	1.5	1.5	0.4	1.5	0.8	80.8	105	4500	5600
32210	50	90	24.75	23	19	1.5	1.5	21	57	57	78	83	86	3	6	1.5	1.5	0.42	1.4	0.8	82.8	108	4300	5300
32211	55	100	26.75	25	21	2	1.5	22.8	64	62	87	91	86	4	6	2	1.5	0.4	1.5	0.8	108	142	3800	4800
32212	60	110	29.75	28	24	2	1.5	25	69	68	95	101	105	4	6	2	1.5	0.4	1.5	0.8	132	180	3600	4500
32213	65	120	32.75	31	27	2	1.5	27.3	74	75	104	111	115	4	6	2	1.5	0.4	1.5	0.8	160	222	3200	4000
32214	70	125	33.25	31	27	2	1.5	28.8	79	79	108	116	120	4	6.5	2	1.5	0.42	1.4	0.8	168	238	3000	3800
32215	75	130	33.25	31	27	2	1.5	30	84	84	115	121	126	4	6.5	2	1.5	0.44	1.4	0.8	170	242	2800	3600
32216	80	140	35.25	33	28	2.5	2	31.4	90	89	122	130	135	5	7.5	2.1	2	0.42	1.4	0.8	198	278	2600	3400
32217	85	150	38.5	36	30	2.5	2	33.9	95	95	130	140	143	5	8.5	2.1	2	0.42	1.4	0.8	228	325	2400	3200
32218	90	160	42.5	40	34	2.5	2	36.8	100	101	138	150	153	5	8.5	2.1	2	0.42	1.4	0.8	270	395	2200	3000
32219	95	170	45.5	43	37	3	2.5	39.2	107	106	145	158	163	5	8.5	2.5	2.1	0.42	1.4	0.8	302	448	2000	2800
32220	100	180	49	46	39	3	2.5	41.9	112	113	154	168	172	5	10	2.5	2.1	0.42	1.4	0.8	340	512	1900	2600

续表 12-11

轴承代号	尺寸/mm								安装尺寸/mm									计算系数			基本额定		极限转速/r·min^{-1}	
	d	D	T	B	C	r	r_1	a	d_a	d_b	D_a	D_a	D_b	a_1	a_2	r_a	r_b	e	Y	Y_0	动载荷 C_r	静载荷 C_{r0}	脂润滑	油润滑
						min	min		min	max	min	max	min	min	min	max	max				kN			
23尺寸系列																								
32303	17	47	20.25	19	16	1	1	12.3	23	24	39	41	43	3	4.5	1	1	0.29	2.1	1.2	35.2	36.2	8500	11000
32304	20	52	22.25	21	18	1.5	1.5	13.6	27	27	43	45	48	3	4.5	1.5	1.5	0.3	2	1.1	42.8	46.2	7500	9500
32305	25	62	25.25	24	20	1.5	1.5	15.9	32	32	52	55	58	3	5.5	1.5	1.5	0.3	2	1.1	61.5	68.8	6300	8000
32306	30	72	28.75	27	23	1.5	1.5	18.9	37	38	59	65	66	4	6	1.5	1.5	0.31	1.9	1.1	81.5	96.5	5600	7000
32307	35	80	32.75	31	25	2	1.5	20.4	44	43	66	71	74	4	8.5	2	1.5	0.31	1.9	1.1	99.0	118	5000	6300
32308	40	90	35.25	33	27	2	1.5	23.3	49	49	73	81	83	4	8.5	2	1.5	0.35	1.7	1	115	148	4500	5600
32309	45	100	38.25	36	30	2	1.5	25.6	54	56	82	91	93	4	8.5	2	1.5	0.35	1.7	1	145	188	4000	5000
32310	50	110	42.25	40	33	2.5	2	28.2	60	61	90	100	102	5	9.5	2	2	0.35	1.7	1	178	235	3800	4800
32311	55	120	48.5	43	35	2.5	2	30.4	65	66	99	110	111	5	10	2.5	2	0.35	1.7	1	202	270	3400	4300
32312	60	130	45.5	46	37	3	2.5	32	72	72	107	118	122	6	11.5	2.5	2.1	0.35	1.7	1	228	302	3200	4000
32313	65	140	51	48	39	3	2.5	34.3	77	79	117	128	131	6	12	2.5	2.1	0.35	1.7	1	260	350	2800	3600
32314	70	150	54	51	42	3	2.5	36.5	82	84	125	138	141	6	12	2.5	2.1	0.35	1.7	1	298	408	2600	3400
32315	75	160	58	55	45	3	2.5	39.4	87	91	133	148	150	7	13	2.5	2.1	0.35	1.7	1	348	482	2400	3200
32316	80	170	61.5	58	48	3	2.5	42.1	92	97	142	158	160	7	13.5	2.5	2.1	0.35	1.7	1	388	542	2200	3000
32317	85	180	63.5	60	49	4	3	43.5	99	102	150	166	168	8	14.5	3	2.5	0.35	1.7	1	422	592	2000	2800
32318	90	190	67.5	64	53	4	3	46.2	104	107	157	176	178	8	14.5	3	2.5	0.35	1.7	1	478	682	1900	2600
32319	95	200	71.5	67	55	4	3	49	109	114	166	186	187	8	16.5	3	2.5	0.35	1.7	1	515	738	1800	2400
32320	100	215	77.5	73	60	4	3	52.9	114	122	177	201	201	8	17.5	3	2.5	0.35	1.7	1	600	872	1600	2000

12.4 标准连接件

12.4.1 螺栓与螺母

(1) 六角头螺栓。图 12-10 所示为六角头螺栓 C 级的结构和尺寸,图 12-11 所示为六角头螺栓全螺纹 C 级的结构和尺寸,A 级和 B 级见图 12-12 和图 12-13。表 12-12 所列为六角头螺栓 C 级的基本尺寸和主要参数,A 级见表 12-13。标记"螺栓 GB/T 5780 M12×80"的含义为:螺纹规格 d = M12、公称长度 l = 80 mm、不经过表面处理的 C 级六角头螺栓。

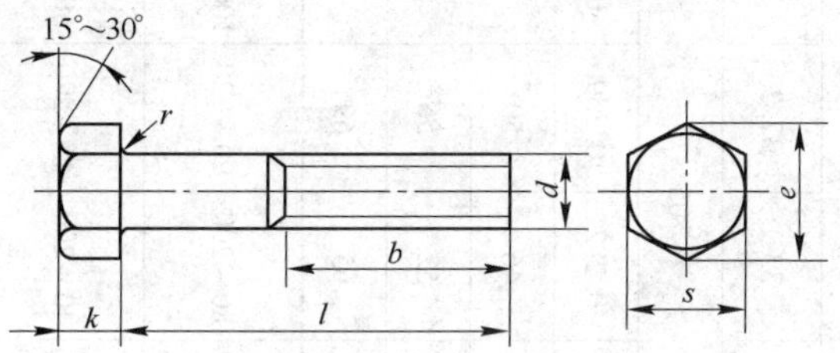

图 12-10 六角头螺栓 C 级(GB/T 5780—2000)

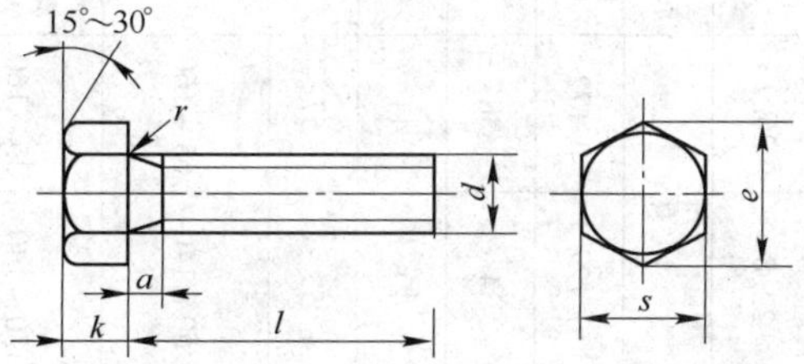

图 12-11 六角头螺栓全螺纹 C 级(GB/T 5781—2000)

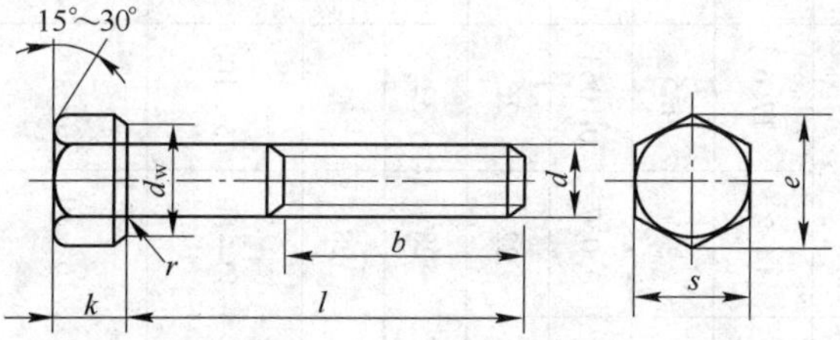

图 12-12 六角头螺栓 A 级和 B 级(GB/T 5782—2000)

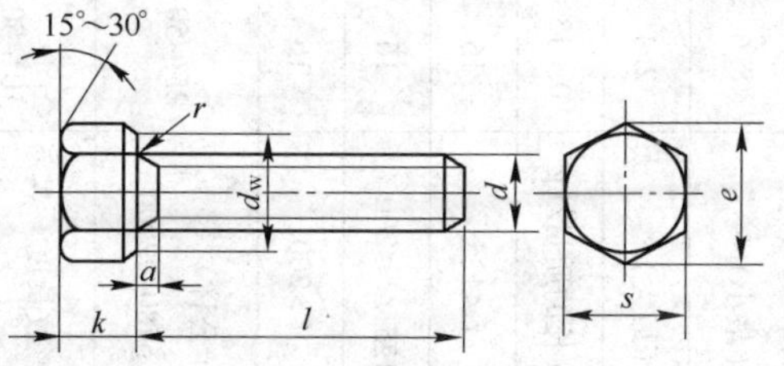

图 12-13 六角头螺栓全螺纹 A 级和 B 级(GB/T 5783—2000)

表 12-12 六角头螺栓 C 级基本尺寸和主要参数

螺纹规格 d	M5	M6	M8	M10	M12	（M14）	M16	（M18）	M20	M22	M24	（M27）	M30	M36
s（公称）	8	10	13	16	18	21	24	27	30	34	36	41	46	55
k（公称）	3.5	4	5.3	6.4	7.5	8.8	10	11.5	12.5	14	15	17	18.7	22.5
r（最小）	0.2	0.25	0.4		0.6				0.8			1		
e（最小）	8.6	10.9	14.2	17.6	199	22.8	26.2	29.6	33	37.3	39.6	45.2	50.9	60.8
a（最大）	2.4	3	4	4.5	5.3	6		705				9	10.5	12
100 mm 长的质量/kg	0.013	0.020	0.037	0.063	0.090	0.127	0.172	0.223	0.282	0.359	0.424	0.566	0.721	1.100
b $l≤125$	16	18	22	26	30	34	38	42	46	50	54	60	66	78
b $125<l≤200$	16	18	28	32	36	40	44	48	52	56	60	66	72	84
b $l>200$	16	18	28	32	36	53	57	61	65	69	73	79	85	97
l（公称）GB/T 5780—2000	25~50	30~60	40~80	45~100	55~120	60~140	65~160	80~180	80~200	90~220	100~240	110~260	120~300	140~360
全螺纹长度 l GB/T 5781—2000	10~50	12~60	16~80	20~100	25~120	30~140	35~160	35~180	40~200	45~220	50~240	55~280	60~300	70~360
l 系列（公称）	10,12,16,20,25,30,35,40,45,50,55,60,65,70,80,90,100,110,120,130,140,150,160,180,200,220,240,260,280,300,320,340,360,380,400,420,440,460,480,500													
技术条件	GB/T 5780 螺纹公差:8 g GB/T 5781 螺纹公差:8 g			材料:钢		性能等级:$d≤39$、3.6、4.6、4.8; $d>39$			表面处理:不经处理,电镀,非电解锌粉覆盖			产品等级:C		

注：1. M5～M36 为商品规格，为销售储备的产品最通用的规格；M42～M64 为通用规格比商品规格低一档次，有时候买不到要现制造；带括号的为非优先选的螺纹规格。

2. 表中未注单位均为 mm。

表 12-13 六角头螺栓 A 级基本尺寸和主要参数

mm

螺纹规格 d		M1.6	M2	M2.5	M3	M4	M5	M6	M8	M10	M12	(M14)	M16	(M18)	M20	(M22)	M24	(M27)	M30
s(公称)		3.2	4	5	5.5	7	8	10	13	16	18	21	24	27	30	34	36	41	46
k(公称)		1.1	1.4	1.7	2	2.8	3.5	4	5.3	6.4	7.5	8.8	10	11.5	12.5	14	15	17	18.7
c_{max}		0.4	0.4	0.5	0.5	0.5	0.5	0.5	0.6	0.6	0.6	0.6	0.8	0.8	0.8	0.8	0.8	0.8	0.8
e_{min}	A	3.41	4.32	5.45	6.01	7.66	8.79	11.05	14.38	17.77	20.03	23.36	26.75	30.14	33.53	37.72	39.98	39.98	39.98
	B	3.28	4.18	5.31	5.88	7.50	8.63	10.89	14.20	17.59	9.85	22.78	26.17	29.56	32.95	37.29	39.55	45.2	50.85
d_{wmin}	A	2.27	3.07	4.07	4.57	5.88	6.88	8.88	11.63	16.63	19.64	22.49	25.34	28.19	31.71	33.61	33.61	33.61	33.61
	B	2.3	2.95	3.95	4.45	5.74	6.74	8.74	11.47	16.47	19.15	22	24.85	27.7	31.35	33.25	38	42.75	51.11
b	$l \leqslant 125$	9	10	11	12	14	16	18	22	26	30	34	38	42	46	50	54	60	66
	$125 < l \leqslant 200$	15	16	17	18	20	22	24	28	32	36	40	44	48	52	56	60	66	72
	$l > 200$	28	29	30	31	33	35	37	41	45	49	53	57	61	65	69	73	79	85
a		1	1	1.5	1.5	2.1	2.4	3	3.75	4.5	5.25	6	6	7.5	7.5	7.5	9	9	10.5

注:1. 尽量不采用括号内的螺纹规格。

2. A 级用于 $d \leqslant 24$ mm 和 $l \leqslant 10d$ 或 $l \leqslant 150$ mm 的螺栓;B 级用于 $d > 24$ mm 和 $l > 10d$ 或 $l > 150$ mm 的螺栓。

（2）六角头螺母。图12-14所示为六角螺母C级的结构和尺寸。图12-15所示为六角螺母A、B级的结构和尺寸。六角螺母基本尺寸和主要参数见表12-14。标记“螺母GB/T 41 M12”的含义为：螺纹规格为M12、性能等级为5级、不经过表面处理的C级六角头螺母。

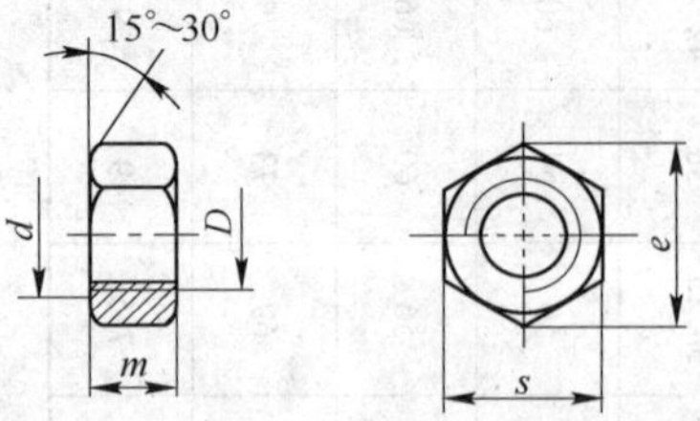

图12-14　六角螺母C级（GB/T 41—2000）

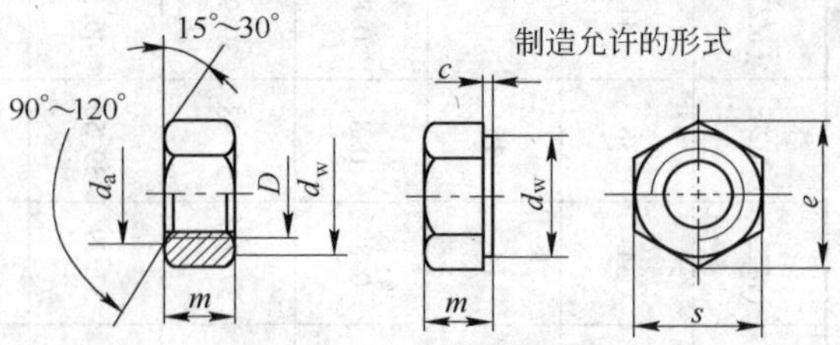

图12-15　六角螺母A级和B级（GB/T 6170—2000）

12.4.2　螺钉

（1）十字槽盘头螺钉（GB/T 818—2000）。十字槽盘头螺钉的结构和尺寸如图12-16和表12-15所示。标记“GB/T 818—2000 M5×20”的含义是：螺纹规格是M5、公称长度l=20 mm、性能等级为4.8级、不经过表面处理的H型十字槽盘头螺钉。

（2）十字槽沉头螺钉（GB/T 819—2000）。十字槽沉头螺钉的结构和尺寸如图12-17和表12-16所示。标记“GB/T 819—2000 M5×20”的含义是：螺纹规格是M5、公称长度l=20 mm、性能等级为4.8级、不经过表面处理的H型十字槽沉头螺钉。

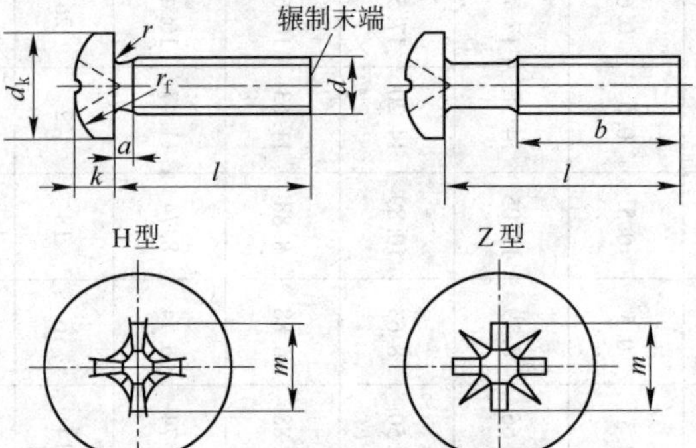

图12-16　十字槽盘头螺钉

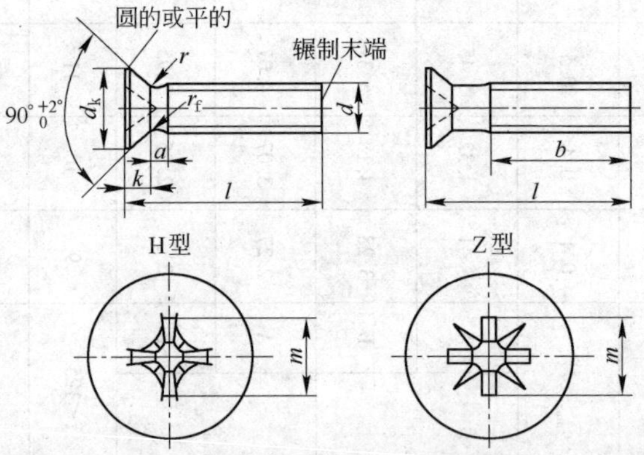

图12-17　十字槽沉头螺钉

表 12-14 六角螺母基本尺寸和主要参数

螺纹规格 D		M3	(M3.5)	M4	M5	M6	M8	M10	M12	(M14)	M16	(M18)	M20	(M22)	M24	(M27)	M30	M36
e_{min}	C 级	5.9	6.4	7.5	8.6	10.9	14.2	17.6	19.9	22.8	26.2	29.6	33	37.3	39.6	45.2	50.9	60.8
	A 级与 B 级	6	6.6	7.7	8.8	11	14.4	17.8	20	23.4	26.8	29.6	33	37.3	39.6	45.2	50.9	60.8
s(公称)		5.5	6	7	8	10	13	16	18	21	24	27	30	34	36	41	46	55
d_{wmin}	C 级	—	—	—	6.7	8.7	11.5	14.5	16.5	19.2	22	24.9	27.7	31.4	33.3	38	42.8	51.1
	A 级与 B 级	4.6	5.1	5.9	6.9	8.9	11.6	14.6	16.6	19.6	22.5	24.9	27.7	31.4	33.3	38	42.8	51.1
m_{max}	GB/T6170	2.4	2.8	3.2	4.7	5.2	6.8	8.4	10.8	12.8	14.8	15.8	18	19.4	21.5	23.8	25.6	31
	GB/T41	—	—	—	5.6	6.4	7.9	9.5	12.2	13.9	15.9	16.9	19	20.2	22.3	24.7	26.4	31.9
c_{max}		0.4	0.4	0.4	0.5	0.5	0.6	0.6	0.6	0.6	0.8	0.8	0.8	0.8	0.8	0.8	0.8	0.8

注:1. 括号内规格尽量不采用。

2. M42、M48、M56、M64 为通用规格,其余为商品规格。

3. 表格中"—"含义是从相应国标中查不到相关数据。

表 12-15 十字槽盘头螺钉基本尺寸和主要参数(GB/T 818—2000)

螺纹规格	螺距 p	a_{max}	b_{min}	d_{kmax}	k_{max}	r_{min}	r_f	l 商品规格范围	十字槽 H 型插入深度 m	十字槽 Z 型插入深度 m	全螺纹时最大长度	十字槽槽号
M1.6	0.35	0.7	25	3.2	1.3	0.1	2.5	3~16	1.7	1.7	25	0
M2	0.4	0.8	25	4	1.6	0.1	3.2	3~20	1.9	1.9	25	0
M2.5	0.45	0.9	25	5	2.1	0.1	4	3~25	2.7	2.6	25	1
M3	0.5	1	25	5.6	2.4	0.1	5	4~30	3.0	2.9	25	1

续表 12-15

螺纹规格	螺距 p	a_{max}	b_{min}	d_{kmax}	k_{max}	r_{min}	r_f	l 商品规格范围	十字槽 H 型插入深度 m	十字槽 Z 型插入深度 m	全螺纹时最大长度	十字槽槽号
M4	0.7	1.4	38	8	3.1	0.2	6.5	5 ~ 40	4.4	4.4	40	2
M5	0.8	1.6	38	9.5	3.7	0.2	8	6 ~ 45	4.9	4.6	40	2
M6	1	2	38	12	4.6	0.25	10	8 ~ 60	6.9	6.8	40	3
M8	1.25	2.5	38	16	6	0.4	13	10 ~ 60	9.0	8.8	40	4
M10	1.5	3	38	20	7.5	0.4	16	12 ~ 60	10.1	10.0	40	4

表 12-16 十字槽沉头螺钉基本尺寸和主要参数（GB/T 819—2000）

螺纹规格	螺距 p	a_{max}	b_{min}	d_{kmax}	k_{max}	r_{min}	r_f	l 商品规格范围	十字槽 H 型插入深度 m	十字槽 Z 型插入深度 m	全螺纹时最大长度	十字槽槽号
M1.6	0.35	0.7	25	3	1	0.4	3	3 ~ 16	1.6	1.8	30	0
M2	0.4	0.8	25	3.8	1.2	0.5	4	3 ~ 20	1.9	2	30	0
M2.5	0.45	0.9	25	4.7	1.5	0.6	5	3 ~ 25	2.9	3	30	1
M3	0.5	1	25	5.5	1.65	0.8	6	4 ~ 30	3.2	3.2	30	1
M4	0.7	1.4	38	8.4	2.7	1	9.5	5 ~ 40	4.6	4.6	45	2
M5	0.8	1.6	38	9.3	2.7	1.3	9.5	6 ~ 45	5.2	5.1	45	2
M6	1	2	38	11.3	3.3	1.5	12	8 ~ 60	6.8	6.8	45	3
M8	1.25	2.5	38	15.8	4.65	2	16.5	10 ~ 60	8.9	9	45	4
M10	1.5	3	38	18.3	5	2.5	19.5	12 ~ 60	10	10	45	4

(3) 吊环螺钉(GB 825—88)。A、B 型吊环螺钉结构和尺寸如图 12-18 和图 12-19 所示。表 12-17 所列为吊环螺钉基本尺寸和主要参数。

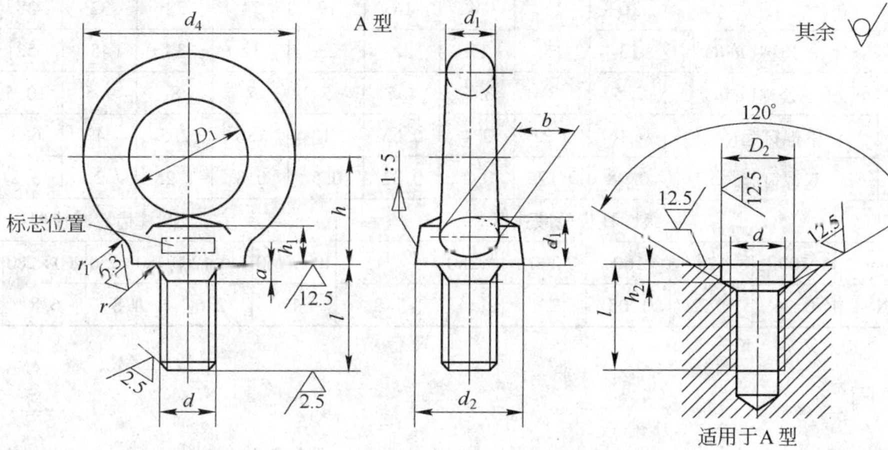

图 12-18　吊环螺钉 A 型

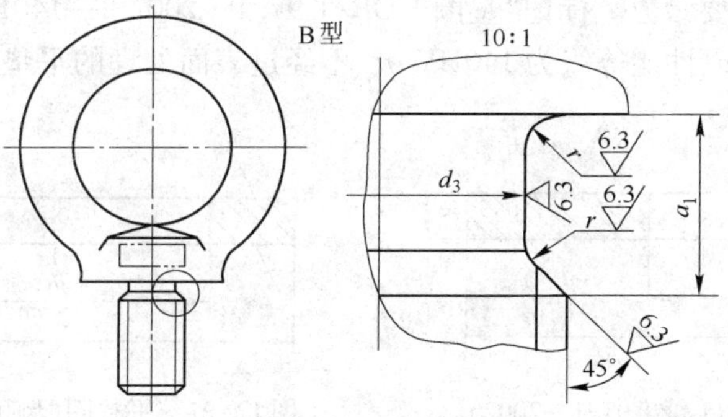

图 12-19　吊环螺钉 B 型

表 12-17　吊环螺钉基本尺寸和主要参数(GB 825—88)

螺纹规格(d)		M8	M10	M12	M16	M20	M24	M30	M36	M42	M48
d_1/mm	max	9.1	11.1	13.1	15.2	17.4	21.4	25.7	30	34.4	40.7
D_1/mm	公称	20	24	28	34	40	48	56	67	80	95
d_2/mm	max	21.1	25.1	29.1	35.2	41.4	49.4	57.7	69	82.4	97.7
h_1/mm	max	7	9	11	13	15.1	19.1	23.2	27.4	31.7	36.9
l/mm	公称	16	20	22	28	35	40	45	55	65	70
d_4/mm	参考	36	44	52	62	72	88	104	123	144	171
h/mm		18	22	26	31	36	44	53	63	74	87
r_1/mm		4	4	6	6	8	12	15	18	20	22
r/mm	min	1	1	1	1	1	2	2	3	3	3
a_1/mm	max	3.75	4.5	5.25	6	7.5	9	10.5	12	13.5	15
d_3/mm	公称(max)	6	7.7	9.4	13	16.4	19.6	25	30.8	35.6	41
a/mm	max	2.5	3	3.5	4	5	6	7	8	9	10

续表 12-17

螺纹规格(d)		M8	M10	M12	M16	M20	M24	M30	M36	M42	M48
b		10	12	14	16	19	24	28	32	38	46
D_2/mm	公称(min)	13	15	17	22	28	32	38	45	52	60
h_2/mm	公称(min)	2.5	3	3.5	4.5	5	7	8	9.5	10.5	11.5
最大起吊重量 t	单螺钉起吊	0.16	0.25	0.4	0.63	1	1.6	2.5	4	6.3	8
	双螺钉起吊	0.08	0.125	0.2	0.32	0.5	0.8	1.25	2	3.2	4
减速器类型	一级圆柱齿轮减速器						二级圆柱齿轮减速器				
中心矩 a/mm	100	125	160	200	250	315	100×140	140×200	180×250	200×280	250×355
重量 W/kN	0.26	0.52	1.05	2.1	4	8	1	2.6	4.8	6.8	12.5

12.4.3　垫圈

(1) 平垫圈。图 12-20 和图 12-21 中粗糙度√取值如下：当 $h \leqslant 3$ mm 时，粗糙度取 1.6；当 $3\text{ mm} < h \leqslant 6$ mm 时，粗糙度取 3.2；当 $h > 6$ mm 时，粗糙度取 6.4。表 12-18 所列为平垫圈的基本尺寸和主要参数。标记"垫圈　GB/T 97.1—2002 8—140HV"的含义为：标准系列、公称尺寸 $d = 8$ mm、性能等级为 140HV 级、不经过表面处理的平垫圈。

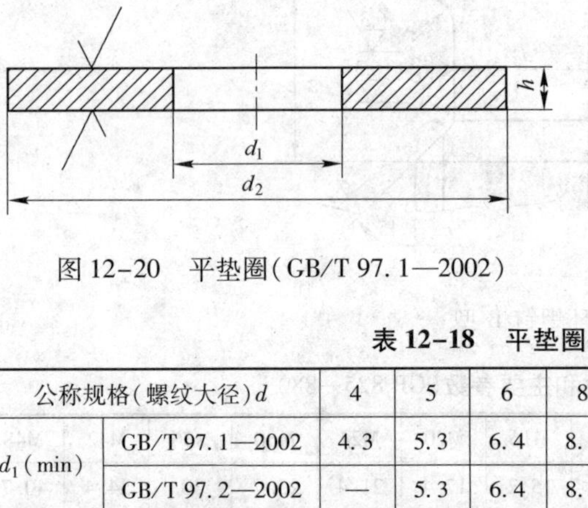

图 12-20　平垫圈(GB/T 97.1—2002)

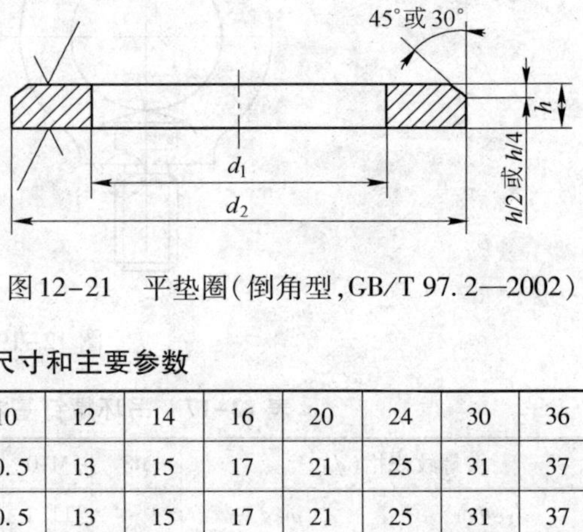

图 12-21　平垫圈(倒角型，GB/T 97.2—2002)

表 12-18　平垫圈基本尺寸和主要参数

公称规格(螺纹大径)d		4	5	6	8	10	12	14	16	20	24	30	36
d_1(min)	GB/T 97.1—2002	4.3	5.3	6.4	8.4	10.5	13	15	17	21	25	31	37
	GB/T 97.2—2002	—	5.3	6.4	8.4	10.5	13	15	17	21	25	31	37
d_2(max)	GB/T 97.1—2002	9	10	12	16	20	24	28	30	37	44	56	66
	GB/T 97.2—2002	—	10	12	16	20	24	28	30	37	44	56	66
h(公称)	GB/T 97.1—2002	0.8	1	1.6	1.6	2	2.5	2.5	3	3	4	4	5
	GB/T 97.2—2002	—	1	1.6	1.6	2	2.5	2.5	3	3	4	4	5

注：表格中"—"含义是从相应国标中查不到相关数据。

(2) 弹簧垫圈(GB 93—87)。弹簧垫圈的结构和尺寸如图 12-22 所示。表 12-19 所列为弹簧垫圈的基本尺寸和主要参数。标记"垫圈 GB 93—87　16"的含义是：规格 16 mm、材料是 65Mn、表面氧化的标准型弹簧垫圈。

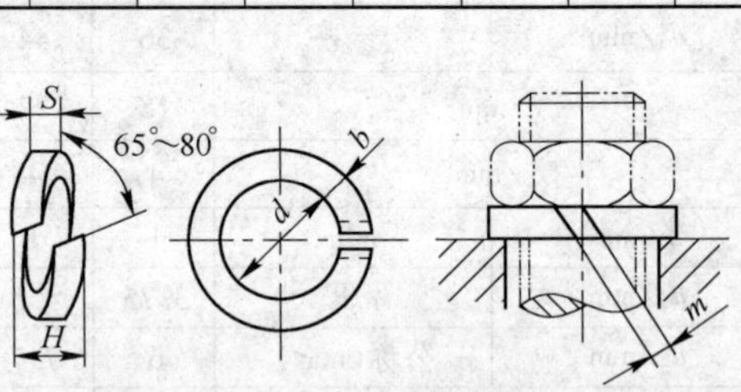

图 12-22　弹簧垫圈

表 12-19 弹簧垫圈基本尺寸和主要参数(GB 93—87) mm

规格/螺纹大径		3	4	5	6	8	10	12	(14)	16	(18)	20	(22)	24	(27)	30	36
d	min	3.1	4.1	5.1	6.1	8.1	10.2	12.2	14.2	16.2	18.2	20.2	22.5	24.5	27.5	30.5	36.5
	max	3.4	4.4	5.4	6.68	8.68	10.9	12.9	14.9	16.9	19.04	21.04	23.34	25.5	28.5	31.5	37.7
S	公称	0.8	1.1	1.3	1.6	2.1	2.6	3.1	3.6	4.1	4.5	5	5.5	6	6.8	7.5	9
	min	0.7	1	1.2	1.5	2	2.45	2.95	3.4	3.9	4.3	4.8	5.3	5.8	6.5	7.2	8.7
	max	0.9	1.2	1.4	1.7	2.2	2.75	3.25	3.8	4.3	4.7	5.2	5.7	6.2	7.1	7.8	9.3
H	min	1.6	2.2	2.6	3.2	4.2	5.2	6.2	7.2	8.2	9	10	11	12	13.6	15	18
	max	2	2.75	3.25	4	5.25	6.5	7.75	9	10.25	11.25	12.5	13.75	15	17	18.75	22.5

注:括号内规格尽量不采用。

12.4.4 扳手空间(JB/ZQ 4005—2006)

扳手空间位置尺寸应该符合图 12-23 以及表 12-20 的规定。

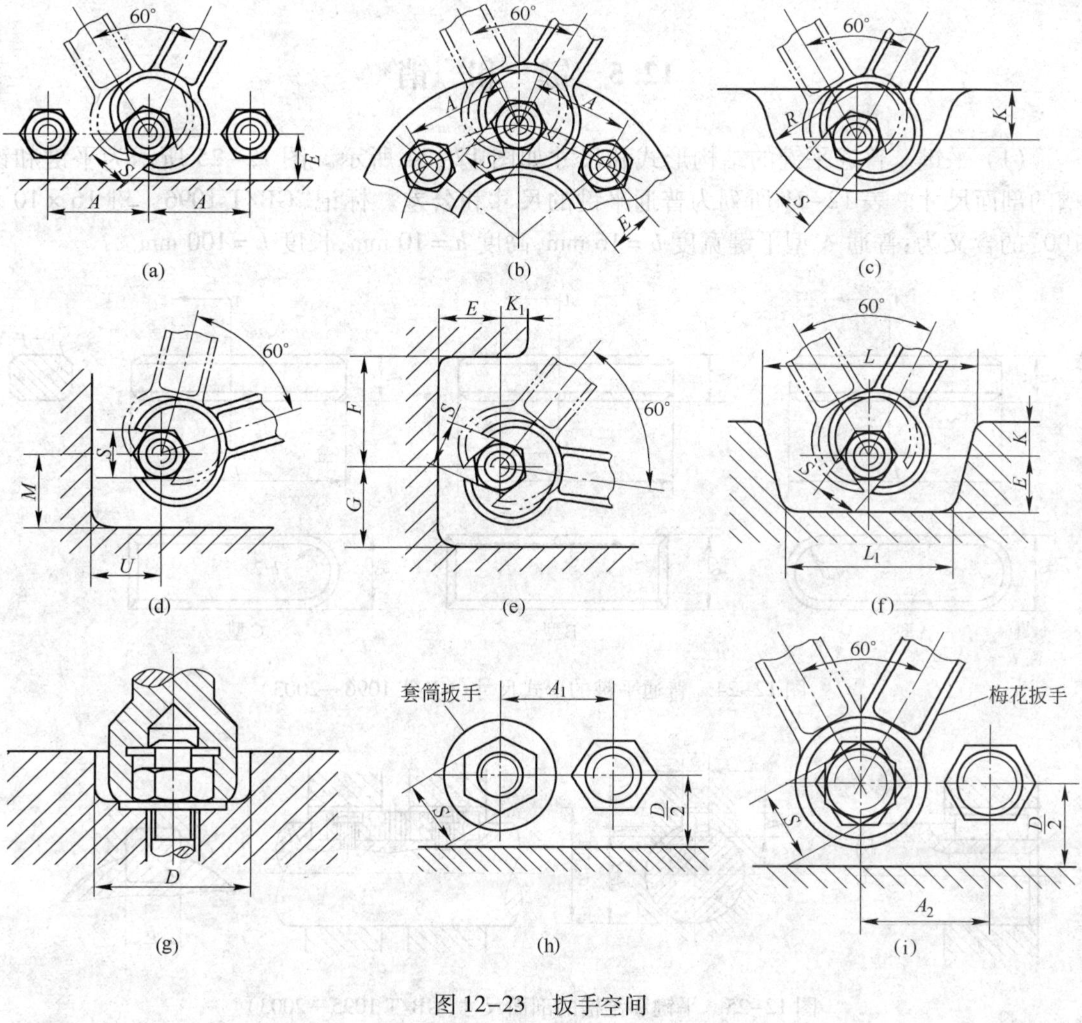

图 12-23 扳手空间

表 12-20 扳手空间尺寸(JB/ZQ 4005—2006) mm

扳手口尺寸 S	A	E、K	F	G	K_1	M	U	L	L_1	R	D	A_1	A_2
3.2	10	4	14	10	4	7	5	16	12	7	13	10	10
4	11	4	16	11	4	7	5	16	12	8	14	11	11
5	12	5	18	12	5	8	6	20	15	9	15	12	12
5.5	12	5	18	12	5	8	6	20	15	10	16	12	12
7	14	6	20	14	5	9	7	26	20	13	18	14	14
8	17	7	20	16	6	10	9	32	25	16	20	16	15
10	21	9	24	18	7	12	11	36	26	18	22	18	18
11~12	25	10	28	20	8	15	13	48	38	24	26	20	20
13~14	30	12	30	22	9	18	15	52	40	26	28	22	24
16~17	34	14	36	25	11	20	18	60	45	30	32	26	28
18~19	38	16	40	28	12	22	20	68	50	34	36	30	32
21~22	45	18	45	32	15	25	22	76	55	38	40	32	34
24	48	18	50	35	16	28	25	80	60	40	45	36	38
27	52	22	55	40	18	32	28	90	65	45	50	40	42
30	58	22	60	45	20	34	30	100	75	50	52	45	46
34	62	25	65	50	21	36	30	110	85	55	55	48	50

12.5 键 和 销

(1) 平键。普通平键的结构形式和尺寸如图 12-24 所示。图 12-25 所示为平键和键槽的剖面尺寸。表 12-21 所列为普通平键的尺寸和公差。标记“GB/T 1096 键 16×10×100”的含义为:普通 A 型平键宽度 $b=16$ mm,高度 $h=10$ mm,长度 $L=100$ mm。

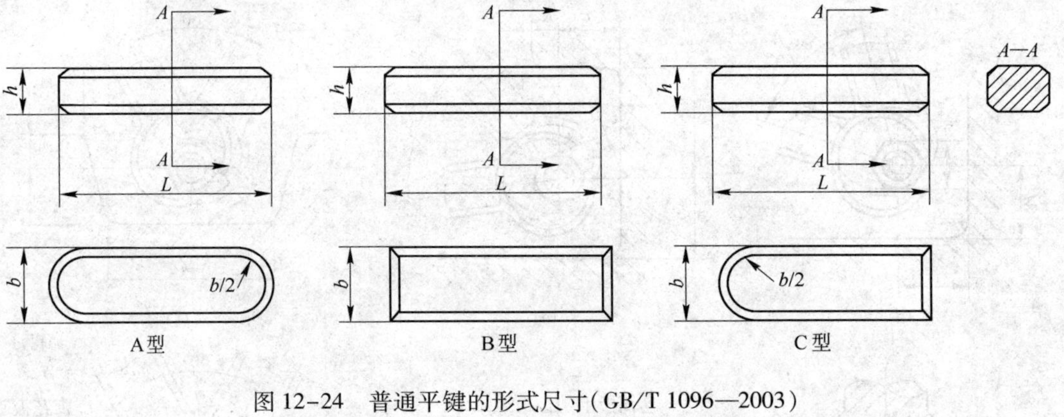

图 12-24 普通平键的形式尺寸(GB/T 1096—2003)

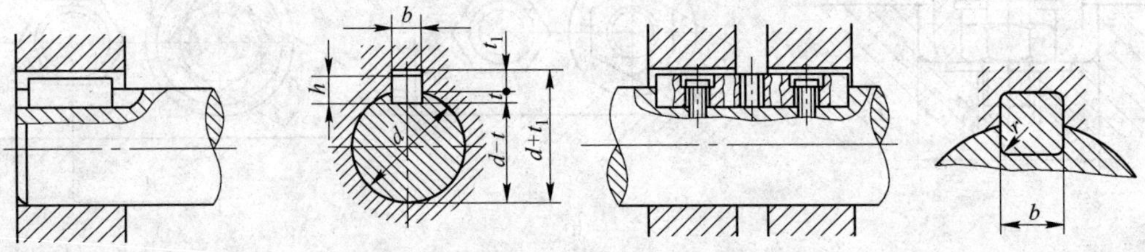

图 12-25 平键和键槽的剖面尺寸(GB/T 1095—2003)

表 12-21 普通平键的尺寸和公差(GB/T 1095—2003)

mm

轴	键	键槽											
		宽度 b						深度				半径 r	
			偏差					轴 t		毂 t_1			
轴径 d	公称尺寸 $b\times h$	公称尺寸 b	松连接		正常连接		紧密连接						
			轴 H9	毂 D10	轴 N9	毂 Js9	轴和毂 P9	公称	偏差	公称	偏差	最小	最大
6～8	2×2	2	+0.025 0	+0.060 +0.020	-0.004 -0.029	±0.0125	-0.006 -0.031	1.2	+0.1 0	1	+0.1 0	0.08	0.16
>6～8	3×3	3						1.8		1.4			
>10～12	4×4	4	+0.030 0	+0.078 +0.030	0 -0.030	±0.015	-0.012 -0.042	2.5		1.8			
>12～17	5×5	5						3.0		2.3			
>17～22	6×6	6						3.5		2.8		0.16	0.25
>22～30	8×7	8	+0.036 0	+0.098 +0.040	0 -0.036	±0.018	-0.015 -0.051	4.0		3.3			
>30～38	10×8	10						5.0		3.3		0.25	0.40
>38～44	12×8	12	+0.043 0	+0.120 +0.050	0 -0.043	±0.0215	-0.018 -0.061	5.0	+0.2 0	3.3	+0.2 0		
>44～50	14×9	14						5.5		3.8			
>50～58	16×10	16						6.0		4.3			
>58～65	18×11	18						7.0		4.4			
>65～75	20×12	20	+0.052 0	+0.149 +0.065	0 -0.052	±0.026	0.022 -0.074	7.5		4.9		0.40	0.60
>75～85	22×14	22						9.0		5.4			
>85～95	25×14	25						9.0		5.4			
>95～110	28×16	28						10.0		6.4			

（2）圆柱销（GB/T 119—2000）。圆柱销的结构和尺寸如图12-26和表12-22所示。标记"销 GB/T 119.1 6m6×30"表示公称直径 $d=6$ mm、其公差是m6、公称长度 $l=30$ mm、材料为奥氏体不锈钢A1表面简单处理的圆柱销。

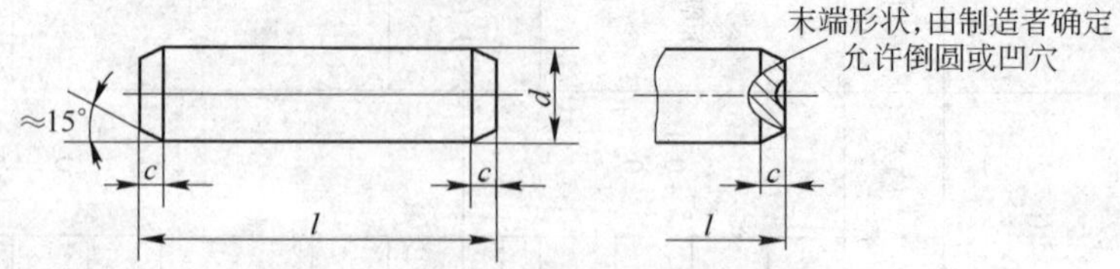

图12-26 圆柱销（GB/T 119—2000）

（3）圆锥销（GB/T 117—2000）。圆锥销的结构和尺寸如图12-27和表12-23所示。其中图12-27中的 $r_2=\dfrac{a}{2}+d+\dfrac{(0.02l)^2}{8a}$。标记"销 GB/T 117 6×30"表示：公称直径 $d=6$ mm、公称长度 $l=30$ mm、材料为35钢、热处理硬度HRC28～38、表面氧化处理的A型圆锥销。

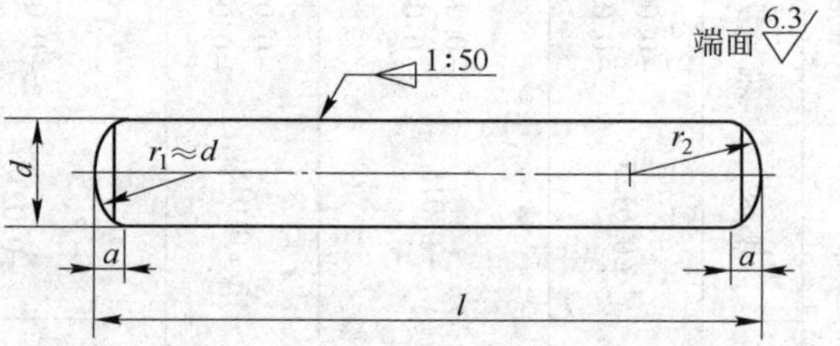

图12-27 圆锥销（GB/T 117—2000）

12.6 润滑和密封

12.6.1 润滑

（1）润滑油。工业常用润滑油的性能和用途见表12-24。

（2）润滑脂。常用润滑脂的主要性质和用途见表12-25。

12.6.2 润滑装置

（1）直通式压注油杯（JB/T 7940.1—1995）。直通式压注油杯的结构和尺寸如图12-28和表12-26所示。标记"油杯 M10×1 JB/T 7940.1—1995"的含义为：连接螺纹M10×1，直通式压注油杯。

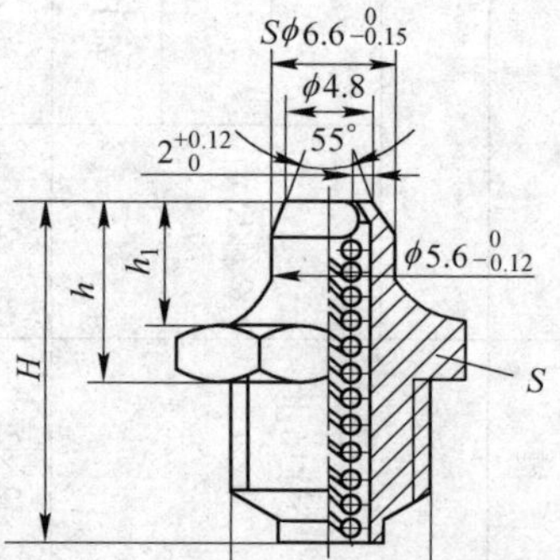

图12-28 直通式压注油杯（JB/T 7940.1—1995）

表 12-22 圆柱销尺寸(GB/T 119—2000)

mm

d(m6/h8)	0.6	0.8	1	1.2	1.5	2	2.5	3	4	5	6	8	10	12	16	20	25	30	40	50
c	0.12	0.16	0.2	0.25	0.3	0.35	0.4	0.5	0.63	0.8	1.2	1.6	2	2.5	3	3.5	4	5	6.3	8
商品规格 l	2~6	2~8	4~10	4~12	4~16	6~20	6~24	8~30	8~40	10~50	12~60	14~80	18~95	22~140	26~180	35~200	50~200	60~200	80~200	95~200
l 系列	2,3,4,5,6,7,8,10,12,14,18,20,22,24,26,28,30,32,35,40,45,50,55,60,65,70,75,80,85,90,95,100,120,140,160,180,200																			
技术条件 材料	GB/T 119.1—2000 钢:奥氏体不锈钢 A1。GB/T 119.2—2000 钢:A 型,普通淬火;B 型表面淬火;马氏体不锈钢 C1																			
技术条件 表面粗糙度	GB/T 119.1—2000 公差 m6:$R_a \leq 0.8$ μm;h8:$R_a \leq 1.6$ μm。GB/T 119.2—2000 $R_a \leq 1.6$ μm																			
技术条件 表面处理	钢:不经过处理;氧化;镀锌参照 GB/T 5267—2000;磷化参照 GB/T 11376。不锈钢:简单处理。其他材料应由供需双方决定																			

表 12-23 圆锥销尺寸(GB/T 117—2000)

mm

d(h10)	0.6	0.8	1	1.2	1.5	2	2.5	3	4	5	6	8	10	12	16	20	25	30	40	50
a	0.08	0.1	0.12	0.16	0.2	0.25	0.3	0.4	0.5	0.63	0.8	1	1.2	1.6	2	2.5	3	4	5	6.3
商品规格 l	4~8	5~12	6~16	6~20	8~24	10~35	10~35	12~45	14~55	18~60	22~90	22~120	26~160	32~180	40~200	45~200	50~200	55~200	60~200	65~200
l 系列	2,3,4,5,6,8,10,12,14,16,18,20,22,24,26,28,30,32,35,40,45,50,55,60,65,70,75,80,85,90,95,100,120,140,160,180,200																			
技术条件 材料	易切钢:Y12、Y15;碳素钢:35、45;合金钢:30CrMnSiA;不锈钢:1Cr13、2Cr13、Cr17Ni2、1Cr18Ni9Ti																			
技术条件 表面处理	钢:不经过处理;氧化;镀锌参照 GB/T 5267—2000;磷化参照 GB/T 11376。不锈钢:简单处理。其他材料应由供需双方决定																			

表 12-24 工业常用润滑油的性能和用途

类别	品种代号	牌号	运动黏度/$mm^2 \cdot s^{-1}$	闪点(不低于)/℃	倾点(不高于)/℃	主要性能和用途	说明
工业闭式齿轮油(GB 5903—1995)	L－CKB 抗氧防锈工业齿轮油	46	41.4～50.6	180	－8	具有良好的抗氧化性、抗腐蚀性、抗浮化性等性能，适用于齿面应力在500 MPa以下的一般工业闭式齿轮传动的润滑	L－润滑剂
		68	61.2～74.8				
		100	90～110				
		150	135～165	200			
		220	198～242				
		320	288～352				
	L－CKC 中载荷工业齿轮油	68	61.2～74.8	180	－8	具有良好的极压抗磨和热氧化安定性，适用于冶金、矿山、机械、水泥等中载荷(500～1100 MPa)闭式齿轮的润滑	
		100	90～110				
		150	135～165	200			
		220	198～242				
		320	288～352				
		460	414～506				
		680	612～748		－5		
	L－CKD 重载荷工业齿轮油	100	90～110	180	－8	具有更好的极压抗磨性、抗氧化性，适用于冶金、矿山、机械、水泥等重载荷齿轮传动装置	
		150	135～165	200			
		220	198～242				
		320	288～352				
		460	414～506				
		680	612～748		－5		

续表 12-24

类 别	品种代号	牌号	运动黏度/$mm^2 \cdot s^{-1}$	闪点(不低于)/℃	倾点(不高于)/℃	主要性能和用途	说 明
主轴油	主轴油(SH 0017—90)	N2	2.0~2.4	60	凝点不高于-15	主要适用于精密机床主轴轴承的润滑及其他以油浴、压力、油雾润滑为润滑方式的滑动轴承和滚动轴承的润滑，N10 可作为普通轴承用油和缝纫机用油	SH 为石化部标准代号
		N3	2.9~3.5	70			
		N5	4.2~5.1	80			
		N7	6.2~7.5	90			
		N10	9.0~11.0	100			
		N15	13.5~16.5	110			
		N22	19.8~24.2	120			
全损耗系统用油(GB 443—89)	L-AN 全损耗系统用油	5	4.14~5.06	80	-5	少加添加剂，质量不高，适用于一次性润滑和某些要求较低、换油周期较短的油浴润滑	全损耗系统用油包括 L-AN 全损耗油和主轴油
		7	6.12~7.48	110			
		10	9.00~11.00	130			
		15	13.5~16.5	150			
		22	19.8~24.2				
		32	28.8~35.2				
		46	41.4~50.6				
		68	61.2~74.8	160			
		100	90.0~110	180			
		150	135~165				

表 12-25 常用润滑脂的主要性质和用途

名称	代号	滴点不低于/℃	工作锥入度 0.1 mm(25℃,150 g)	主要用途
钙基润滑脂(GB 491—87)	L-XAAMHA1	80	310~340	有耐水性能,用于工作温度低于55~60℃的各种工农业、交通运输机械设备的轴承润滑,特别是有水或者潮湿处
	L-XAAMHA2	85	265~295	
	L-XAAMHA3	90	220~250	
	L-XAAMHA4	95	175~205	
钠基润滑脂(GB 492—89)	L-XACHGA2	160	265~295	不耐水,用于工作温度在-10~110℃的一般中负荷机械设备轴承润滑
	L-XACHGA3		220~250	
通用锂基润滑脂(GB 7324—94)	ZL-1	170	310~340	有良好的耐水性和耐热性,适用于温度在-20~120℃范围内各种机械的滚动轴承、滑动轴承及其他部位的润滑
	ZL-2	175	265~295	
	ZL-3	180	220~250	
钙钠基润滑脂(ZBE 36001—92)	ZGN-2	120	250~290	用于工作温度在80~100℃、有水分或较潮湿环境中工作的机械润滑,多用于铁路机车、列车、发电机(高温)滚动轴承润滑,不适合低温工作
	ZGN-3	135	200~240	
石墨钙基润滑脂(ZBE 36002—88)	ZG-S	80	—	人字齿轮、起重机和挖掘机的底盘齿轮、矿山机械、绞车钢丝绳等高负荷、高压力、低速度的粗糙机械润滑,能耐潮湿
滚珠轴承脂(SY 1514—82,1998年确认继续执行)	ZGN69-2	120	250~290	用于机车、汽车、电动机及其他机械的滚动轴承
高温润滑脂(GB 11124—89)	7014-1号	280	62~75	适用于高温下各种滚动轴承的润滑,也可用于一般滑动轴承和齿轮的润滑,使用温度一般为-40~+200℃
工业用凡士林(GB 6371—86)		54	—	适用于作金属零件、机器的防锈,在机械的温度不高和负荷不大时,可用作减摩润滑脂

注:表格中“—”含义是从相应国标中查不到相关数据。

表 12-26 直通式压注油杯尺寸(JB/T 74940. 1—1995) mm

d	H	h	h_1	S	钢球(按 GB308)
M6	13	8	6	8	3
M8×1	16	9	6. 5	10	
M10×1	18	10	7	11	

(2) 压配式注油杯(JB/T 7940. 4—1995)。压配式注油杯的结构和尺寸如图 12-29 和表 12-27 所示。标记"油杯 M6 JB/T 7940. 4—1995"的含义为:$d=6$ mm、压配式注油杯。

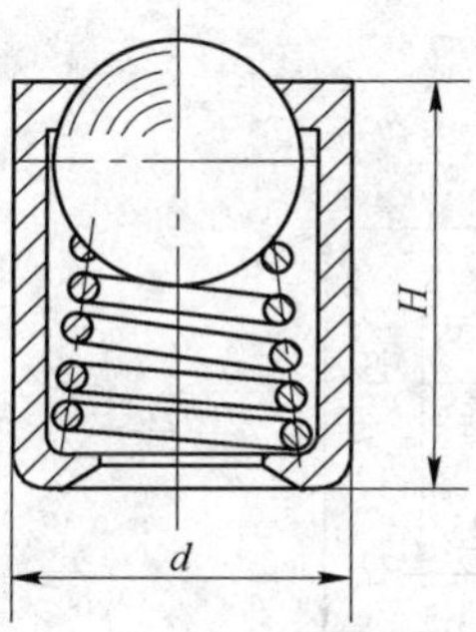

图 12-29 压配式注油杯(JB/T 7490. 4—1995)

表 12-27 压配式注油杯尺寸(JB/T 7940. 4—1995) mm

d		H	钢球(按 GB308)
基本尺寸	极限偏差		
6	+0. 040 +0. 028	6	4
8	+0. 049 +0. 034	10	5
10	+0. 058 +0. 040	12	6
16	+0. 063 +0. 045	20	11
25	+0. 085 +0. 064	30	13

(3) 旋盖式油杯(JB/T 7940. 3—1995)。旋盖式油杯的结构和尺寸如图 12-30 和表 12-28 所示。标记"油杯 A25 JB/T 7940. 3—1995"的含义为:最小容量 25 cm^3、A 型旋盖式油杯。

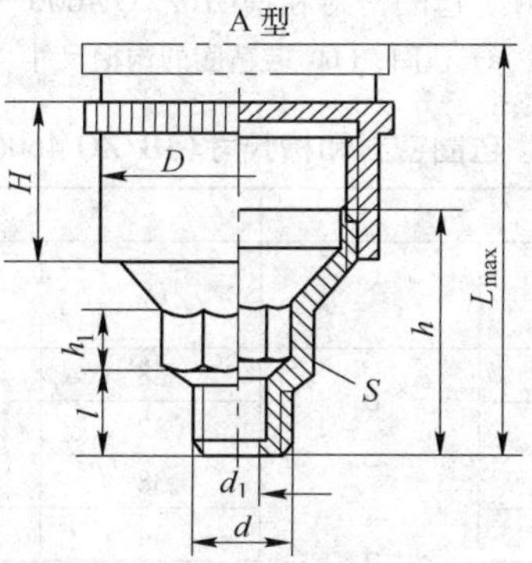

图 12-30 旋盖式油杯(JB/T 7940. 3—1995)

表 12-28 旋盖式油杯尺寸(JB/T 7940. 3—1995) mm

最小容量/cm^3	d	l	H	h	h_1	d_1	D	L_{max}	S
1. 5	M8×1	8	14	22	7	3	16	33	10
3	M10×1		15	23	8	4	20	35	13
6			17	26			26	40	

续表 12-28

最小容量/cm^3	d	l	H	h	h_1	d_1	D	L_{max}	S
12	M14×1.5	12	20	30	10	5	32	47	18
18			22	32			36	50	
25			24	34			41	55	
50	M16×1.5		30	44			51	70	21
100			38	52			68	85	

12.6.3　密封件

（1）毡圈密封和槽(JB/ZQ 4606—1997)。毡圈和装毡圈的沟槽结构及尺寸如图 12-31、表 12-29 所示。标记“毡圈 40 JB/ZQ 4606—1997”的含义是：d = 40 mm、半粗羊毛毡圈。

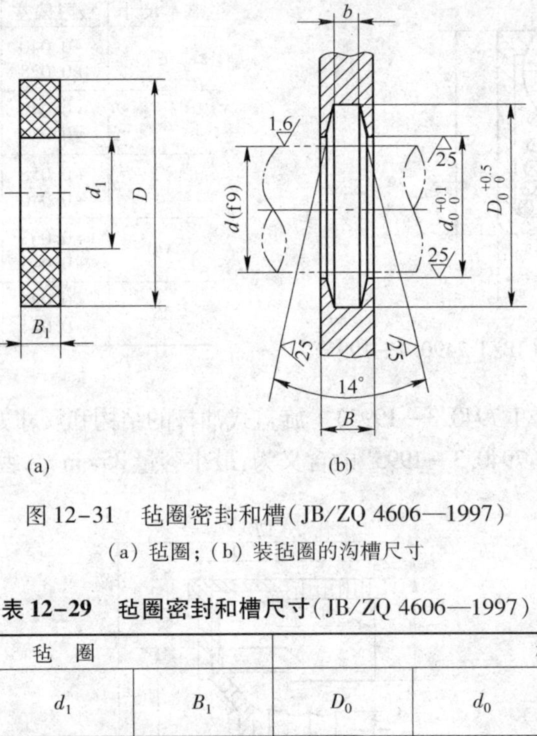

图 12-31　毡圈密封和槽(JB/ZQ 4606—1997)

(a) 毡圈；(b) 装毡圈的沟槽尺寸

表 12-29　毡圈密封和槽尺寸(JB/ZQ 4606—1997)　　mm

轴径 d	毡圈			槽				
	D	d_1	B_1	D_0	d_0	b	B_{min} 钢	B_{min} 铸铁
15	29	14	6	28	16	5	10	12
20	33	19		32	21			
25	39	24	7	38	26	6	12	15
30	45	29		44	31			
35	49	34		48	36			
40	53	39		52	41			
45	61	44	8	60	46	7		
50	69	49		68	51			
55	74	53		72	56			
60	80	58		78	61			
65	84	63		82	66			
70	90	68		88	71			
75	94	73		92	77			

续表 12-29

轴径 d	毡圈			槽				
	D	d_1	B_1	D_0	d_0	b	B_{min} 钢	B_{min} 铸铁
80	102	78		100	82			
85	107	83	9	105	87			
90	112	88		110	92	8	15	18
95	117	93	10	115	97			
100	122	98		120	102			

（2）O 形橡胶密封圈（GB 3452.1—92）。O 形橡胶密封圈的结构和尺寸如图 12-32 和表 12-30 所示。标记“40×3.55G GB 3452.1—92”的含义是：内径 d_1 = 40.0 mm 截面、直径 d_2 = 3.55 mm 的通用 O 形橡胶密封圈。

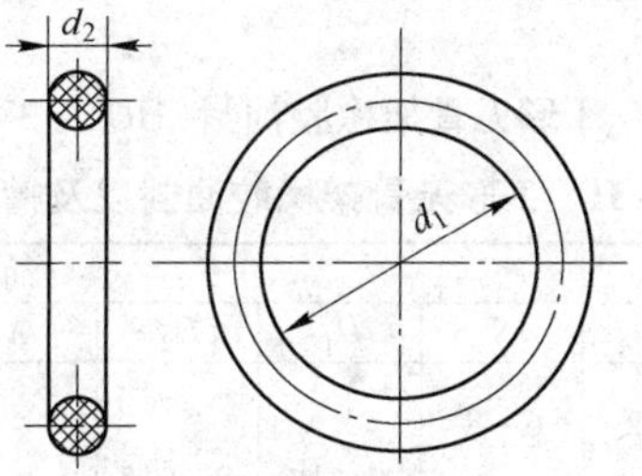

图 12-32　O 形橡胶密封圈（GB 3452.1—92）

表 12-30　O 形橡胶密封圈尺寸（GB 3452.1—92）　mm

内径 d_1	截面直径 d_2			内径 d_1	截面直径 d_2				内径 d_1	截面直径 d_2			
13.2				30.0	1.8				47.5	—			
14.0				31.5	—				48.7	—			
15.0			—	32.5	1.8				50.0	1.8			
16.0				33.5	—				51.5				
17.0				34.5	1.8			—	53.0		2.65		
18.0				35.5	—				54.5				
19.0				36.5	1.8				56.0				
20.0	1.8	2.65		37.5	—	2.65	3.55		58.0			3.55	5.3
21.2				38.7	1.8				60.0	—			
22.4			3.55	40.0	—				61.5				
23.6				41.2	—				63.0		—		
25.0				42.5	1.8			5.3	65.0		—		
25.8				43.7	—				67.0		2.65		
26.5				45.0	—				69.0		—		
28.0				46.2	1.8				71.0		2.65		

注：表格中“—”含义是从相应国标中查不到相关数据。

（3）J形无骨架橡胶油封（HG 4－338－66，1988年确认继续执行）。J形无骨架橡胶油封的结构和尺寸如图12–33和表12–31所示。标记“J形油封50×75×12 橡胶Ⅰ－1HG4－338－66”的含义是：$d=50$ mm、$D=75$ mm、$H=12$ mm材料为耐油橡胶Ⅰ－1形无骨架橡胶油封。

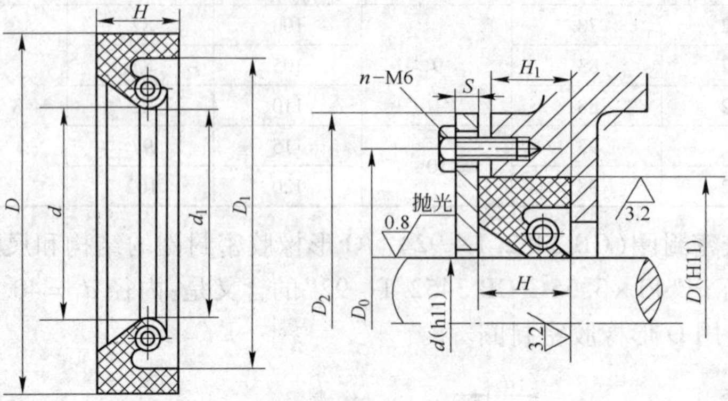

图12–33 J形无骨架橡胶油封（HG4－338－66）

表12–31 J形无骨架橡胶油封以及槽尺寸 mm

轴径 d	油封尺寸					油封槽尺寸				
	D	H	S	D_1	D_2	n	H	b_1	a_1	f
30～95（按5进位）	$d+25$	12	6～8	$D+15$	D_1+15	4	12	9.6	14	12.5
100～170（按10进位）	$d+30$	16	8～10			6	16	10.8	16	17.5

（4）油沟式密封（JB/ZQ 4245—86）。油沟式密封的结构和尺寸如图12–34和表12–32所示。

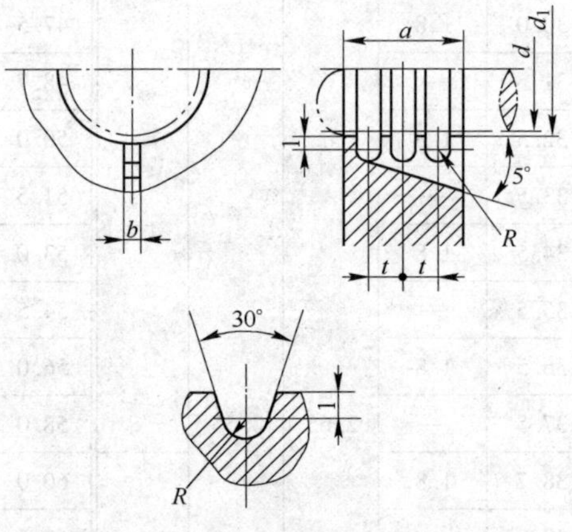

图12–34 油沟式密封（JB/ZQ 4245—86）

表12–32 油沟式密封尺寸（JB/ZQ 4245—86） mm

轴径 d	25～80	80～120	120～180	油沟数目 n
R	1.5	2	2.5	2～3（多数使用3）
t	4.5	6	7.5	
b	4	5	6	
d_1	$d+1$			
a	$nt+r$			

13　减速器参考图例

本章以典型减速器结构为主，兼顾结构形式的多样性和新颖性，编入机械设计基础课程设计中常用的参考图例共 17 幅，其中包括装配图和零件工作图。各结构图安排如下：

图 13–1 所示为一级圆柱齿轮减速器（圆锥滚子轴承）；

图 13–2 所示为一级圆柱齿轮减速器（球轴承）；

图 13–3 所示为轴；

图 13–4 所示为圆柱齿轮；

图 13–5 所示为一级圆锥齿轮减速器；

图 13–6 所示为圆锥齿轮轴；

图 13–7 所示为圆锥齿轮；

图 13–8 所示为二级圆柱齿轮减速器（展开式）；

图 13–9 所示为二级圆柱齿轮减速器（同轴式）；

图 13–10 所示为二级锥柱齿轮减速器；

图 13–11 所示为蜗轮蜗杆减速器（下置式）；

图 13–12 所示为蜗轮蜗杆减速器（带风扇）；

图 13–13 所示为圆柱齿轮轴；

图 13–14 所示为蜗杆；

图 13–15 所示为蜗轮；

图 13–16 所示为外伸轴；

图 13–17 所示为圆锥齿轮。

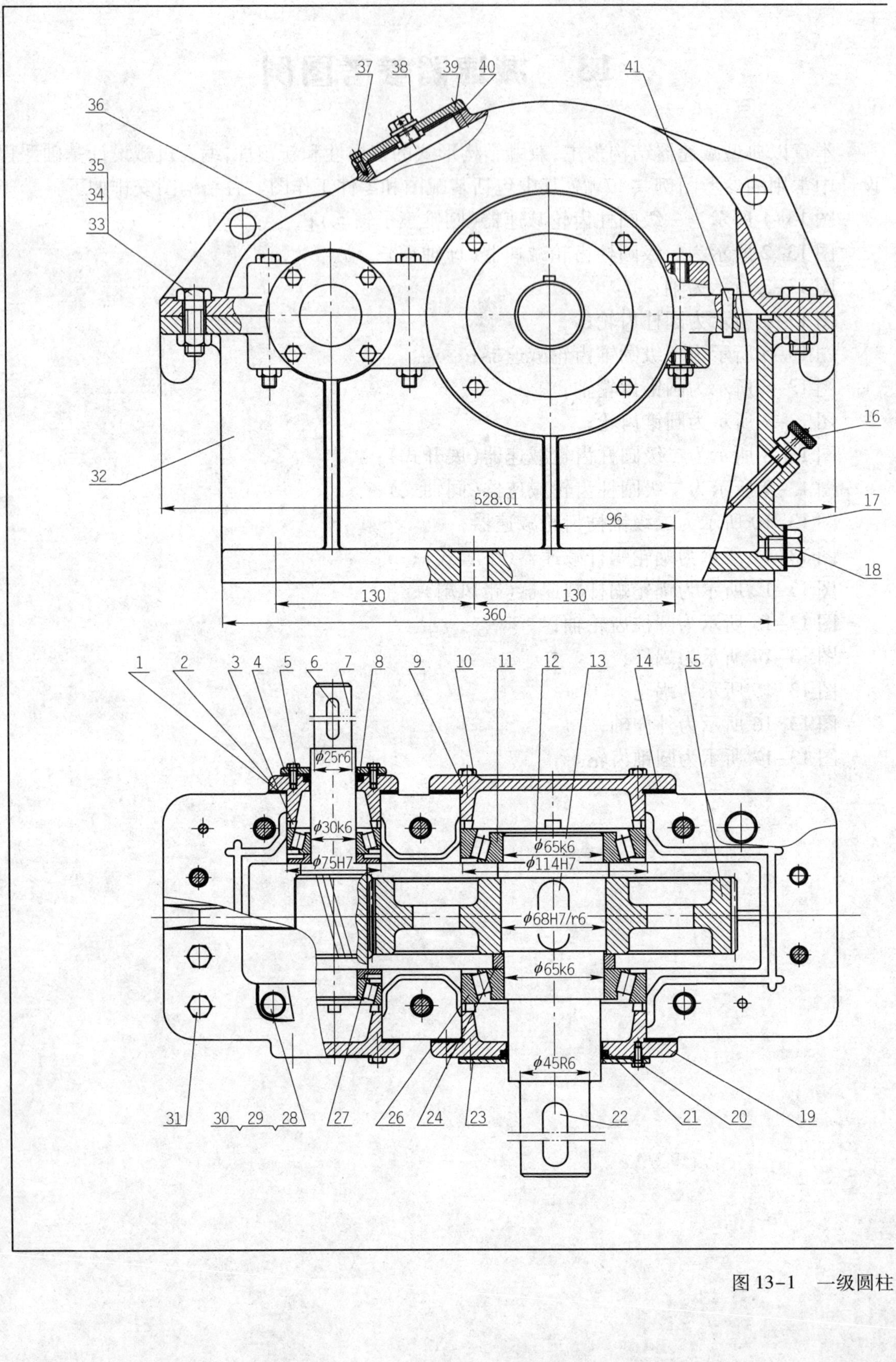
37 38 39 40 41
36
35
34
33
32
16
17
18
528.01
96
130
130
360
1 2 3 4 5 6 7 8 9 10 11 12 13 14 15
ϕ25r6
ϕ30k6
ϕ75H7
ϕ65k6
ϕ114H7
ϕ68H7/r6
ϕ65k6
ϕ45R6
31 30 29 28 27 26 24 23 22 21 20 19

图 13-1　一级圆柱

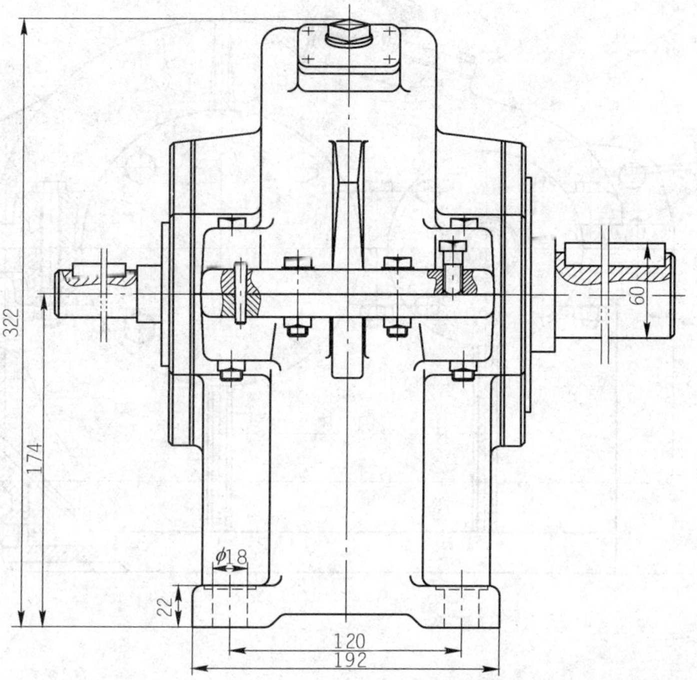

技术条件

1.装配前，全部零件需要用煤油清洗，滚动轴承用汽油清洗，箱体内不许有杂物存在。内壁涂两次不被机油侵蚀的涂料；
2.用铅丝检验啮合侧隙。其侧隙不小于0.16mm，铅丝不得大于最小侧隙的4倍；
3.用涂色法检验齿面接触斑点，齿高接触斑点不小于40%，齿长不小于50%；
4.装配时，剖面不允许用任何填料，可涂以密封油漆或水玻璃。试转时应检查剖分面，各接触面及密封处均不准漏油；
5.表面涂灰色油漆。

技术参数

功率：4kW	高速轴转速360r/min	传动比4.7

$m_n=2$　$z_1=23$　$z_2=108$　$\beta=22°7'$

序号	名称	数量	材料	标准	备注
41	圆锥销A8×30	2	35	GB/T 117—2000	
40	垫　片	1	石棉橡胶纸		
39	窥视孔盖	1	HT200		
38	通气阀	1	Q275		
37	螺栓M6×15	4	Q275	GB/T 5782—2000	
36	箱　座	1	HT200		
35	弹簧垫圈	4	HT200		
34	螺母M10	4	Q275	GB/T 6174—2000	
33	螺栓M10×30	4	Q275	GB/T 5782—2000	
32	箱　座	1	HT200		
31	启盖螺钉M8×20	1	Q275	GB/T 578—86	
30	弹簧垫圈	6	HT200		
29	螺母M12	6	Q275	GB/T 6174—2000	
28	螺栓M12×120	6	Q275	GB/T 5782—2000	
27	定位套筒	2	HT200		
26	圆锥滚子轴承30208	2		GB/T 297—94	
25	轴承端盖	1	HT200		
24	定位套筒	1	HT200		
23	密封盖	1	Q235A		
22	键14×63	1	Q275A	GB/T 1095—2003	
21	毛毡油环	1	羊毛毡		
20	螺栓M6×14	2	Q275	GB/T 5782—2000	
19	轴承端盖	1	HT200		
18	外六角螺塞M14×11	1	Q235A	JB/ZQ 4450—86	
17	皮封油圈	1		ZB 70—62	
16	油标尺	1			组合件
15	圆柱斜齿齿轮	1	40r		
14	调整垫片	2	08F		
13	键16×50	1	Q275A	GB/T 1095—2003	
12	轴	1	45调质		
11	圆锥滚子轴承30211	2	A	GB/T 297—94	
10	螺栓M8×25	8	Q275	GB/T 5782—2000	
9	轴承端盖	1	HT200		
8	毛毡油环	1	羊毛毡		
7	齿轮轴	1	45调质		
6	键　8×50	1	Q275A	GB/T 1095—2003	
5	螺栓M8×25	8	Q275		
4	密封盖	1	Q235A		
3	定距环	2	Q235A		
2	轴承端盖	1	HT200		
1	调整垫片	2	08F		

标记	处数	分区	更改文件号	签名	年月日	一级圆柱齿轮减速器			(图纸编号)
设计	姓名		标准化			阶段标记	重量	比例	(设计单位)
审核								1:1	(专业、班级)
工艺			批准			共3张	第1张		

齿轮减速器(圆锥滚子轴承)

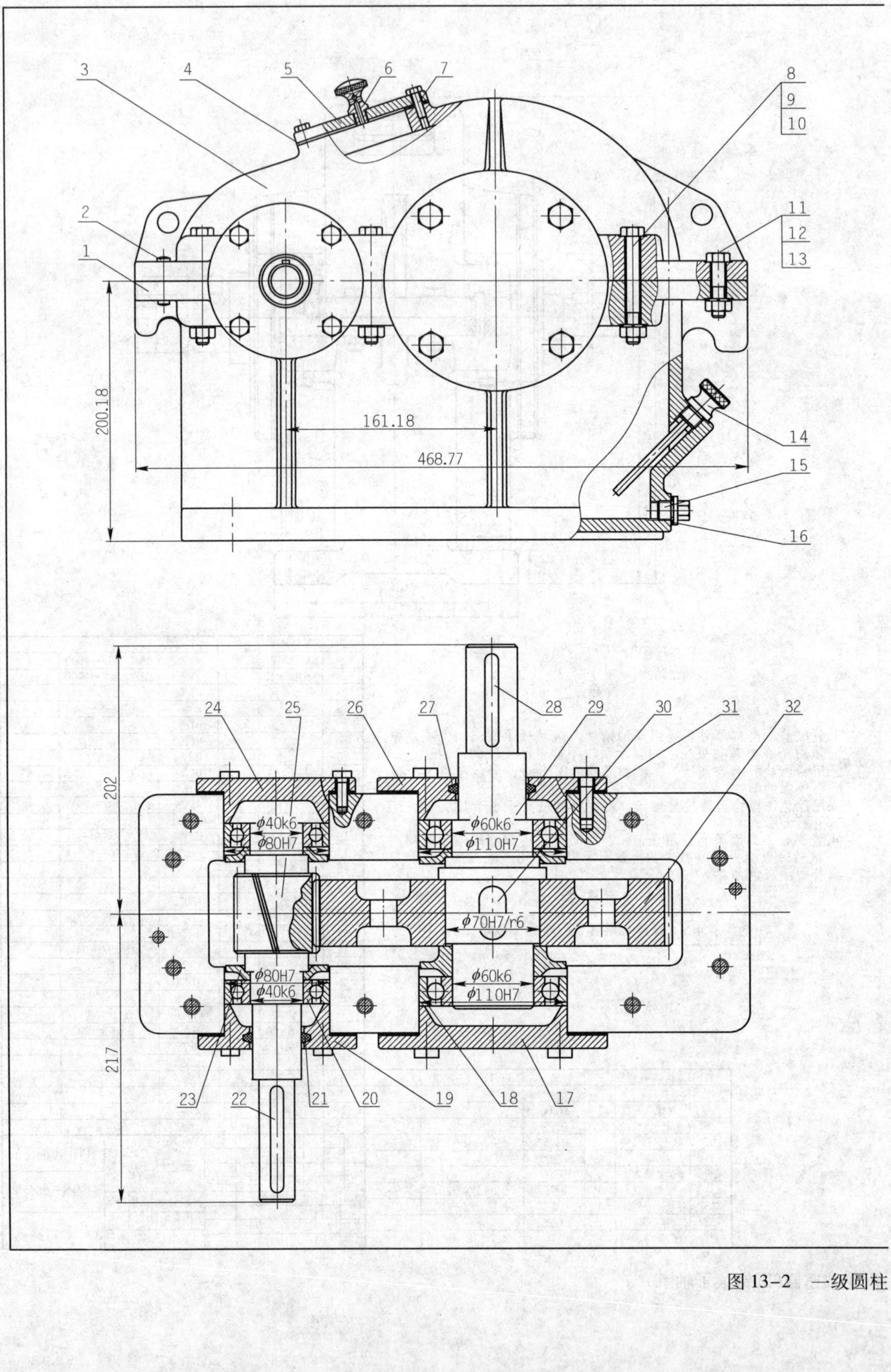
1
2
3
4
5
6
7
8
9
10
11
12
13
14
15
16
200.18
161.18
468.77
202
217
24
25
26
27
28
29
30
31
32
φ40k6
φ80H7
φ60k6
φ110H7
φ70H7/r6
φ80H7
φ40k6
φ60k6
φ110H7
23
22
21
20
19
18
17

图 13-2 一级圆柱

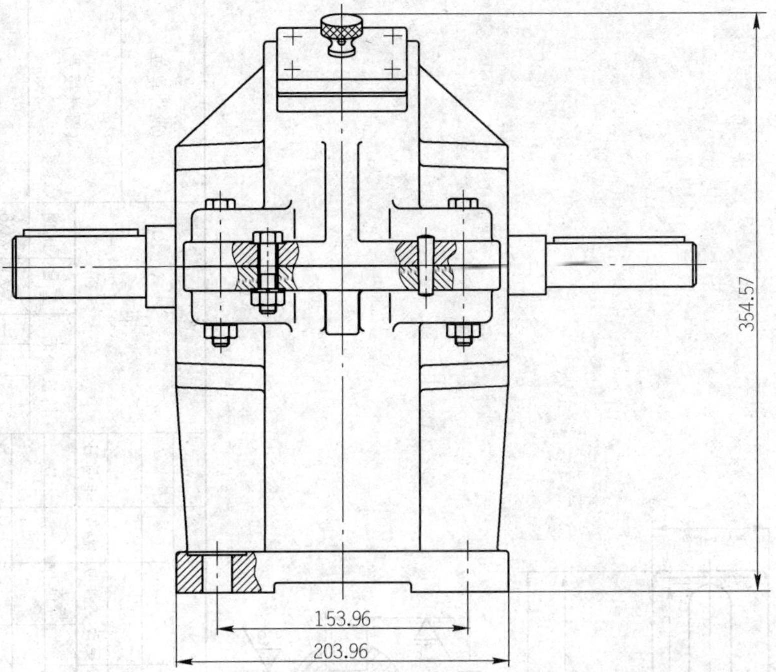

技术条件

1.装配前，全部零件用煤油清洗，箱体内不许有杂物存在。在内壁涂两次不被机油侵蚀的涂料；
2.用铅丝检验啮合侧隙。其侧隙不小于0.16mm，铅丝不得大于最小侧隙的4倍；
3.用涂色法检验斑点。齿高接触斑点不小于40%;齿长接触斑点不小于50%。必要时可采用研磨或刮后研磨，以便改善接触情况；
4.调整轴承时所留轴向间隙为：ϕ40为0.05～0.1mm
ϕ60为0.08～0.15mm；
5.装配时，剖分面不允许使用任何填料，可涂以密封油漆或水玻璃。试转时应检查剖分面、各接触面及密封处，均不准漏油；
6.箱座内装SH0357—92中的50号工业齿轮油至规定高度；
7.表面涂灰色油漆。

技术参数

功率	5.7kW	高速轴转速	514r/min	传动比	11.78

序号	名称	数量	材料	标准	备注
32	大齿轮	1	45		
31	调整垫片	4	成组		
30	键20×12×40	1	Q275A	GB/T 1096-79	
29	轴	1	45		
28	键10×8×70	1	Q275A	GB/T 1096-79	
27	毡圈45	1	半粗羊毛毡	JB/ZQ 4606-86	
26	透盖	1	HT200		
25	齿轮轴	1	45		
24	闷盖	1	HT200		
23	挡油环	2	Q215A		
22	键8×7×80	1	Q275A	GB/T 1096-79	
21	毡圈35	1	半粗羊毛毡	JB/ZQ 4606-86	
20	轴承7208C	2		GB/T 297-94	
19	透盖	1	HT200		
18	轴承7212C	2		GB/T 297-94	
17	闷盖	1	HT200		
16	油圈25×18	1	工业用革		
15	六角螺塞M12×1.25	1	Q235A	JB/ZQ 4450-86	
14	油标	1	Q235A		
13	弹簧垫圈10	1	65Mn	GB/T 93-87	
12	螺母M10	1	Q235A	GB/T 6174	
11	螺栓M8×50	1	Q235A	GB/T 5782	
10	弹簧垫圈10	6	65Mn	GB/T 93-87	
9	螺母M10	6	Q235A	GB/T 6174	
8	螺栓M10×90	6	Q235A	GB/T 5782	
7	通气器	1	Q235A		
6	螺栓M6×20	4	Q235A	GB/T 5780	
5	窥视孔盖	1	Q215A		
4	垫片	1	石棉橡胶纸		
3	箱盖	1	HT200		
2	销A10×35	2	35	GB/T 117	
1	箱座	1	HT200		

标记	处数	分区	更改文件号	签名	年月日	一级圆柱齿轮减速器			(图纸编号)
设计			标准化			阶段标记	重量	比例	(设计单位)
							XXX5	XXX6	
审核									(专业、班级)
工艺			批准			共3张 第1张			

齿轮减速器(球轴承)

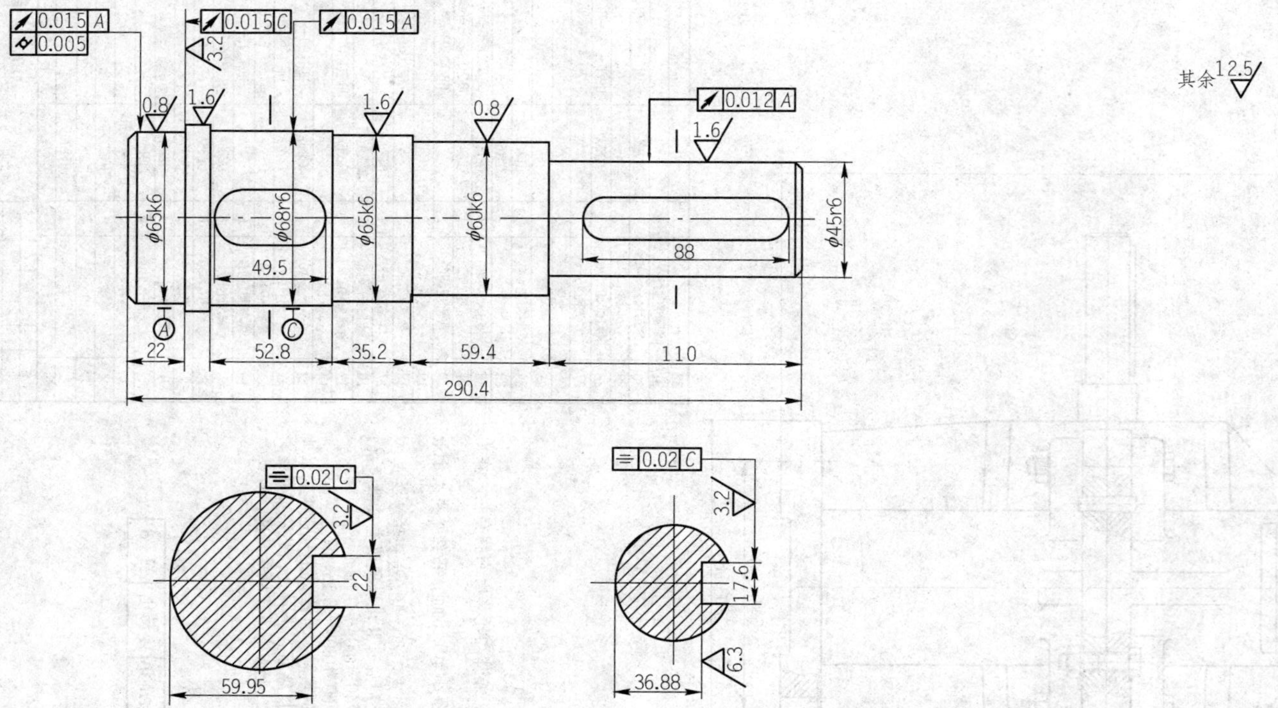

技术要求

1.调质处理后表面硬度220～250HBS；
2.全部圆角半径R2；
3.全部倒角2。

						轴			(设计单位)
标记	处数	分区	更改文件号	签名	年月日				
设计			标准化			阶段标记	重量	比例	(图纸序号)
							XXX5	XXX6	
审核									(专业、班级)
工艺			批准			共 张	第 张		

图13-3 轴

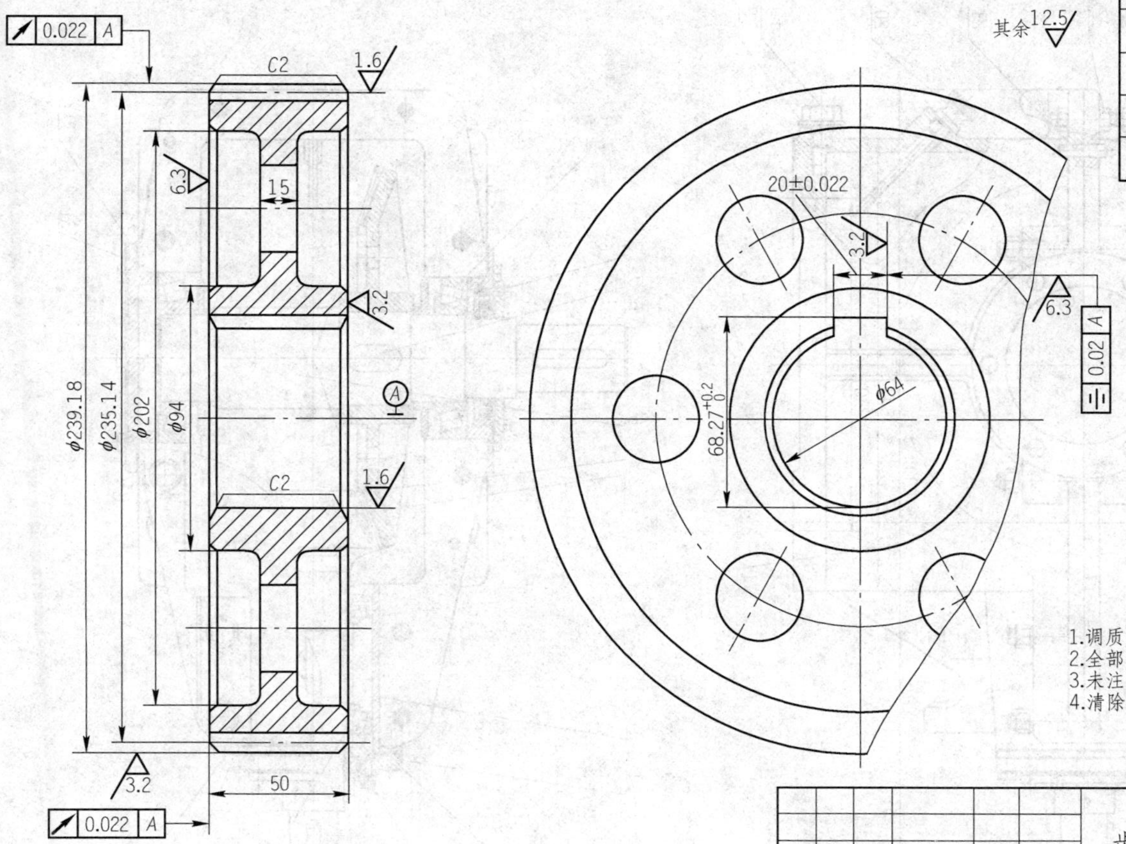

法向模数	m_n	2
齿数	z	108
压力角	α	20°
齿顶高系数	h_a^*	1
螺旋角	β	22°7′

技术要求

1.调质处理后齿面硬度280HBS;
2.全部圆角半径$R3$;
3.未注明倒角为$C2$;
4.清除毛刺。

标记	处数	分区	更改文件号	签名	年月日	齿轮(斜齿)		(图纸编号)
设计			标准化			阶段标记	数量 / 比例	(设计单位)
							1 / 1:1	
审核			材料	40Cr				(专业、班级)
工艺			批准			共3张	第3张	

图 13-4 圆柱齿轮

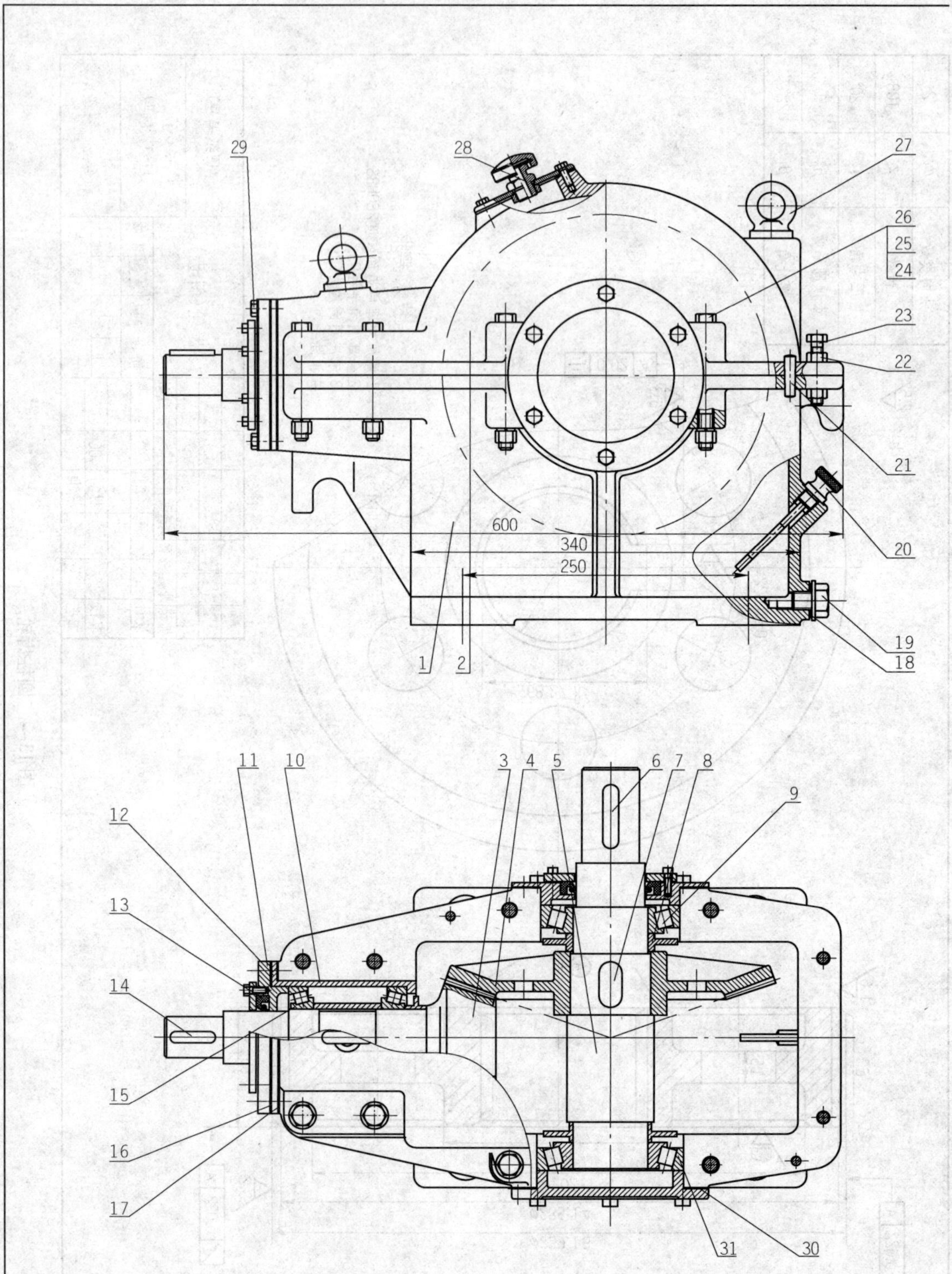

29
28
27
26
25
24
23
22
21
20
19
18
600
340
250
1
2
11
10
3
4
5
6
7
8
9
12
13
14
15
16
17
31
30

图 13-5 一级圆锥

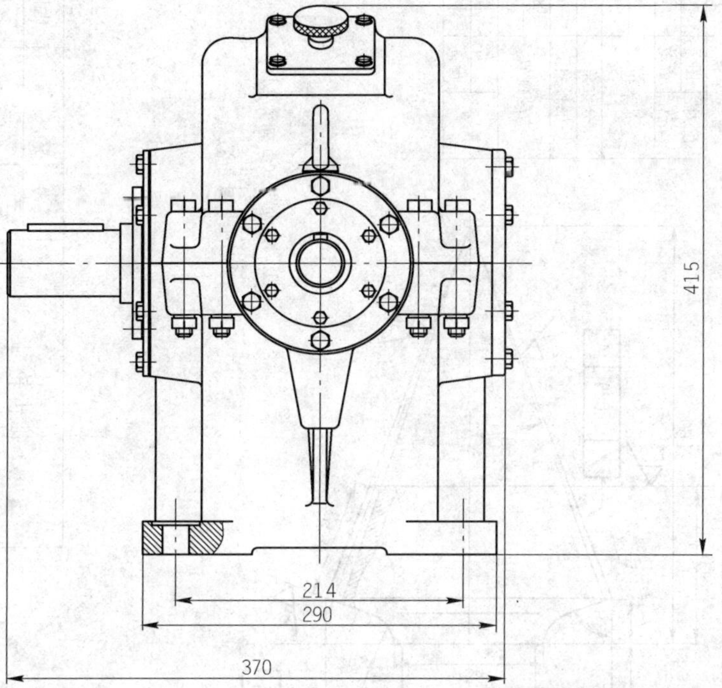

技术条件

1.装配前，全部零件用煤油清洗，箱体内不许有杂物存在。在内壁涂两次不被机油侵蚀的涂料；
2.用铅丝检验啮合侧隙。其侧隙不小于0.16mm，铅丝不得大于最小侧隙的4倍；
3.用涂色法检验斑点。齿高接触斑点不小于40%;齿长接触斑点不小于50%。必要时可采用研磨或刮后研磨，以便改善接触情况；
4.调整轴承时所留轴向间隙如下：$\phi 40$为0.05～0.1mm;
$\phi 50$为0.08～0.15mm;
5.装配时，剖分面不允许使用任何填料，可涂以密封油漆或水玻璃。试转时应检查剖分面、各接触面及密封处，均不准漏油；
6.箱座内装SH0357-92中的50号工业齿轮油至规定高度；
7.表面涂灰色油漆。

技术参数

功率	3kW	高速轴转速	279.9r/min	传动比	2.8

序号	零件名称	数量	材料名称	标准代号	备注
31	轴承30213	2			
30	闷盖	1	HT200		
29	六角螺栓M8×25	18	5.9	GB5780-86	
28	箱盖组合	1			
27	吊环螺钉M10	2	5.9	GB825-88	
26	六角螺栓M12×110	8	5.9	GB5780-86	
25	螺母M12	8	5	GB6170-86	
24	垫圈	8	65Mn	GB93-87	
23	六角螺栓M10×30	1	5.9	GB5783-86	
22	螺母M10	1	5	GB6170-86	
21	柱销塞B10×35	2	35	GB/T117-2000	
20	游标组合	1			
19	油塞16×1.5	1	5.9	Q/ZB220-77	
18	垫圈	1	工业用革		
17	调整垫	1	08F		
16	调整垫	2	08F		
15	轴承32910	2		GB/T276-94	
14	平键12×8	1	45	GB1096-79	
13	密封圈	2	耐油橡胶	HG4-338-66	
12	轴承套	1	HT200		
11	输入端盖	1	HT200		
10	输出端盖	1	HT200		
9	油套	1	Q235		
8	挡油环	3	Q235A		
7	平键20×12	1	45	GB1096-79	
6	平键14×9	1	45		
5	输出轴	1	45		
4	大齿轮轴	1	45		M=2.75 Z=104
3	伞齿轮轴	1	45		M=2.75 Z=37
2	箱盖	1	HT200		
1	机座	1	HT200		

						材料标记		(设计单位)
标记	处数	分区	更改文件号	签名	年月日			
设计		标准化		阶段标记	数量	比例		(图纸序号)
					1	1:1		
审核								
工艺		批准		共一张	第一张			(专业、班级)

齿轮减速器

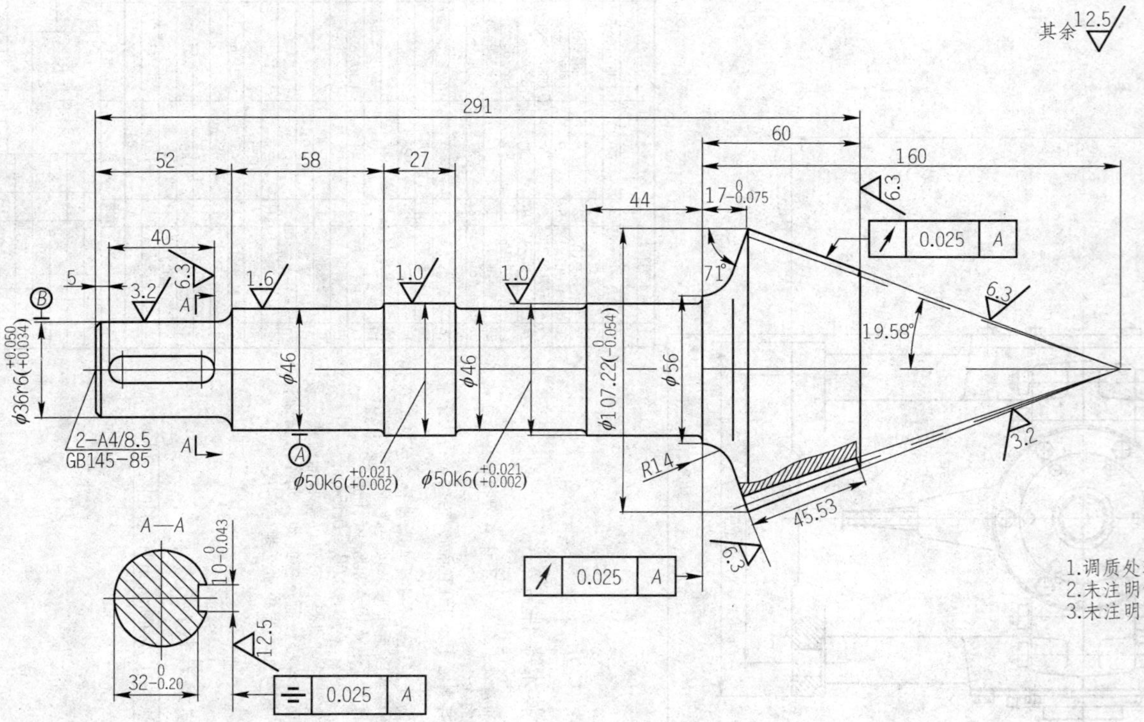

模　数	m	2.75
齿　数	z_2	37
齿形角	α	20°
设计分度圆直径	d_2	101.75
节锥角	β	19.58°
锥　距	R	151.81
齿全高	h	6.05
轴交角	Σ	90°
精度等级		8bGB11365−89
配对齿数 图号		圆锥齿轮图
配对齿数 齿数	z_1	104
公差组	F_p	0.063
公差组	F_{pt}	$^{+0.020}_{-0.020}$
分锥角	δ	19.58°
根锥角	δ_f	18.34°
接触斑点 齿高		不少于55%
接触斑点 齿长		不少于50%
测量 齿厚	模数	$4.318^{-0.084}_{-0.184}$
测量 齿高	模数	2.793

技术要求

1.调质处理后齿面硬度180～210HBS;
2.未注明倒角$C2$;
3.未注明圆角$R2$。

锥齿轮轴			图号	比例	1∶1
			材料	数量	1
设计		年　月	机械设计课程设计	(专业和班级)	
审核		年　月			

图 13−6　圆锥齿轮轴

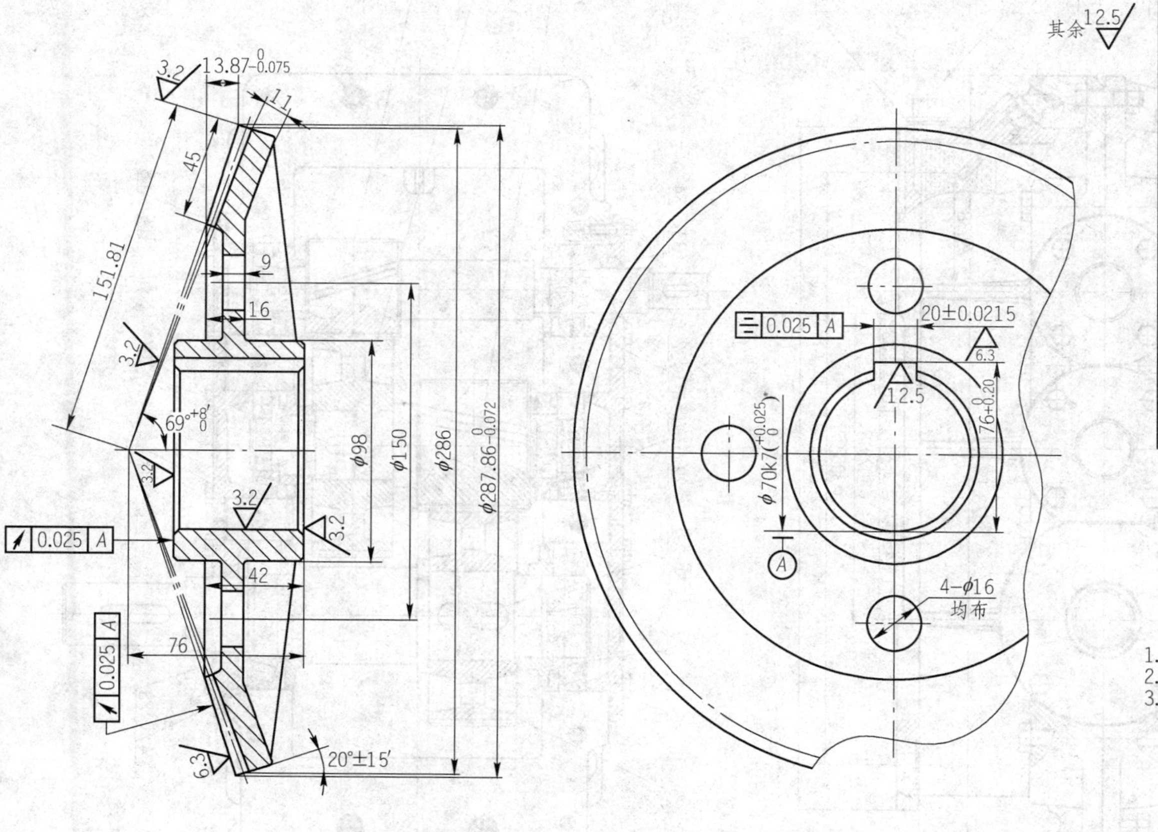

模数		m	2.75
齿数		z_2	104
齿形角		α	20°
设计分度圆直径		d_2	286
分锥角		δ	70.42°
根锥角		δ_f	68.12°
锥距		R	151.81
齿全高		h	6.05
轴交角		Σ	90°
精度等级		8bGB 11365−89	
配对齿数	图号		锥齿轮图
	齿数	z_1	37
公差组		检验项目	公差值
接触斑点		齿高	不少于55%
		齿长	不少于50%
测量	齿厚	s	$4.319^{-0.126}_{-0.256}$
	齿高	h_a	2.755

技术要求

1.调质处理170～190HBS;
2.未注明圆角$R3$;
3.未注明倒角$C1.5$。

锥齿轮			图号	比例	1:1
			材料	数量	1
设计		年 月	机械设计课程设计	（专业和班级）	
审核		年 月			

图 13−7 圆锥齿轮

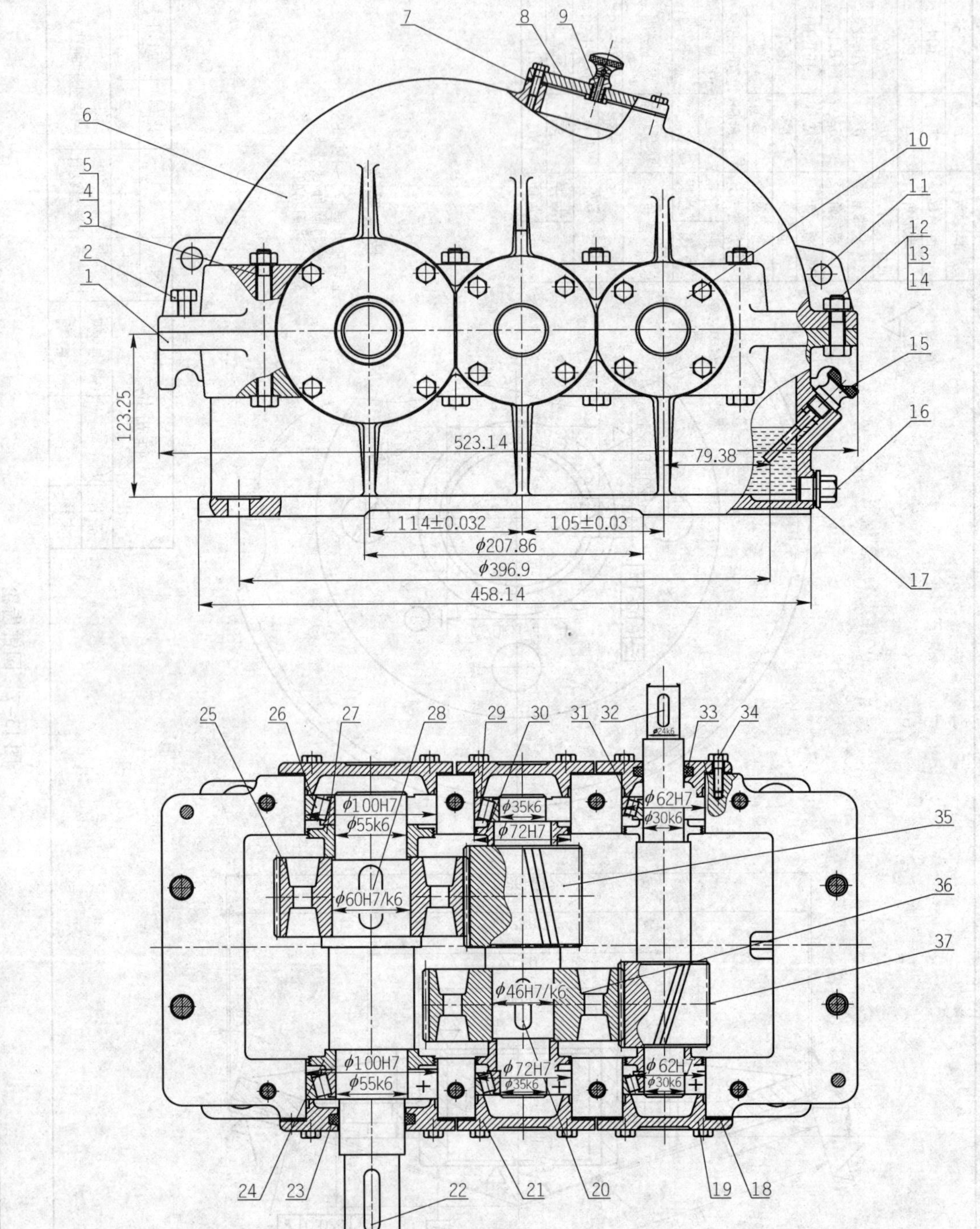
7
8
9
6
10
11
5
4
3
12
13
14
2
1
15
123.25
523.14
79.38
16
114±0.032
105±0.03
ϕ207.86
ϕ396.9
458.14
17
25
26
27
28
29
30
31
32
33
34
ϕ100H7
ϕ55k6
ϕ35k6
ϕ72H7
ϕ62H7
ϕ30k6
35
ϕ60H7/k6
36
37
ϕ46H7/k6
ϕ100H7
ϕ55k6
ϕ72H7
ϕ35k6
ϕ62H7
ϕ30k6
24
23
22
21
20
19
18

图13-8 二级圆柱

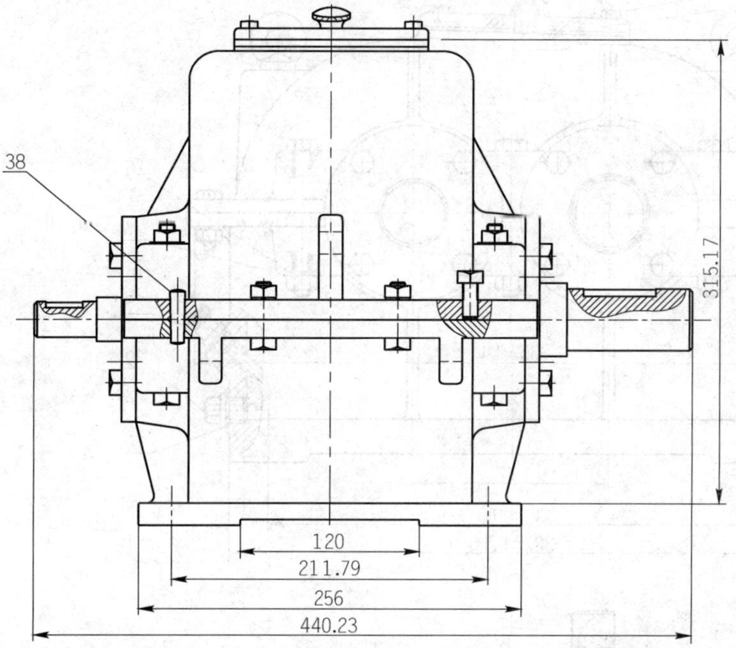

技术条件

1.装配前，全部零件用煤油清洗，箱体内不许有杂物存在。在内壁涂两次不被机油侵蚀的涂料；

2.用铅丝检验啮合侧隙。其侧隙不小于0.16mm，铅丝不得大于最小侧隙的4倍；

3.用涂色法检验斑点。齿高接触斑点不小于40%；齿长接触斑点不小于50%。必要时可采用研磨或刮后研磨，以便改善接触情况；

4.调整轴承时所留轴向间隙如下：ϕ30 为0.05~0.1mm；
ϕ35 为0.03~0.1mm；
ϕ50 为0.08~0.15mm；

5.装配时，剖分面不允许使用任何填料，可涂以密封油漆或水玻璃。试转时应检查剖分面、各接触面及密封处，均不准漏油；

6.箱座内装SH0357-92中的50号工业齿轮油至规定高度；

7.表面涂灰色油漆。

序号	零件名称	数量	材料名称	标准代号	备注
38	定位销	2	45		
37	齿轮轴	1	45		
36	大齿轮	1	45		
35	齿轮轴	1	45		
34	螺钉M8	22		GB/T 5782-2000	
33	J形油封30×44×6	1	耐油橡胶	HG 4-338-1966	
32	键8×25	1	HT150		
31	轴承30206	2		GB/T 297-94	
30	挡油环	2	Q235A	GB/T 297-1994	
29	轴承30207	2		GB/T 297-94	
28	键18×48	1	HT150		
27	挡油环	1	Q235A		
26	轴承3021	2		GB/T 297-94	
25	大齿轮	1	45		
24	挡油环	1	Q235A		
23	J形油封 50×72×12	1	耐油橡胶	HG 4-383-1966	
22	键12×48	1	HT150		
21	端盖	1	Q235A		
20	键12×38	1	HT150		
19	轴承端盖	1	08F		
18	调整垫片	2	08F		
17	油圈	1	工业用革		
16	六角螺塞	1	Q235A	JB/QZ 4450-1986	
15	油标	1	Q235A		
14	垫圈10	4	65Mn	GB/T 93-1987	
13	螺母M10	4	Q235A	GB/T 41-2000	
12	螺母M10	4	Q235A	GB/T 5782-2000	
11	起重吊环	2	HT150		
10	轴承端盖	1	HT200		
9	通气器	1	Q235A		
8	窥视孔盖	1	Q215A		
7	垫片	1	石棉橡胶纸		
6	上箱盖	1	HT150		
5	垫圈10	2	20钢	GB 825-88 M110	
4	螺母M10	8	Q235A	GB/T 41-2000	
3	螺栓M10×120	8	Q235A	GB/T 5782-2000	
2	启盖螺钉M10×30	1	Q235A	GB/T 5780-2000	
1	箱座	1	HT150		

标记	处数	分区	文件号	签名	年月日	材料标记	单位名称
设计		标准化				阶段标记 数量 比例	图样名称
审核							图样代号
工艺		批准				共 张 第 张	

齿轮减速器(展开式)

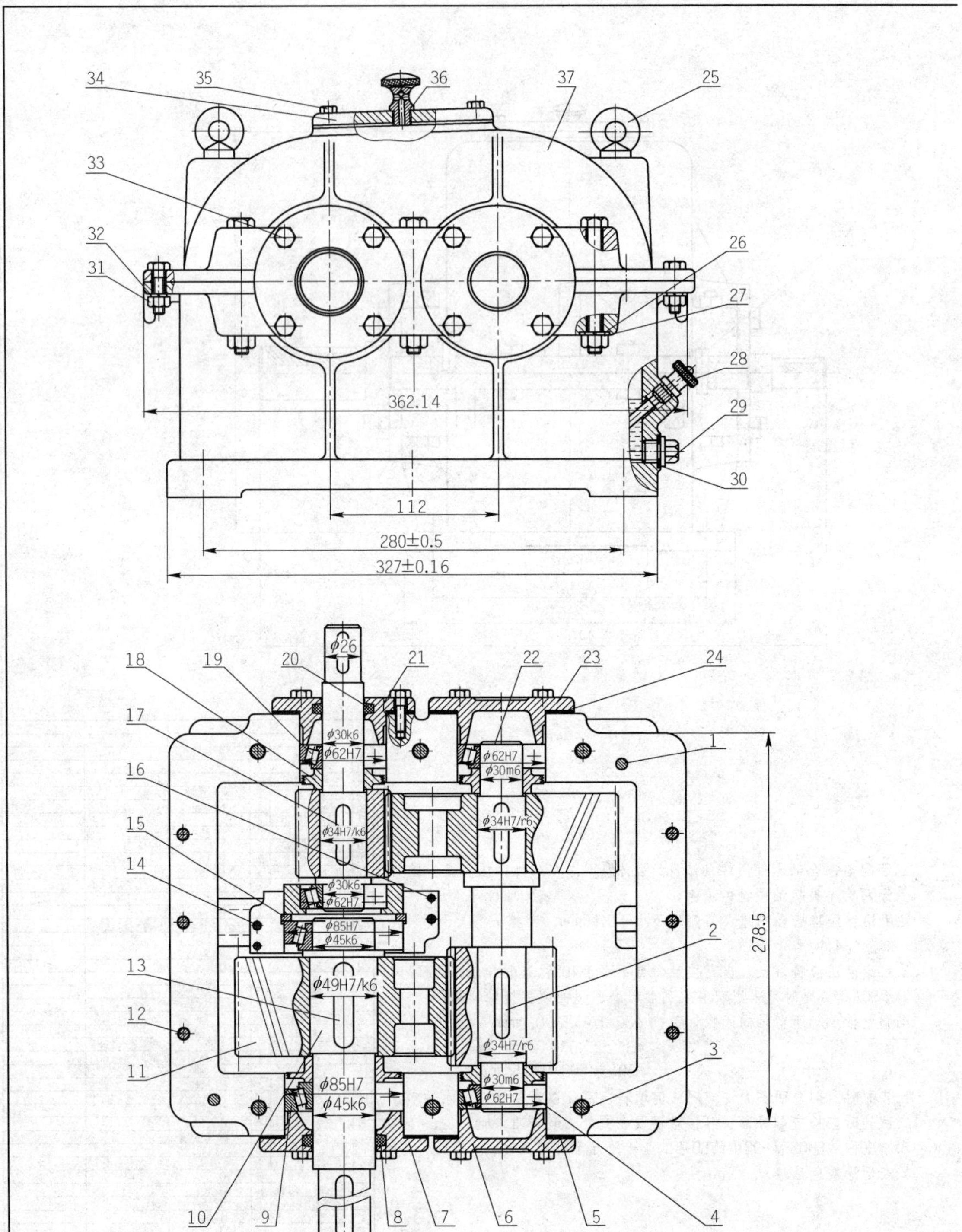
34
35
36
37
25
33
32
31
26
27
28
29
30
362.14
112
280±0.5
327±0.16
φ26
18
19
20
21
22
23
24
17
16
15
14
13
12
11
1
2
3
4
5
6
7
8
9
10
φ30k6
φ62H7
φ62H7
φ30m6
φ34H7/k6
φ34H7/r6
φ30k6
φ62H7
φ85H7
φ45k6
φ49H7/k6
φ34H7/r6
φ30m6
φ62H7
φ85H7
φ45k6
278.5

图 13-9　二级圆柱

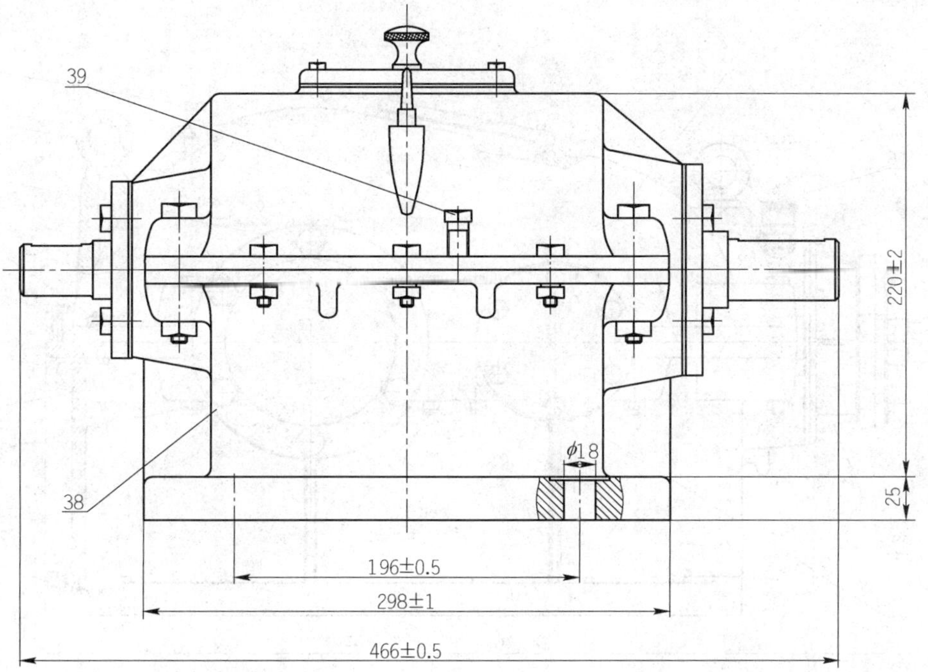

技术条件

1.装配前，全部零件用煤油清洗，箱体内不许有杂物存在。在内壁涂两次不被机油侵蚀的涂料；
2.用铅丝检验啮合侧隙。其侧隙不小于0.16mm，铅丝不得大于最小侧隙的4倍；
3.用涂色法检验斑点。齿高接触斑点不小于40%；齿长接触斑点不小于50%。必要时可采用研磨或刮后研磨，以便改善接触情况；
4.调整轴承时所留轴向间隙如下：
　　ϕ62 为0.1～0.15mm；　ϕ85 为0.20～0.25mm；
5.装配时，剖分面不允许使用任何填料，可涂以密封油漆或水玻璃。试转时应检查剖分面、各接触面及密封处，均不准漏油；
6.箱座内装SH0357-92中的50号工业齿轮油至规定高度；
7.表面涂灰色油漆。

技术参数

功率	5.5kW	高速轴转速	960r/min	传动比	2.4

序号	名　称	数量	材　料	标　准	备注
32	弹簧垫圈8	6	65Mn	GB/T 93-87	
31	螺母M8	6	Q235A	GB/T 41-2000	
30	垫片22	1	纸制品		
29	六角螺塞M12×1.25	1	Q235A	JB/ZQ 4450-86	
28	油　标	1	Q235A		
27	螺母M10	6	Q235A		
26	弹簧垫圈10	12	65Mn	GB/T 93-87	
25	吊　环	2	铸铁		
24	垫　片	1	石棉橡胶纸		
23	轴承端盖	1	HT200		
22	轴	1	45		
21	轴承端盖	1	HT200		
20	毡圈50	1	半粗羊毛毡	JB/ZQ 4606-1997	
19	轴承30206	2	45	GB/T 276-94	
18	挡油板	4	Q215A		
17	键14×43	2	Q275A	GB/T 1096-2003	
16	圆柱销ϕ2×16.7	2	35		
15	定距环	1	Q275A		
14	螺栓M6×20	2	Q235A	GB/T 5780	
13	键14×61	1	Q275A	GB/T 1096-2003	
12	螺栓M8×35	6	Q235A	GB/T 5780	
11	大齿轮	1	45		
10	轴	1	45		
9	轴承30209	2	45	GB/T 276-94	
8	毡圈60	1	半粗羊毛毡	JB/ZQ 4606-1997	
7	轴承端盖	1	HT200		
6	轴承端盖	1	HT200		
5	垫　片	1	石棉橡胶纸		
4	轴承30206	2	45	GB/T 276-94	
3	螺栓M8×25	6	Q235A	GB/T 5780	
2	键10×48	1	Q275A		
1	圆柱销ϕ6×28	2	35	GB/T 117	

39	启盖螺钉M10×30	1	Q235	GB/T 5780-2000	
38	箱　座	1	HT200		
37	箱　盖	1	HT200		
36	通气器	1	Q235A		
35	螺栓M6×20	4	Q235A	GB/T 5780	
34	窥视孔盖	1	Q215A		
33	螺栓M8×30	16	Q235A		

标记	处数	分区	更改文件号	签名	年月日	二级圆柱齿轮减速器		(设计单位)
设计			标准化			阶段标记	重量	比例
审核							XXX5	1:1
工艺			批准			共 3 张 第 1 张		(图样序号)
								(专业、班级)

齿轮减速器(同轴式)

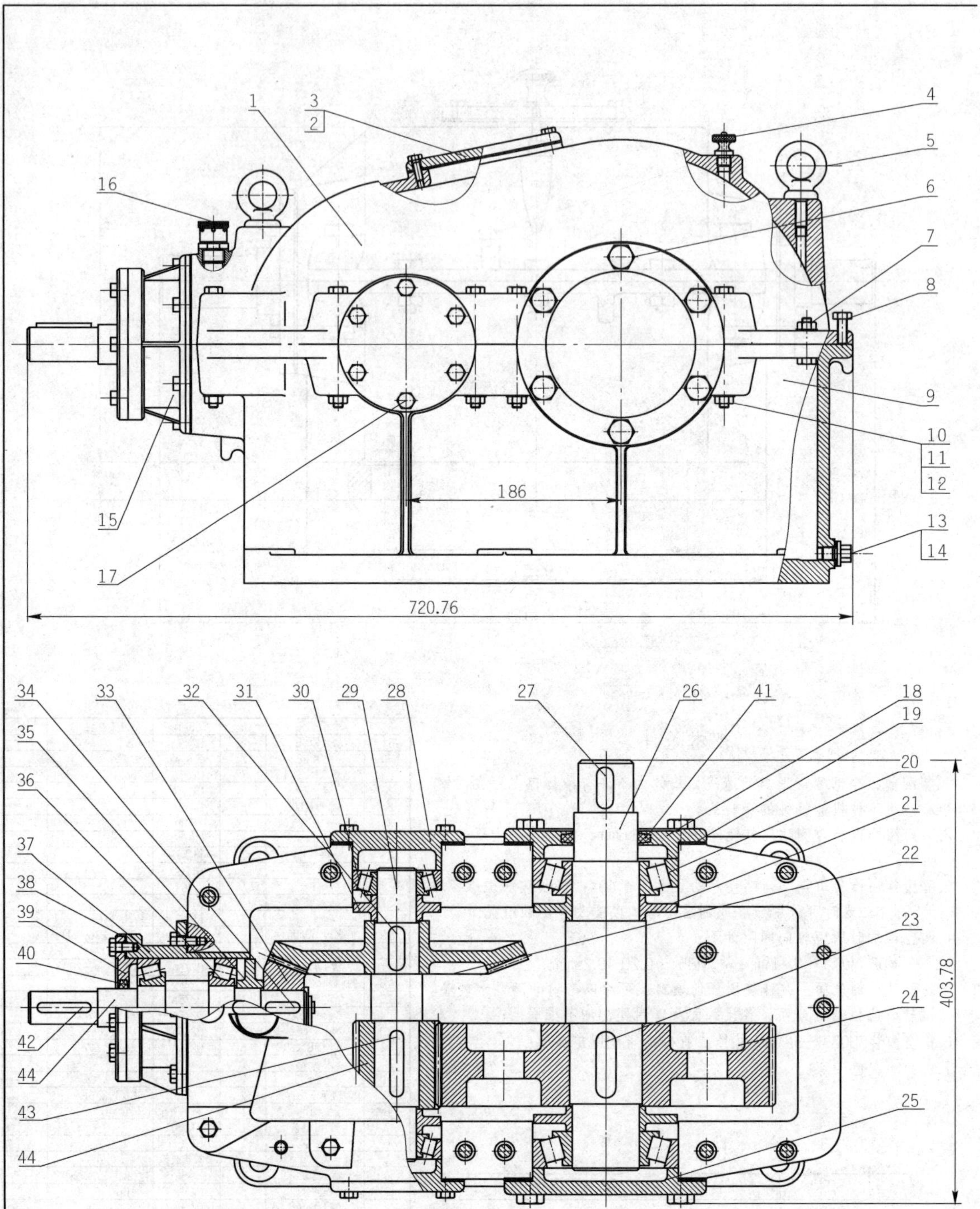
1
2
3
4
5
6
7
8
9
10
11
12
13
14
15
16
17
186
720.76
34
33
32
31
30
29
28
27
26
41
18
19
20
21
22
23
24
25
35
36
37
38
39
40
42
44
43
44
403.78

图 13-10　二级锥柱

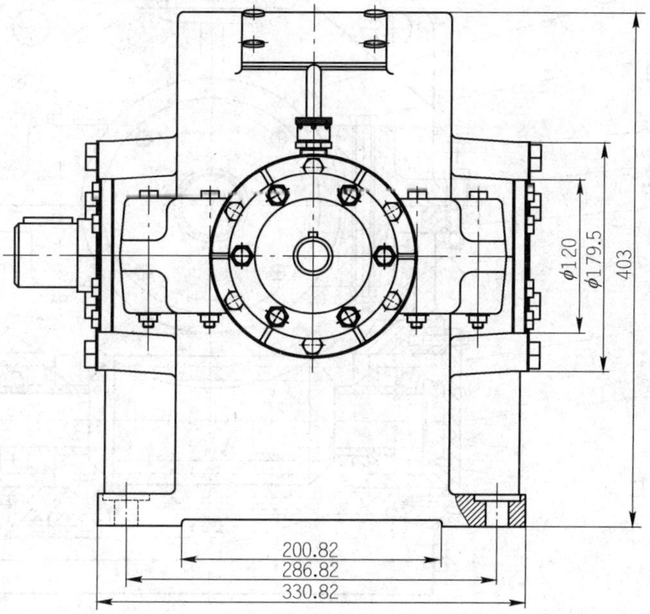

技术要求

1.装配前对零件进行清洗，箱体内涂耐油油漆；
2.用涂色法检验斑点，在齿高和齿长方向接触斑点不小于50%；
3.润滑用L-CKB 46号工业齿轮油；
4.减速器表面涂灰色油漆。

序号	零件名称	数量	材料名称	标准代号	备　注
44	小圆柱齿轮	1	45		
43	键12×55	1	45	GB 1096-2003	
42	键8×50	1	45	GB 1096-2003	
41	密封圈	1	橡　胶	GB 9877.1-88	
40	密封圈	1	橡　胶	GB 9877.1-88	
39	轴承端盖	1	HT150		
38	轴承垫片	1组	08F		
37	套　杯	1	HT150		
36	轴承30308	2		GB/T 297-1994	
35	挡油环	2	Q235A	GB 1096-2003	
34	键10×32	1	45	GB 1096-2003	
33	小锥齿轮	1	45		
32	键12×28	1	45	GB 1096-2003	
31	挡油环	2	Q235A		
30	轴承30307	2		GB/T 297-1994	
29	轴	1	45		
28	轴承端盖	1	HT150		
27	键16×28	1	45	GB 1096-2003	
26	轴	1	45		
25	轴承端盖	1	HT150		
24	大圆柱齿轮	1	45		
23	键14×16	1	45	GB 1096-2003	
22	大锥齿轮	1	45		
21	挡油环	2	Q235A		
20	轴承30312	2		GB/T 297-1994	
19	调整垫片	2组	08F		
18	轴承端盖	1	HT150		
17	螺栓M12×25	6	5.9	GB/T 5782-2000	
16	通气器	1	组　件		
15	螺栓M12×10	14	5.9	GB/T 5782-2000	
14	六角螺栓M12×15	1	5.9	Q/ZB 220-77	
13	油圈25×18	1	工业用革	ZB 70-62	
12	螺母M12	8	5	GB/T 41-2000	
11	垫圈16	8	65Mn	GB 93-1987	
10	螺栓M12×80	8	5.9	GB/T 5782-2000	
9	箱　座	1	HT150		
8	启盖螺钉M12×25	1	5.9	GB/T 5782-2000	
7	螺栓M12×30	1	5.9	GB/T 5782-2000	
6	螺栓M18×25	6	5.9	GB/T 5782-2000	
5	吊环螺钉	2	20钢	GB 825-88 M10	
4	油　标	1	组　件		
3	垫　片	1	石棉橡胶纸		
2	检查孔盖	1	HT150		
1	箱　盖	1	HT150		

标记	处数	分区	更改文件号	签名	年月日	材料标记	单位名称
设计		标准化				阶段标记 数量 比例	图样名称
审核							图样代号
工艺		批准				共　张 第　张	

齿轮减速器

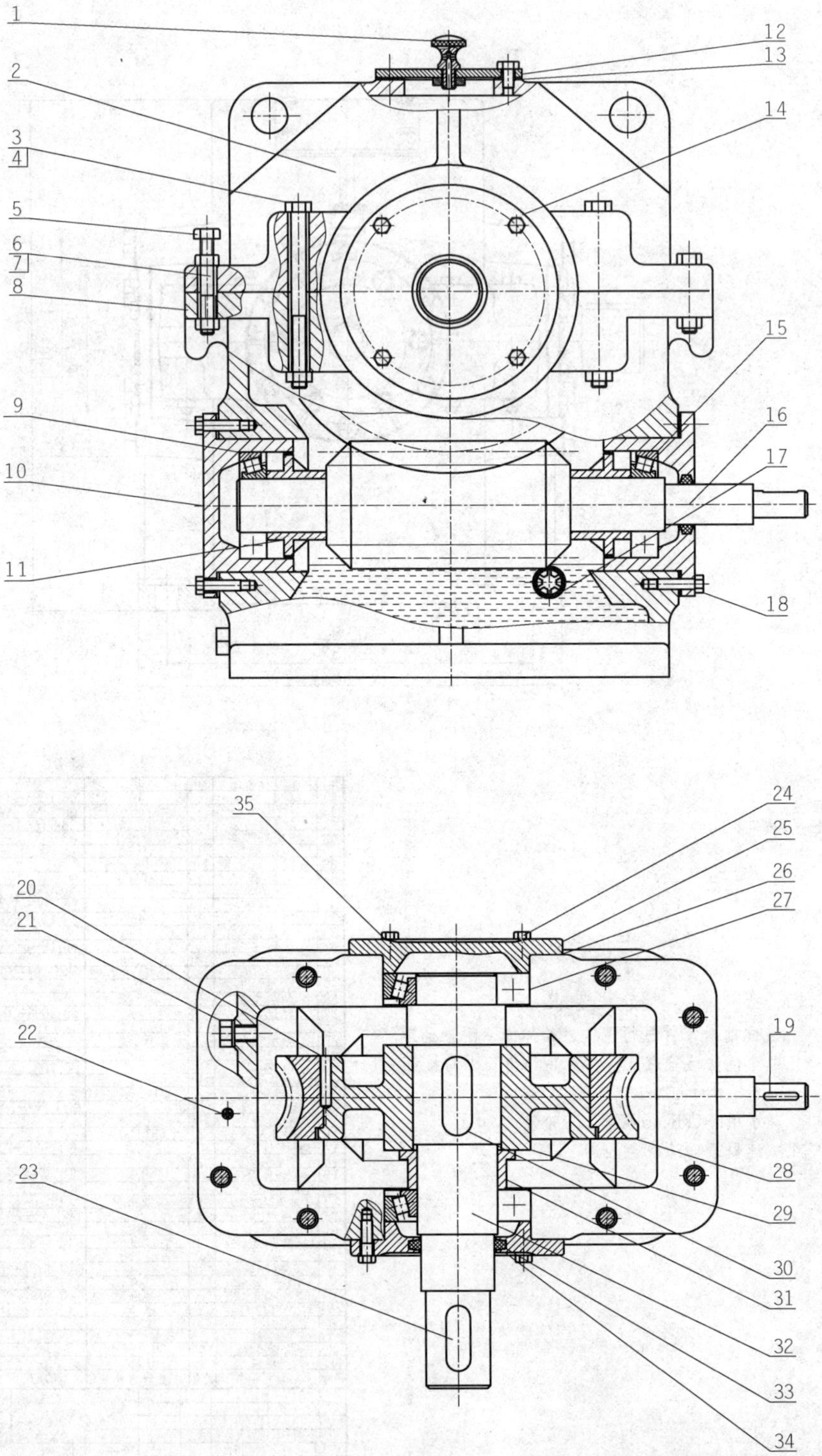
1
2
3
4
5
6
7
8
9
10
11
12
13
14
15
16
17
18
19
20
21
22
23
24
25
26
27
28
29
30
31
32
33
34
35

图 13-11　蜗轮蜗杆

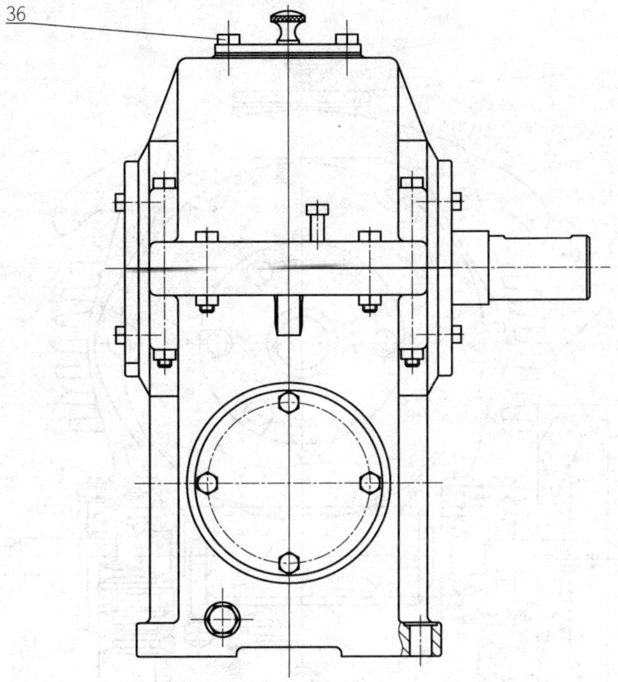

技术条件

1.装配前所有零件均用煤油清洗，滚动轴承用汽油清洗；
2.各配合处、密封处、螺钉连接处用润滑脂润滑；
3.保证啮合侧隙不小于0.19mm；
4.接触斑点按齿高不得小于50%，按齿长不得小于50%；
5.蜗杆轴承的轴向间隙为0.04~0.07mm，径向间隙为0.05~0.01mm；
6.箱内装SH0094-91蜗轮蜗杆油680号至规定高度；
7.表面涂灰色油漆。

技术参数

功率	3kW	高速轴转速	1440r/min	传动比	32

序号	名称	数量	材料	标准及规格	备注
36	螺栓	4	Q235A	GB 5782-86-M6×20	
35	轴承端盖	1	HT200		
34	轴承端盖	1	HT200		
33	密封圈	1		B 50 72 GB 13871-92	
32	轴	1	45		
31	垫套	1	HT200		
30	键	1	45	22×14 GB 1096-79	
29	蜗轮体	1	45		
28	蜗轮	1	45		
27	圆锥滚子轴承	2		30311 GB/T 297-94	
26	调整垫圈	1	08F		
25	轴承端盖	1	HT200		
24	螺栓	4	Q275A	GB 5782-86-M8×25	
23	键	1	45	18×11 GB1096-79	
22	圆锥销	2	35	GB 117-86-B8×40	
21	油塞	1	Q235	M16×1.5	
20	紧定螺钉	3	Q235A	GB 73-85-M8×25	
19	键	1	45	6×6GB1096-79	
18	螺栓	8	Q235	GB 5782-86-M8×25	
17	油标	1			组合件
16	蜗杆轴	1	45		
15	圆锥滚子轴承	1		30205GB/T297-94	
14	螺栓	8	Q235A	GB 5782-86-M8×25	
13	垫片	1	08F		
12	视孔盖	1	Q235A		
11	挡油环	2	HT200		
10	轴承端盖	1	HT200		
9	圆锥滚子轴承	1		30205 GB/T 297-94	
8	箱座	1	HT200		
7	螺母	4	Q235A	GB/T 93-87	
6	螺栓	4	Q235A	GB 5782-86-M-12×42	
5	启盖螺钉	1	Q235A		
4	螺母	4	Q235A	GB 6170-86	
3	螺栓	4	Q235A	GB 5782-86-1112×120	
2	箱盖	1	HT200		
1	通气器	1			组合件

标记 处数 分区 更改文件号 签名 年月日	蜗杆减速器装配图		(专业、班级)
设计 标准化	阶段标记	重量 XXX5	比例 1:1
审核			第××号
工艺 批准	共 3 张 第 1 张		

减速器(下置式)

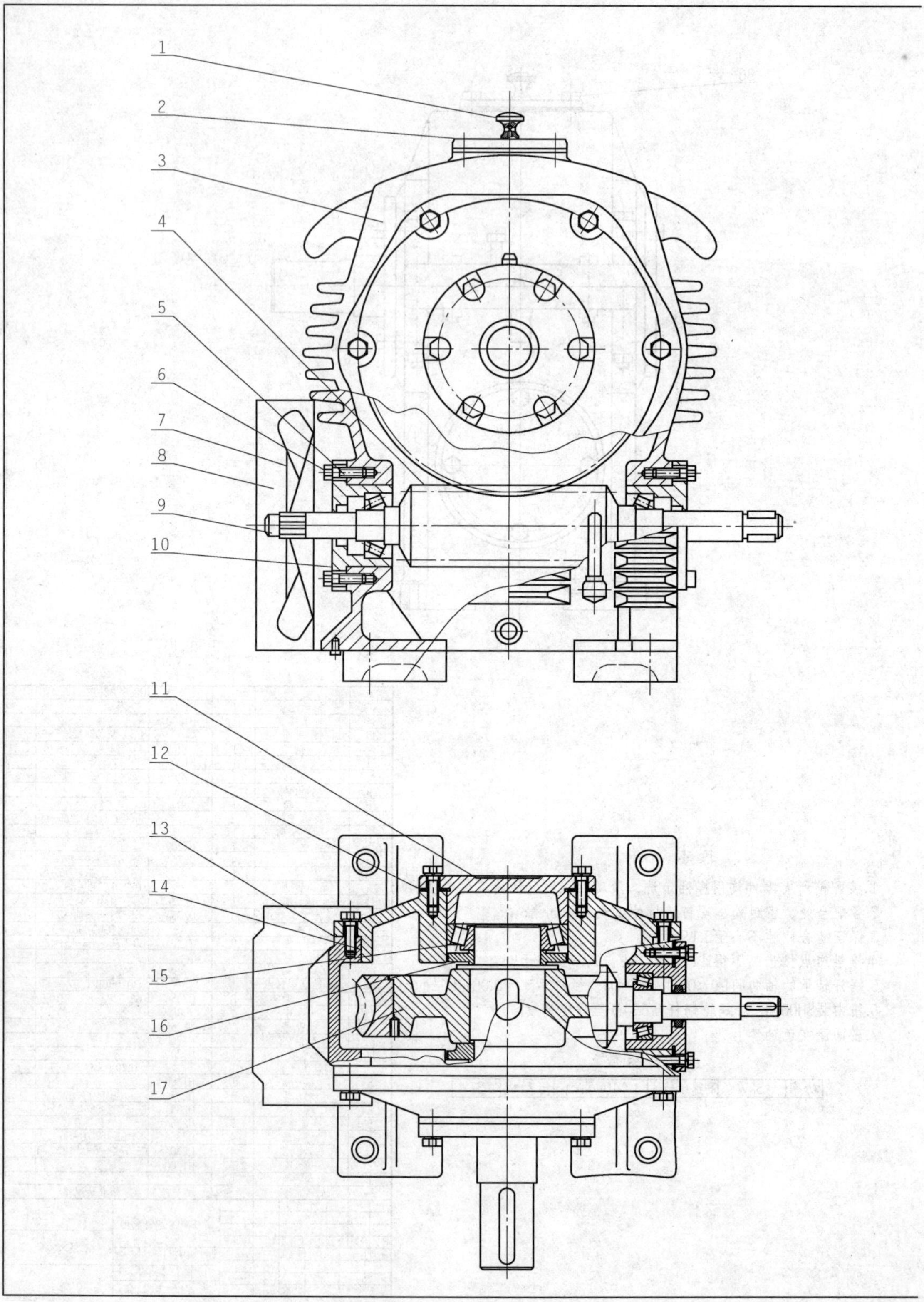

图 13-12 蜗轮蜗杆

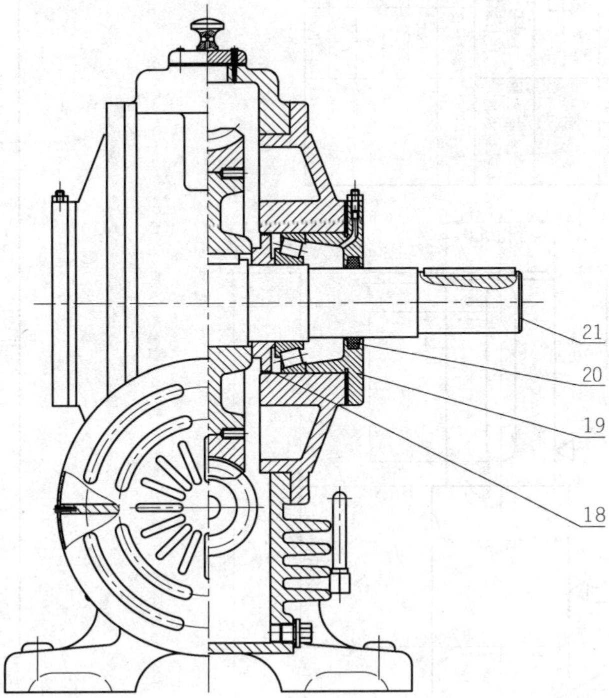

21	输出轴	1	Q235		
20	密封圈	1	Q235A	GB 987.1/1-88	
19	透 盖	1	45		
18	挡油环	8	Q235		
17	蜗 轮	1			组合件
16	挡油环	1	45		
15	轴承30212	1		GB/T 297-1994	
14	大端盖	8	Q235A		
13	调整垫片	1	08F		
12	调整垫片	1	Q235A		
11	端 盖	2	HT200		
10	透 盖	2	HT200		
9	密封圈	2		GB 987.1/1-88	
8	风扇罩	1			焊接件
7	风 扇	1	HT200		
6	调整垫片	2	08F		
5	轴承30206	2		GB/T 297-1994	
4	蜗 杆	1	40Cr		
3	箱 体	1	HT200		
2	视孔盖	1	HT200		
1	通气罩	1			组合件
序号	名 称	数量	材料	标准及规格	备注

标记	处数	分区	更改文件号	签名	年月日	装配图	(专业、班级)
设计		标准化				阶段标记 / 重量 / 比例	第××号
审核							
工艺		批准				共 3 张 第 1 张	

技术要求

1.蜗杆轴承轴向间隙为0.1～0.15mm，蜗杆轴承径向间隙为0.05～0.1mm;
2.蜗杆副最小极限法向侧隙为0.072mm;
3.空载时，传动接触斑点按齿高不小于55%，按齿长不小于50%;
4.润滑油选用SH004－91蜗轮蜗杆油680号;
5.空运转实验在额定转速下正反向运转1h，要求各连接件、紧固条件不松动，密封处、结合处不渗油，运转平稳，无冲击，温升正常，齿面接触斑点合格;
6.负载性能实验按有关标准要求进行。

说明：箱体是整体式结构，两端采用两个大端盖。由于发热加大，蜗杆轴上带有风扇，在箱体上有水平方向散热片。大端盖与箱体之间的垫片是用来调整涡轮位置的。为安装方便蜗轮外圆与箱体顶部必须留有足够的间隙，以便安装时抬起蜗轮，明细表中列出主要零件。

技术参数

功率	3kW	高速轴转速	960 r/min	传动比	23.44

减速器(带风扇)

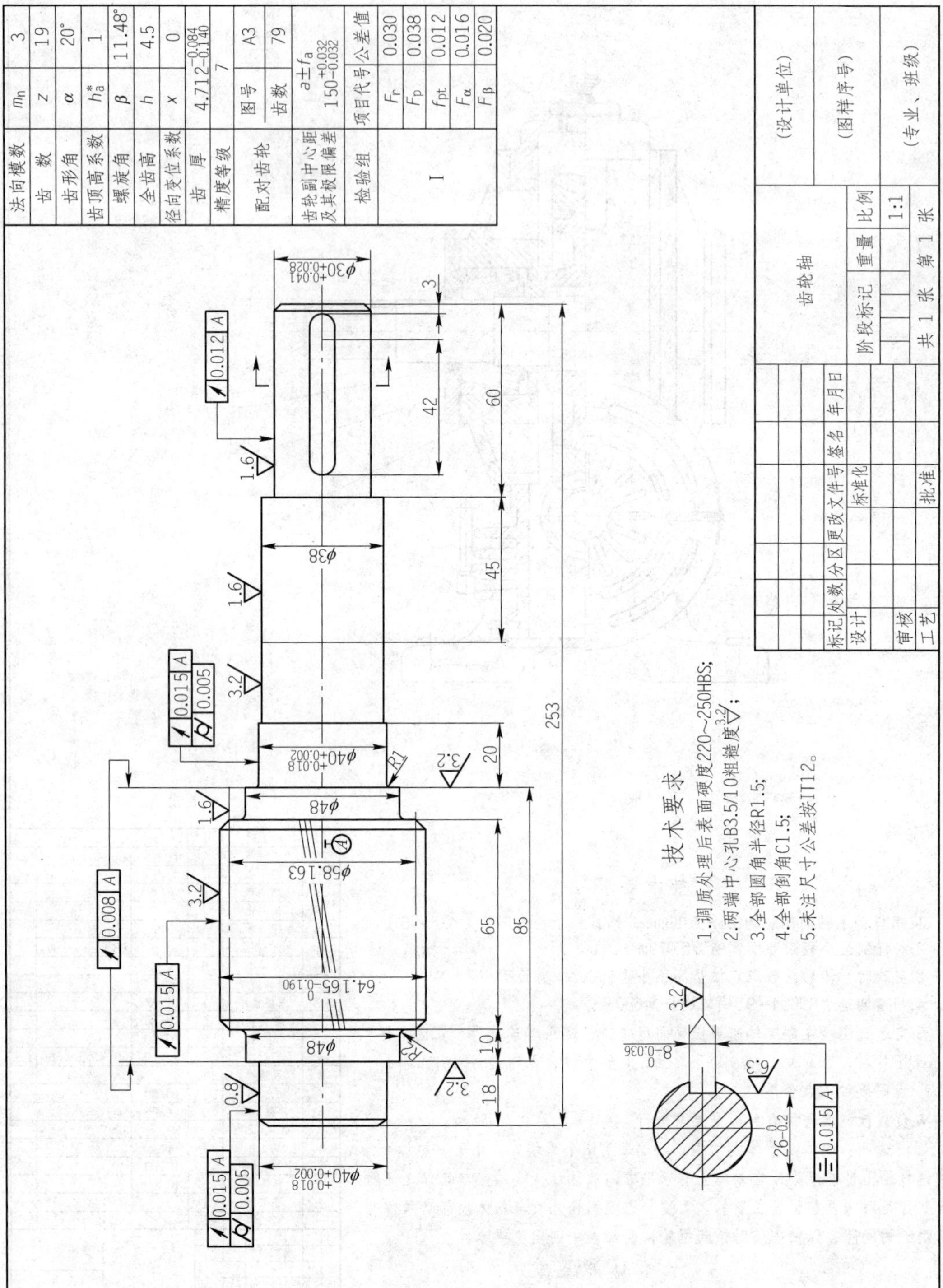
法向模数 m_n 3
齿数 z 19
齿形角 α 20°
齿顶高系数 h_a^* 1
螺旋角 β 11.48°
全齿高 h 4.5
径向变位系数 x 0
齿厚 $4.712_{-0.140}^{-0.084}$
精度等级 7
配对齿轮 图号 A3
齿数 79
齿轮副中心距及其极限偏差 $a\pm f_a$ $150_{-0.032}^{+0.032}$
检验组 I
项目代号 公差值
F_r 0.030
F_p 0.038
f_{pt} 0.012
F_α 0.016
F_β 0.020
技术要求
1.调质处理后表面硬度220~250HBS;
2.两端中心孔B3.5/10粗糙度3.2;
3.全部圆角半径R1.5;
4.全部倒角C1.5;
5.未注尺寸公差按IT12。
(设计单位)
齿轮轴
(图样序号)
(专业、班级)
标记 处数 分区 更改文件号 签名 年月日
设计 标准化 阶段标记 重量 比例
审核 1:1
工艺 批准 共 1 张 第 1 张
图 13-13 圆柱齿轮轴

轴向模数	m	8	分度圆直径	d	80
蜗杆头数	z_2	1	全齿高	h	17.6
轴向齿形角	α	20°	轴向齿距	p_x	25.12
齿顶高系数	h_a^*	1	中心距及其偏差		160±0.05
顶隙系数	c^*	0.2	轴向齿距极限偏差	f_{px}	±0.025
蜗杆直径系数	q	10	轴向齿距累积误差	f_{px1}	±0.045
蜗杆类型		ZA	蜗杆齿形公差	f_{f1}	±0.040
蜗杆导角	γ	14.3°	螺旋方向		右 旋
精度等级	蜗杆8cGB 10089—88				

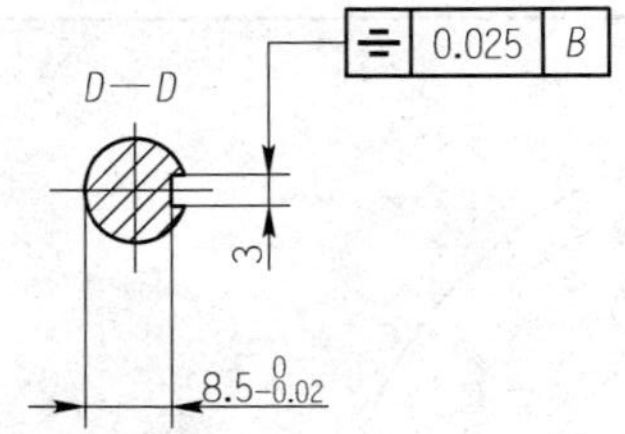

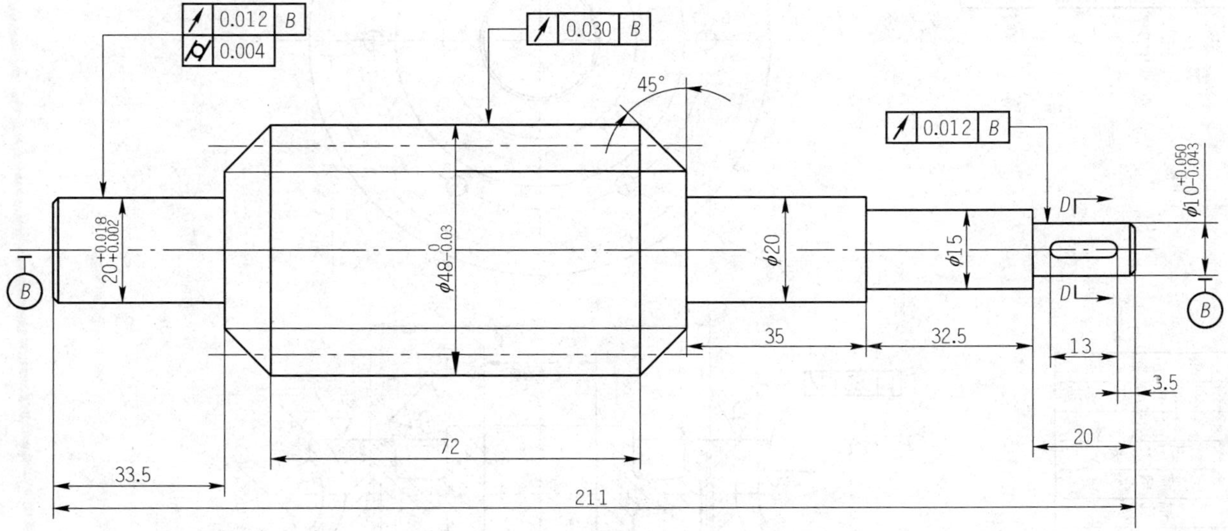

技术要求

1.调质处理220～240HBS;

2.未注明倒角为C2;

3.未注明圆角半径为R3。

标记	处数	分区	更改文件号	签名	年月日	蜗 杆		(设计单位)
设计			标准化			阶段标记	重量	比例	(图纸序号)
审核								1:4	(专业、班级)
工艺			批准			共 1 张 第 张		

图 13-14 蜗杆

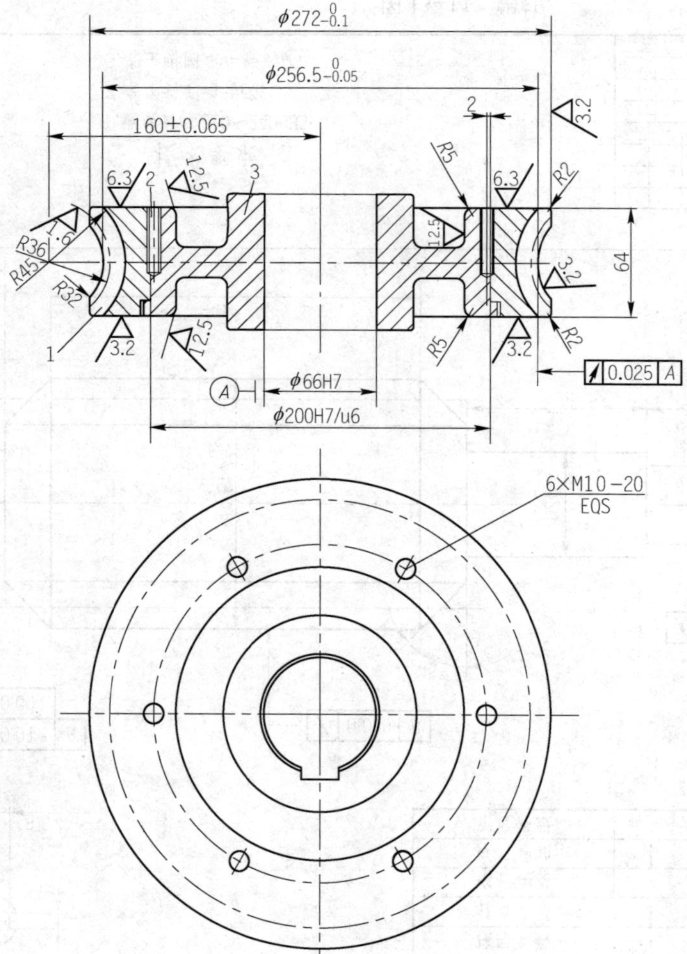

中间平面模数	m	8
齿　数	z_2	31
蜗杆轴向齿形角	α	20°
齿顶高系数	h_a^*	1
顶隙系数	C^*	0.2
轮齿倾斜角	β	14.3°
轮齿倾斜方向	右　旋	
变位系数	x	0
精度等级	8c	GB10089－88
分度圆直径	d_2	284
全齿高	h	17.6
蜗杆类型	ZA	
蜗轮径向综合公差	F_i	0.112
蜗轮一齿径向综合公差	f_i	0.045
蜗轮齿形公差	f_{f2}	0.028

3	蜗轮轮芯	1	HT200	
2	螺栓M10×40	6	Q235A	
1	蜗轮轮缘	1	ZCuSn10P1	
序号	名　称	数量	材　料	标准

标记 处数 分区 更改文件号 签名 年月日	蜗　轮	(设计单位)
设计　标准化	阶段标记　重量 XXX5　比例 1:4	(专业、班级)
审核		
工艺　批准	共 张　第 张	

图 13-15　蜗轮

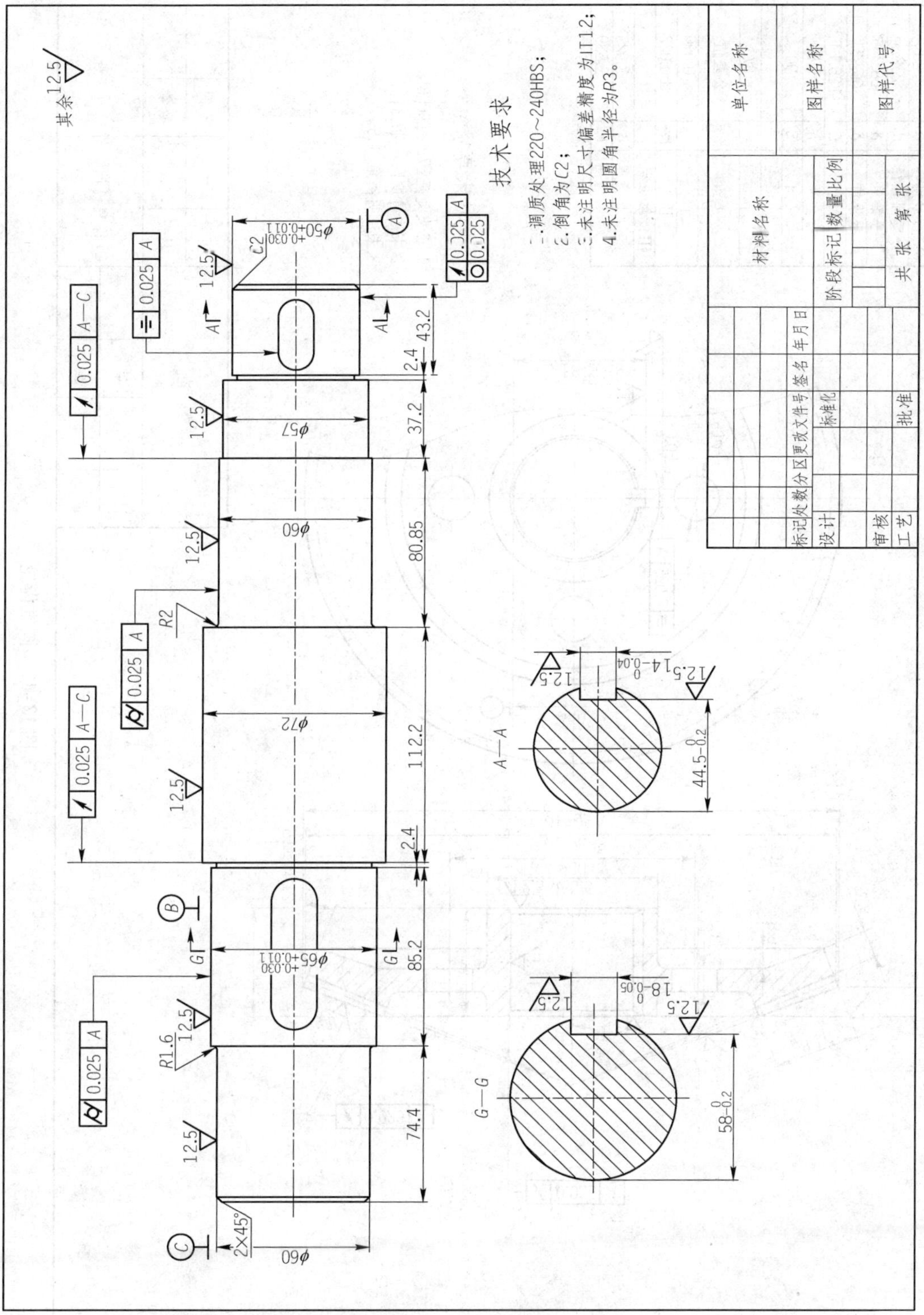
其余 12.5
技术要求
1.调质处理220~240HBS；
2.倒角为C2；
3.未注明尺寸偏差精度为IT12；
4.未注明圆角半径为R3。
A—A
G—G
ϕ50+0.030 +0.011
ϕ57
ϕ60
ϕ72
ϕ65+0.030 +0.011
ϕ60
43.2
2.4
37.2
80.85
112.2
2.4
85.2
74.4
C2
R2
R1.6
2×45°
0.025 A—C
0.025 A
0.025 A
0.025
14-0.04 0
44.5-0.2 0
18-0.05 0
58-0.2 0
单位名称
材料名称
图样名称
图样代号
阶段标记
数量
比例
共 张
第 张
标记
处数
分区
更改文件号
签名
年月日
设计
标准化
审核
批准
工艺

图 13-16 外伸轴

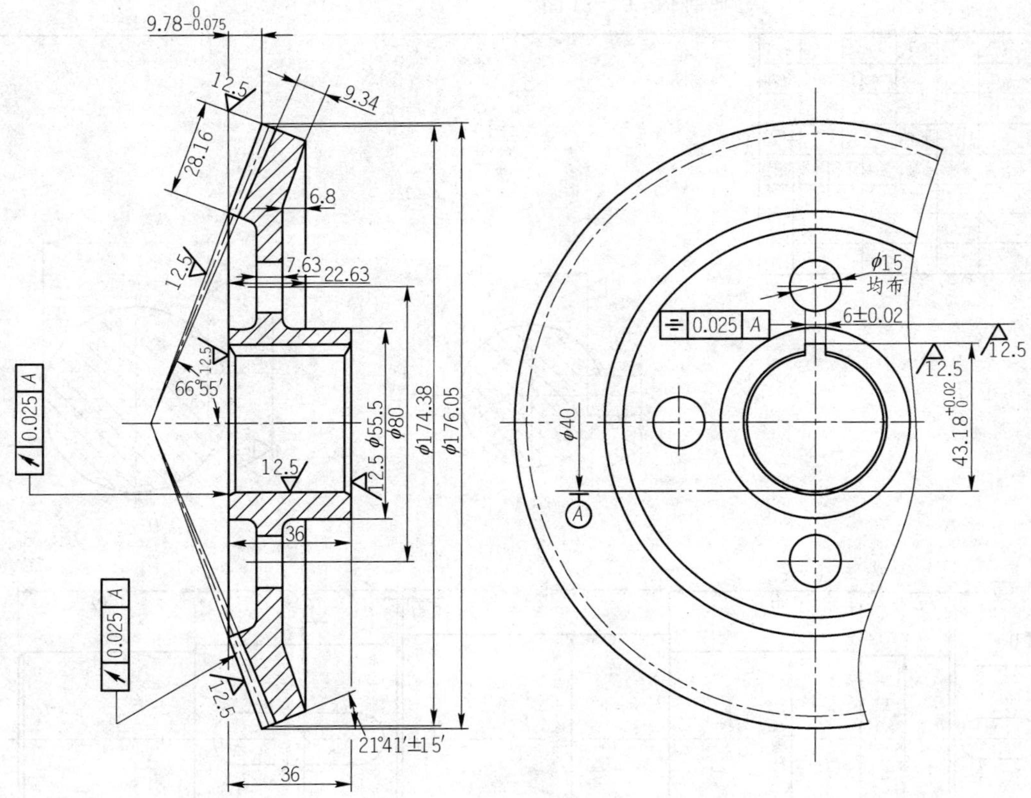

模数	m	2.5
齿数	z_2	93
齿形角	α	20°
分度圆直径	d_2	232.5
分锥角	δ	68.305°
根锥角	δ_f	66.931°
锥距	R	125.113
齿全高	h	5.5
轴交角	Σ	90°
配对齿数 图号		
配对齿数 齿数		37
公差组	检验项目	公差值
Ⅰ	F_p	0.090
Ⅱ	F_{pt}	±0.022
Ⅲ接触斑点		
测量 齿厚	s	3.925
测量 齿高	h_a	2.539

技术要求

1.正火处理170～190HBS；
2.未注铸造圆角为$R3$；
3.未注明倒角$C1.5$。

锥齿轮		图号		比例	
		材料		数量	
设计	年月	课程设计		(班级)	
审核	年月				

图 13-17 圆锥齿轮

参 考 文 献

[1] 陈立德．机械设计基础(第2版)[M]．北京:高等教育出版社,2008.
[2] 陈立德．机械设计基础课程设计指导书(第2版)[M]．北京:高等教育出版社,2004.
[3] 陈立德．机械设计基础课程设计[M]．北京:高等教育出版社,2006.
[4] 任金泉．机械设计课程设计[M]．西安:西安交通大学出版社,2003.
[5] 邱宣怀．机械设计(第4版)[M]．北京:高等教育出版社,1997.
[6] 濮良贵,纪名刚．机械设计(第8版)[M]．北京:高等教育出版社,2006.
[7] 余俊．机械设计[M]．北京:高等教育出版社,1986.
[8] 机械设计师手册编写组．机械设计师手册[M]．北京:机械工业出版社,1998.
[9] 徐锦康．机械设计[M]．北京:高等教育出版社,2004.
[10] 吴宗泽,罗圣国．机械设计课程设计手册[M]．北京:高等教育出版社,1992.
[11] 龚溎义．机械设计课程设计指导书(第2版)[M]．北京:高等教育出版社,1990.
[12] 董刚,李建功,潘凤章．机械设计(第3版)[M]．北京:机械工业出版社,1999.
[13] 胡西樵．机械设计基础[M]．北京:高等教育出版社,1990.
[14] 李秀珍,曲玉峰．机械设计基础(第2版)[M]．北京:机械工业出版社,1996.
[15] 王中发．机械设计[M]．北京:北京理工大学出版社,1997.
[16] 唐蓉城．机械设计[M]．北京:机械工业出版社,1993.
[17] 吴宗泽．机械设计习题集[M]．北京:高等教育出版社,1990.
[18] 濮良贵．机械设计学习指南(第2版)[M]．北京:高等教育出版社,1992.
[19] 王大康．机械设计基础[M]．北京:北京工业大学出版社,1995.
[20] 黄华良,彭文生．机械设计基础[M]．北京:高等教育出版社,1999.
[21] 郭仁生．机械设计基础[M]．北京:清华大学出版社,2001.
[22] 诸文俊．机械设计基础[M]．西安:西安交通大学出版社,1998.
[23] 邓昭铭,张莹．机械设计基础[M]．北京:高等教育出版社,2000.
[24] 黄泽森,侯长来．机械设计基础[M]．北京:北京大学出版社,2008.
[25] 哈尔滨工业大学．机械零件课程设计指导书[M]．北京:高等教育出版社,1982.